Des Hundes bester Freund

Des Hundes bester Freund

Die Geschichte der untrennbaren Verbindung von Mensch und Hund

Simon Garfield

Für all die Hunde, die wir lieben.

»Wenn Sie keinen Hund haben, dann heißt das nicht unbedingt, dass mit Ihnen etwas nicht stimmt. Vielleicht stimmt aber mit Ihrem Leben etwas nicht.«

Roger Caras

»Nur selten hat ein Hund den Menschen auf das Niveau seiner Klugheit hochziehen können. Dafür hat der Mensch den Hund nur allzu häufig auf sein Niveau hinuntergezerrt.«

James Thurber

»Dass ein Hund Gerüche wahrnimmt, die ein Mensch nicht riechen kann, macht den Hund nicht zu einem Genie. Sie macht ihn zu einem Hund.«

Temple Grandin

Inhalt

Einer wie wir? Ausgehbereiter viktorianischer Gentleman.

Einleitung: Das Hundehafte des Hundes

Warum ist er hier?

Warum liegt mein Hund, während ich das hier schreibe, wie ein Halbmond eingerollt zu meinen Füßen? Seit wann mag ich seinen warmen und gleichzeitig leicht aufdringlichen Geruch? Warum ist sein fischiger Mundgeruch immer wieder Gegenstand witziger Bemerkungen, wenn Freunde zum Abendessen da sind? Warum blättere ich Jahr für Jahr über 1000 Pfund für seine Versicherung hin? Und warum liebe ich ihn so sehr?

Ludo ist kein außergewöhnlicher Hund. Er ist einer von vielen Labrador Retrievern; allein in Großbritannien leben ungefähr 500.000 von ihnen. Ludo hat mit all diesen Hunden viel gemeinsam. Er spielt gern Ball, und natürlich kann er gut apportieren. Er könnte das ganze Futter des Universums auffressen und den anderen Hunden kein Krümelchen übrig lassen. Er neigt zu Hüftdysplasie. Besonders gut macht er sich auf einem Plüschkissen in einem Haus mit Zentralheizung – weit, weit weg von der neufundländischen Heimat seiner Vorfahren.

Trotz alledem ist Ludo für mich und seine übrige Menschenfamilie einzigartig. Mit seinen zwölfeinhalb Jahren ist er mittlerweile
ein älterer Herr, und wir würden so ziemlich alles dafür tun, dass
er glücklich ist. Es macht uns nichts aus, bis auf die Knochen nass
zu werden, wenn er im Park spannende Gerüche verfolgt. Unsere
Tage sind nach seinen Bedürfnissen getaktet: seine Mahlzeiten, seine
Spaziergänge, die Einnahmen lebenswichtiger Medikamente (weil
unser armes Schätzchen an Epilepsie leidet), und wir geben einen
absurd großen Teil unseres verfügbaren Einkommens für ihn aus.*
Ich freue mich, dass ich ihn kennenlernen durfte. Nur der Himmel
weiß, wie wir damit fertig werden, wenn er eines Tages stirbt.

Dieses Wochenende will ich in einem Messezentrum im Osten
Londons eine Veranstaltung besuchen, bei der Hunde Agility- und
Obedience-Prüfungen ablegen. Ich werde dort Gelegenheit haben,
200 Hunderassen kennenzulernen, von denen einige leicht in meine
Tasche passen würden, während für andere sogar mein Auto zu
klein wäre. Ich werde dort zudem unzählige Artikel für Hundebesitzer und allen möglichen anderen Mist kaufen können, darunter
Ölgemälde, Kleidung und Geschirr mit Aufdrucken wie »Wenn ich
meinen Hund nicht mitbringen darf, komme ich nicht« oder »Ich
würde jetzt lieber mit meinem Schnauzer Gassi gehen«. Um Ludo
dafür zu entschädigen, dass er nicht mitkommen kann, weil man zu
dieser Veranstaltung das eigene Tier nicht mitbringen darf, werde
ich am darauffolgenden Freitag zusammen mit ihm eine Vorstellung
von *Rocketman* im Exhibit Cinema im Süden Londons besuchen.
Zwar ist Ludo kein ausgewiesener Elton-John-Fan, aber er wird
seinen eigenen Sitzplatz neben mir, eine Decke und Hundesnacks

---

* Falls Sie darüber nachzudenken beginnen, ob Sie sich Ihren ersten Hund anschaf-
fen sollten, und einen Kaufpreis von 800 Pfund überteuert finden, muss ich Ihnen
leider sagen: Dieser ist – verglichen mit den Folgekosten für Tierarzt, Futter, Hunde-
betreuung und wichtiges sowie überflüssiges Zubehör – geradezu lächerlich niedrig.

bekommen. An diesem Abend haben Hunde freien Eintritt, und im Gegenzug dürfen die Kinoangestellten sie knuddeln. Während der Vorführung wird das Licht im Saal außerdem nur gedimmt und nicht abgeschaltet, damit die Dunkelheit die Hunde nicht stresst.

Wie ist es so weit gekommen, dass der Hund zum Chef geworden ist? Wie kann es sein, dass Hunde ins Kino gehen? Wie und wann haben wir gemerkt, dass Hunde dem Menschen nicht nur bei der Jagd helfen können, sondern auch bei der Bombenentschärfung und Krebserkennung? Warum haben wir Menschen eines Tages einfach klein beigegeben und es zugelassen, dass unser Alltag – unsere Arbeitszeiten, wie sauber unsere Teppiche sind, wo wir unseren Urlaub verbringen – von nun an durch die Bedürfnisse eines Tiers bestimmt werden, das ursprünglich draußen gelebt und für sich selbst gesorgt hat? Wann und warum haben das Sofa und Fertigfutter die Suche nach fressbaren Abfällen ersetzt?

Dieses Buch geht der Frage nach, wie sich die starke gegenseitige Verbindung über Jahrhunderte hinweg herauskristallisiert und auf welche Weise sie das Leben von Millionen Menschen und Hunde verwandelt hat. Wenn es zumindest ein Stück weit stimmt, dass die Welt »aufgrund des Verstands der Hunde existiert«, wie Nietzsche es behauptete, dann stimmt es möglicherweise auch, dass uns eine Betrachtung des Hundes wertvolle Selbsterkenntnisse ermöglicht.

Warum ist er hier?

Warum macht dieser Mann etwas, bei dem diese leisen, klopfenden Geräusche entstehen, und warum seufzt er dabei immer wieder? Wie oft holt er sich noch etwas Heißes zu trinken und unterbricht dabei das Klopfen? Warum stellt er mir mein Mittagessen niemals pünktlich hin? Warum erinnert sich dieses Hundebett mit sogenanntem Memory Foam nicht daran, wie ich mich gestern hineingekuschelt habe? Warum macht es mich so glücklich, bei diesem Menschen zu sein?

Das Vermenschlichen von Hunden ist kein neues Phänomen. Auf meinem Schreibtisch steht ein Foto aus dem 19. Jahrhundert, das einen schwarzen Labrador zeigt, der mit Jackett und Zylinder bekleidet ist und eine Pfeife im Maul hat. Praktisch seit es den Tonfilm gibt, kommen in Filmen sprechende Hunde vor. Doch die Kollusion von Hund und Mensch hat noch nie derart üppige, fantasievolle und absurde Früchte hervorgebracht wie heute. Das Wesen unserer Verbindung, unsere gegenseitige Hingabe, scheint sich im Laufe der letzten 50 Jahre vertieft zu haben – nicht zuletzt, weil Erkenntnisse in der Genetik unser wissenschaftliches Verständnis vom Hund verändert und unsere soziologische Interpretation des Hundeverhaltens uns mehr Möglichkeiten erschlossen hat, uns mit ihm zu beschäftigen. Leider hat eine solch heftige Leidenschaft nicht immer ein Happy End. Neben dem Foto des viktorianischen Hunde-Gentlemans steht eines von einem Hund, der mit Kangol-Mütze und Brille aussieht wie Samuel L. Jackson. Auf meinem Computer habe ich Bilder von Hunden, die lesen, segeln oder Fahrrad fahren. Ich weiß, dass diese Bilder in gewisser Weise unmoralisch sind, doch kann ich ihnen einfach nicht widerstehen und speichere in meinem Ordner ständig neue ab.

Immer häufiger erhalten Hunde Namen, die man eigentlich Kindern gibt. Statt Fido und Major heißen sie jetzt Florence oder Max. Vor 30 Jahren war das noch anders. Die heutigen Hundenamen sind oft auch die Namen menschlicher Helden. Nelson ist immer noch beliebt, und bald werden wir viele Gretas haben. Britische Rechtsanwälte nennen ihren Hund gern Shyster (»Winkeladvokat«), Architekten bevorzugen Zaha (nach der inzwischen verstorbenen Star-Architektin Zaha Hadid), und es tollen derzeit massenhaft junge Fleabags umher (dank einer gleichnamigen britischen Fernsehserie). Nur in der Welt der Rapmusik hält man es mit den Namen andersherum: Snoop Dog, Phife Dawg, Nate Dogg, Bow Wow.

Genau die Regierung, die wir verdienen. Pluto, Minister für Arbeit und Renten, sagt: »Ich kann es kaum erwarten, endlich loszulegen.«

Immer öfter bemühen wir den Hundevergleich. Ein taffer Radio-interviewer ist ein Rottweiler, ein allzu nachgiebiger ein Pudel (oder Welpe). Freundliche, loyale Figuren in Romanen sind Labradore, korrupte und dabei erfolgreiche Geschäftsleute Pitbulls. Jemand, der nie aufgibt, ist ein Terrier, ein Detektiv folgt dem Verdächtigen wie ein Bluthund. Sie verstehen schon. Sie verstehen, weil Sie flink sind wie ein Windhund und schlau wie ein Schäferhund.

Seit Langem müssen Hunde herhalten, wenn wir unser Handeln und unsere Gefühle beschreiben. Nachdem wir gearbeitet haben wie ein Hund, sind wir hundemüde. Sind wir krank, ist uns hundeelend. Bei schlechtem Wetter jagen wir keinen Hund vor die Tür. Finden wir nach langer Suche die Ursache für etwas, dann liegt dort der Hund begraben. Haben wir eine erhellende Erkenntnis, ist das des Pudels Kern. Manchmal stehen wir da wie ein geprügelter Hund oder wie ein begossener Pudel, wir heulen wie die Schlosshunde. Gelegentlich beißt sich der Hund in den Schwanz, und wir alle kennen einen Menschen, der bekannt ist wie ein bunter Hund. Wir verachten den Underdog, bellen den falschen Baum an und gehen schließlich vor die Hunde.

Ich beendete die Arbeit an diesem Buch im virusgeplagten April 2020, und Ludo war als Einziger in der Familie nicht gedrückter Stimmung. Stattdessen war er erschöpft. Es wurde schon vielfach festgestellt, dass Hunde von der Pandemie profitieren: Sie müssen nicht mehr so lange alleine zu Hause bleiben und werden beinahe öfter Gassi geführt, als sie verkraften. Freunde und Nachbarn betteln darum, sie sich »ausleihen« zu dürfen, denn wer einen Hund hat, hat einen Grund, aus dem Haus zu gehen. Die Tierheime berichten von einer Flut von Anfragen. Das Messezentrum, in dem wenige Monate zuvor die Veranstaltung Discover Dogs stattgefunden hatte, ist in ein Krankenhaus mit 4000 Betten umgewandelt worden. In den sozialen Netzwerken wird man mit Corona-Hundevideos und -Hundecartoons förmlich überschüttet. Der Sportreporter Andrew Cotter hat seine Labradore Olive und Mabel zu Internetstars gemacht. Allein lebende Hundebesitzer sind ihren Vierbeinern für die Gesellschaft, die sie ihnen leisten, dankbarer als je zuvor.

Auch wenn man selbst noch nie Hunde hatte, weiß man, dass unsere Beziehung zu Hunden vielschichtig, verwirrend und kompliziert ist – ebenso vielschichtig, verwirrend und kompliziert wie unsere Beziehungen zu unseren Mitmenschen. Hunde sind zunehmend nicht einfach nur Teil des Haushalts, sondern ein vollwertiges Familienmitglied. Die Beziehung zu ihnen ist die engste, die wir uns trauen, mit einer anderen Spezies einzugehen.

Dieses Buch beleuchtet unsere menschlichen Versuche, diese Beziehung noch weiter auszubauen, um aus dem Hund das perfekte Tier zu machen und ihm menschenähnliches Verhalten zu bescheinigen. In vielerlei Hinsicht sind Hunde zu einer Erweiterung unseres Selbst geworden. Albert Einstein hat einmal gesagt, sein Drahthaar-Foxterrier Chico verfüge sowohl über hohe Intelligenz als auch über die Fähigkeit, nachtragend zu sein. »Ich tue ihm leid, weil ich so viel Post bekomme. Deshalb versucht er, den Postboten zu beißen.« Nur Sozialwissenschaftler bezeichnen eine derartige Einstellung hartnäckig als Anthropomorphismus; wir Hundefreunde dagegen finden sie vollkommen normal. Verhaltensforscher bewerten sie als un-menschlich, doch das stört uns nicht. Tatsächlich ist uns die Vermenschlichung unserer geliebten Vierbeiner mittlerweile so selbstverständlich geworden, dass wir uns fragen, ob es noch zu verantworten ist, ihnen Futter ohne Kurkuma vorzusetzen.

Als das Exhibit Cinema 2017 mit seiner Veranstaltungsreihe für Hunde und ihre Besitzer begann, wurden Hundefilme gezeigt wie *Susi und Strolch* oder *Ataris Reise*. In letzter Zeit jedoch klingen die Titel nur noch so, als habe der Film etwas mit Hunden zu tun. Nach dem Film bleibt den modernen Hunden ihr Hollywood-Glamour erhalten: Wir legen ihnen teure Mäntel und glitzernde Halsbänder an und machen sie auf Instagram zu Stars.[*]

---

[*] Vielleicht ist der Kinoabend mit Hund doch keine neue Erfindung. Hier ein Witz aus den 1990ern: Als ich das letzte Mal ins Kino ging, war da eine Frau mit ihrem Hund. Der Hund lachte während des ganzen Films, und als der Held am Ende starb, weinte er bitterlich. Nach der Vorstellung ging ich zu der Frau, um ihr zu sagen, wie erstaunt ich sei, dass ein Hund einen Film so genießen konnte. »Ich bin genauso erstaunt wie Sie«, sagte die Frau, »denn das Buch hat ihm überhaupt nicht gefallen.«

Dieses Buch soll vor allem die Intelligenz, Neugier, Schönheit und Loyalität der Hunde würdigen. Ich frage mich, ob je ein Hund auf die Idee käme, ein entsprechendes Lob über den Menschen zu schreiben? Sie werden auf den folgenden Seiten aufbauende und absurde, herzerwärmende und erschreckende, lustige und traurige Hundegeschichten finden. Gleichzeitig wird dieses Buch einige ernste Fragen über unseren heutigen Umgang mit den geliebten Caniden aufwerfen. Zum Beispiel hinterfragt es, ob die Liebe zu unseren Haustieren nicht in Respektlosigkeit umschlägt und unsere Begeisterung für Vielfalt und Neues nicht in Ausbeutung. Haben wir womöglich vergessen, wo Hunde herkommen und wie sie ursprünglich gelebt haben? Versuchen wir stets, ihnen das bestmögliche Leben zu bieten, oder optimieren wir immer nur unser eigenes? Und laufen wir Gefahr, das zu verlieren, was die Hundepsychologin Alexandra Horowitz als das »Hundehafte des Hundes« bezeichnet?

Im Mittelpunkt dieses Buchs steht die Frage: Wie ist es gekommen, dass wir früher mit dem Eurasischen Wolf (einer von vielen Varianten von *Canis lupus*) auf die Jagd gegangen sind und heute einem Cavalier King Charles Spaniel (einer weiteren Variante von *Canis lupus*) ein elektrisch beheizbares Hundebett kaufen? Um diese Frage zu beantworten, begeben wir uns auf eine kulturelle und wissenschaftliche Reise, die uns nach Australien, Japan, in die USA und zu den Crufts im Messezentrum Birmingham führt.

Unterwegs kläre ich die Herkunft des Cheagle (Kreuzung aus Chihuahua und Beagle) und des Chiweenie (Kreuzung aus Chihuahua und Dackel) und was ein Designerhund ist. Das Buch betrachtet die Sequenzierung des ersten vollständigen Hundegenoms und die wichtigsten aktuellen wissenschaftlichen Experimente und Theorien. Ich gehe der Frage nach, ob Charles Darwin für seine Arbeit über Hunde nicht ebenso gewürdigt werden sollte wie für seine Arbeit über die Evolution und ob Charles Dickens tatsächlich ein Gewehr kaufen

Ludo als Welpe, der ein wunderschönes Leben vor sich hat.

wollte, um wahllos Hunde zu erschießen. Ich erkunde zusammen mit Ihnen einen abgelegenen Hundefriedhof und untersuche auch andere Formen des Andenkens an unsere vierbeinigen Lieblinge. Ich versuche auch zu erklären, warum sich Kunstdrucke mit Poker spielenden Hunden eine Zeit lang so gut verkauft haben und warum Sie sich auf YouTube unbedingt »Ultimate Dog Tease« anschauen sollten – ein Video, auf dem ein Hund namens Clark erzählt bekommt, welche Leckereien aus dem Kühlschrank sein Herrchen ihm vorenthält, und das bisher über 200 Millionen Mal angeschaut wurde.

Weil ich selbst weder Psychologe noch Verhaltensforscher bin und schon gar kein Genetiker, habe ich die Arbeiten von Experten auf diesen Gebieten herangezogen. Meine eigenen Recherchen sind journalistischer Natur, außerdem berichte ich von meinen Erlebnissen mit den Hunden, die im Laufe von 30 Jahren unter meinem Schreibtisch vor sich hin gedöst haben: ein Basset Hound namens Gus, ein gelber Labrador Retriever namens Chewy und mein schwarzer Labrador

Ludo. Also werde ich hin und wieder sentimental werden (und ihre Eigenschaften annehmen; in einer Rezension eines meiner Bücher in der Sunday Times wurde ich einmal als »überschwänglicher Trüffelhund« bezeichnet). Man kann nicht auch nur eine Stunde mit einem gut erzogenen Hund zusammen sein, ohne sich zu fragen, was er oder sie wohl gerade denken mag, was ihm oder ihr Angst oder Freude macht und wie man sich am besten zusammen amüsieren könnte. (Insgesamt tendiert dieses Buch zu einem positiven Hundebild. Auf der Welt gibt es auch viele böse Hunde; ich selbst wurde als Kind einmal von einem Deutschen Schäferhund gebissen. Die Folgen waren eine Tetanusspritze für mich und ein wütender Brief meines Vaters, seines Zeichens Rechtsanwalt, an den Schäferhund. Dennoch habe ich beschlossen, mich auf die zum Glück überwiegend harmonischen Aspekte der Beziehung zwischen Hund und Mensch zu konzentrieren.)

Ein Hund residiert stolz und selbstbewusst in jenem Gefüge, das der Biologe Jakob von Uexküll als eigene Welt oder Umwelt bezeichnete. Der Primatologe Frans de Waal wiederum betitelte eines seiner Bücher: Are We Smart Enough to Know How Smart Animals Are? (»Sind wir schlau genug, um zu wissen, wie schlau Tiere sind?«) Wenn ein Hund unser Zeitkonzept oder Wirtschaftssystem nicht begreifen kann, liegt das nicht an mangelnder Intelligenz, sondern daran, dass diese Dinge in seiner Welt keine Bedeutung haben.

Das Gehirn eines Hundes ist durchschnittlich ungefähr ein Drittel so groß wie das durchschnittliche Gehirn eines Menschen. Andererseits sitzen in der Hundenase über 200 Millionen Geruchsrezeptoren, im Gegensatz zu fünf Millionen in der menschlichen Nase, was darauf schließen lässt, dass Hunde ganz andere Prioritäten haben. Ungefähr ein Drittel der Masse des Hundegehirns ist mit dem Geruchssinn beschäftigt, während es bei uns Menschen nur fünf Prozent sind. Immer wieder fällt mir auf, wie mein Hund mit seiner Nase die Welt erkundet. Seine exzellenten olfaktorischen Fähigkeiten ermöglichen ihm, nicht nur seine Umgebung und andere Hunde, sondern auch Menschen kompetent zu beurteilen: Er merkt, welche Leute Angst vor Hunden haben, und kann sie meiden; er erinnert sich, wer ihm in der Vergangenheit besondere Aufmerksamkeit geschenkt hat, und wird ihn bei der nächsten Begegnung fröhlich und mit einem Lieblingsspielzeug im Maul begrüßen; und er weiß, wann seine menschlichen Gefährten traurig sind und Trost benötigen. Manchmal frage ich mich, ob wir ihn und seine vielen Freunde mit ebenso viel Einfühlungsvermögen und Respekt behandeln.

Neben der Tatsache, dass Welpen verdammt süß sind, ist ihre Neugier eine der vielen Eigenschaften, die uns ansprechen. Sie untersuchen gern alles, was ihnen vor die Nase kommt. Diese Neugier reift mit dem Älterwerden, verschwindet aber nie: Hört ein älterer Hund ein ungewohntes Geräusch, dann wird er ihm auf den Grund gehen wollen. In gewisser Weise gleicht dieses Buch einem Hund, der die Welt um sich herum erforschen will: ungewöhnliche Geräusche, ein sich schnell änderndes Umfeld und eine zunehmend größer werdende Aufmerksamkeit durch Fremde. Diese Fremden sind wir, die wir mit welpenhafter Neugier und zunehmend forensischer Präzision erkunden wollen, was genau einen Hund zu einem Hund macht und warum die Beziehung zu ihm beide Seiten derart bereichert. Auch wenn wir Hundemenschen uns untereinander nicht kennen, sind wir als Hundebesitzer und Hundeliebhaber Teil einer riesigen Gemeinschaft: Die Verbindung mit unseren Hunden teilen wir mit Millionen von Menschen auf der ganzen Welt, mit denen wir dadurch gleichermaßen verbunden sind.

Quirlige Musen: David Hockney mit Stanley und Boodgie vor ihrer Hundewand.

1. Das unauslöschliche Bild

Die Protein Studios, ein Kulturzentrum in Shoreditch in London, hängten einige Tage lang Bilder in der Augenhöhe von Hunden auf. Das Thema der Ausstellung waren »berühmte Hunde von gestern«, und gezeigt wurden u. a. die Corgis der Queen, der sowjetische Kosmonautenhund Laika und die Hündin Petra aus der Kinder-Fernsehserie *Blue Peter* an einer Schreibmaschine, beim Beantworten ihrer Fanpost. Außerdem gab es Fotos von »Hundehelden«, die nach dem Verlust ihrer Hinterbeine mit Rollwägen liefen, und Bilder der fotogensten Hunde-Influencer auf Instagram. Die Ausstellung trug den Titel *The National Paw-Trait Gallery* (»Nationale Pfotenausstellung«, eine Anspielung auf die National Portrait Gallery in London) und sollte für den Facebook-Wettbewerb »Most Amazing Dog« werben. Zum Sieger gekürt wurde schließlich ein neunjähriger Chihuahua aus Mexiko namens Toshiro Flores – und niemand verstand, warum.

Hundeporträts gibt es, seit Menschen auf Höhlenwände malen, und jeder Galeriebesitzer seit der Renaissance weiß: Man braucht nur ein Hundebild an die Wand zu hängen, und schon kommen die Leute angelaufen. Mit möglichst vielen Hundebildern an möglichst vielen Wänden könnte man vielleicht einen faszinierenden Überblick über die Mensch-Hund-Beziehung über die Jahrtausende hinweg erhalten.

Welche Erkenntnisse liefern uns andere Ausstellungen? Zugunsten eines Tierheims für Hunde und Katzen wurden 2013 in einer Galerie in Battersea von Hunden geschaffene Kunstwerke verkauft: Auf dem Fußboden waren große Papierbögen ausgebreitet worden, und Hunde schoben darauf mit der Schnauze einen Futternapf umher, an dem ein Pinsel befestigt war. Hunde waren sowohl als Zuschauer als auch als Künstler willkommen – vorausgesetzt, sie hatten Kaufabsichten.[*]

Im Juli 2019 fand in den Southwark Park Galleries in London eine ähnliche Veranstaltung statt. Unter dem Titel »Zeitgenössische Kunst, von Hunden für Menschen und Hunde ausgewählt« wurden von Galeristen und Kritikern kuratierte Werke mit Hundebezug gezeigt, darunter Arbeiten von Martin Creed, Joan Jonas, David Shrigley und Lucian Freud. Die Radierungen, Ölgemälde, Filme und Standbilder, die Hunde in unterschiedlichen Situationen zeigten, schienen abgesehen vom Oberthema auf den ersten Blick nichts miteinander zu tun zu haben, doch auf den zweiten Blick offenbarte sich eine Gemeinsamkeit: Sie alle sahen bezaubernd aus. Unsere Liebe zu Hunden lässt sich offenbar durch nichts besser zum Ausdruck bringen, als wenn sie auf Leinwand oder eine Fotografie gebannt wird, und ebenso verhält es sich mit unserer Abhängigkeit von unseren vierbeinigen Begleitern.

Die in den Southwark Park Galleries gezeigten Arbeiten gehören zu einem edlen Pantheon. Der Gang durch eine beliebige größere Gemäldegalerie offenbart Hundedarstellungen für alle Stimmungslagen und illustriert, wie sich die Mensch-Hund-Beziehung im Laufe

---

[*] Einige Hunde zeigten angeborenes Talent, die meisten aber hatten wohl noch einen weiten Weg vor sich. Man sah ihren Arbeiten an, dass es an theoretischen Grundlagen fehlte, und das meiste wirkte unvollständig. Menschlichen Künstlern fällt es gewöhnlich schwer, die Arbeit an einem Bild abzuschließen; diese Hundemaler aber waren viel zu materialistisch eingestellt und nur an der Belohnung interessiert.

der Jahrhunderte gewandelt hat. Es beginnt im 15. Jahrhundert mit Abbildungen des Hundes als Jagdgefährte, als Sinnbild der Zuverlässigkeit und Statussymbol der Aristokratie und endet mit Hunden mit fantasievollen Hüten, die online Millionen von Likes einheimsen. Hunde auf Instagram sind nicht weniger bedeutend als Hunde in gemalten Jagdszenen, denn beides bereitet uns beim Anschauen große Freude. Zwar haben sich die Hunde äußerlich etwas verändert, doch ihre Bedeutung für das Bild und seinen Urheber ist gleich geblieben.

Bei einem Gang durch die Ausstellungs- und Lagerräume der Londoner National Gallery kann man an die 200 Bilder von Hunden betrachten. Die meisten von ihnen wirken eher zufällig zustande gekommen. Beim genaueren Hinsehen fällt jedoch auf, wie viele Hunde die Leinwand beherrschen: Sie dominieren das Bild ebenso subtil, wie sie dessen Erschaffer verzaubert haben. Diese Dominanz bestätigt ihre Bedeutung, denn selbst dann, wenn sie scheinbar zufällig anwesend sind – so wie der winzige Brüsseler Griffon zu Füßen des Arnolfini-Brautpaars (*Die Arnolfini-Hochzeit*, 1434) –, transportieren sie eine wichtige Botschaft: Der Hund in diesem Bild steht für Treue und Stolz. In Gerard Davids *Christus ans Kreuz genagelt* (1481) erstreckt sich die fast nackte Hauptfigur diagonal über die Leinwand, und im Vordergrund schnüffelt ein kleiner, fast haarloser Hund an einem Schädel; der eine steht für das Schicksal und der andere für die Frage, was mit uns geschieht. Der Jagdhund in Jens Juels *Joseph Greenway* (1778) schaut seinen Herrn mit vermutlich derselben Mischung aus Respekt und Furcht an, wie die Besatzungen auf Greenways Handelsschiffen es taten. In Canalettos *Piazza San Marco und die Kolonnade* (1756) sitzt ein struppiger Terriermischling vor zwei feinen Herren und hofft, dass etwas vom Gebäck des Café Florian für ihn abfällt. Jeder Hundebesitzer kennt Situationen wie diese.

Diese Hunde scheinen alle wie zufällig auf das Bild gelangt zu sein. In anderen Bildern aus aller Welt sind Hunde die Hauptfiguren, und man findet Hunde für jede Stimmungslage. Sie suchen einen aristokratisch-stolzen Vierbeiner? Sie finden ihn auf Gustave Courbets *Die Windhunde des Grafen von Choiseul* (1866). Einen Hund als Beschützer? Den finden Sie auf Jeanne-Elisabeth Chaudets *Säugling in der Wiege schlafend, bewacht von einem mutigen Hund, der soeben eine riesige Viper tötete* (1801). Etwas unglaublich Niedliches? Dann schauen Sie sich Philip Reinagles *Porträt eines außergewöhnlich musikalischen Hundes* (1805) an: ein Spaniel mit den Pfoten auf der Klaviertastatur, der so unschuldig schaut, als wolle er sagen: »Ich übe gerade nur.« Eiskalte Verachtung drückt der Dackel im Vordergrund von Otto Dix' *Der Streichholzhändler* (1920) aus, der die titelgebende Figur anpinkelt, und schiere Lebensfreude Keith Harings viele schwarz umrandeten Hip-Hop-Hunde. Aber was, bitte schön, sollen all diese unterschiedlichen Hunde gemeinsam haben? Der rote Faden, der sich herauskristallisiert, ist ihre Wärme, ihre tröstliche Gesellschaft, das Hundehafte an ihnen. Gleichgültig, ob sie im Mittelpunkt stehen oder während des Malvorgangs nur zufällig

Bulldoggen halten zusammen: A Friend in Need *von Cassius Marcellus Coolidge.*

vorbeigekommen zu sein scheinen: All diese Bilder wären ohne sie unvollständig, und dies auf eine eigenartig schmerzhafte Weise.

Einmal besuchte ich David Hockney in seinem Atelier in Los Angeles, und natürlich kam das Gespräch auf seine geliebten Dackel Stanley und Boodgie. Als Modelle wären sie alles andere als einfach, erzählte er, und dass sie sich leicht durch Besuche und Aktivitäten in der Küche ablenken ließen. Er schloss daraus, dass sie nicht besonders an Kunst interessiert seien.

So, wie er auch die meisten seiner engsten menschlichen Gefährten überlebte, überlebte Hockney auch die beiden Dackel. Ihnen zu Ehren schuf er in seinem Anwesen in Los Angeles eine Hundewand: Zusammengerollte Hunde, auf dem Rücken liegende Hunde, aneinander schnuppernde Hunde, mit der ins Kissen gepressten Schnauze träumende Hunde. Es gibt ein besonders anrührendes Foto, auf dem Hockney lässig auf einem gestreiften Sessel sitzt, zu beiden Seiten einen Dackel im Arm, und hinter ihm sieht man die Wand mit über 40 Bildern von Stanley und Boodgie. »Ich entschuldige mich nicht für dieses Sujet«, schreibt er in der Einleitung seines Buchs über Hundeporträts. »Diese beiden liebenswerten kleinen Kreaturen sind meine Freunde. Sie sind intelligent, herzlich und lustig, und oft ist ihnen langweilig. Sie schauen mir bei der Arbeit zu. Ich sehe die warmen Formen, die sie miteinander bilden, ihre Traurigkeit und ihre Freuden.« Er erklärte, dass er sich in einer von Trauer erfüllten Welt verzweifelt danach sehne, etwas Liebevolles zu malen. »Das Sujet waren nicht Hunde, sondern meine *Liebe* zu den kleinen Wesen.« Und genau das ist es, was uns in den meisten Kunstwerken, die Hunde thematisieren, anspricht.

Weitere Belege für die beinahe erstickende Zuneigung des Menschen für den Hund findet man im Kennel Club in London und in The Kennel Club's Museum of the Dog in New York, Hüter und Bewahrer der weltweit größten Sammlungen künstlerischer Hundedarstellungen.

Hier sehen wir den Hund als Helden, als hervorragendes Wesen. In
der Londoner Sammlung sind unzählige Trophäen und Urkunden
von Hundeschauen aus über 100 Jahren ausgestellt sowie Unmengen
von Porträtfotos stolzer, eifriger Menschen neben stolzen, erschöpf-
ten Hunden. Unter ihnen finden wir königliche Hoheiten, normale
Sterbliche und zahlreiche in Tweed gekleidete Exzentriker. Detailliert
beschreibt die Sammlung außerdem die unterschiedlichen und sich
wandelnden Rollen des Hundes im England des 19. Jahrhunderts.
Da gibt es Jagd- und Hunderennenszenen und eine Lithografie von
Billy, vermutlich ein Terrier, der 1823 in einem Kampfring innerhalb
von gut fünf Minuten 100 Ratten tötete. Richard Ansdells Ölgemälde
Buy a Dog Ma'am (»Kaufen Sie einen Hund, Madame«, 1860) gibt am
eindrücklichsten Aufschluss darüber, wie aus dem Arbeitshund ein
Gesellschaftshund wurde. Das stark von Sir Edwin Landseer beein-
flusste und nach seiner Entstehung in der Royal Academy ausgestellte
Bild zeigt einen gefühllos wirkenden Mann, der zwischen Säulen am
Rand eines Marktplatzes sitzt. In einer Hand hält er einen weißen,
mit einer roten Schleife geschmückten kleinen Hund (vielleicht eine
Kreuzung aus Pudel und Mops), unter den anderen Arm hat er sich
einen Spaniel geklemmt, und neben seinen Beinen stehen zwei wesent-
lich größere Arbeitshunde. Die Botschaft ist klar: Sie sind für ihre
Arbeit zu alt geworden und suchen ein neues Wirkungsfeld.

Die heute in New York beheimatete Sammlung war 2019 nach vielen ruhigen Jahren in St. Louis dorthin umgezogen. Zu ihren Schätzen
zählt viel witziger Hundekitsch wie Zinn- und Porzellanfigürchen,
aber auch einige wirklich bemerkenswerte Objekte, darunter ein
Photofit-Monitor. Dieser zeigt, in welchen Hund man sich verwandeln
würde, wenn man das könnte (allerdings orientiert sich der Computer
am Aussehen des Menschen und nicht an seinem Temperament).

Das Museum of the Dog ist im Besitz sämtliche Klassiker, darunter
Maud Earls *Silent Sorrow* (1910; Cesar, der Hund Eduards VII., lehnt

sich traurig an einen Sessel) und John Sargent Nobles *Pug and Terrier* (1875) mit dem verloren wirkenden Terrier, an dessen Halsband eine Bettelschale befestigt ist, und dem gut genährten Mops, der aussieht, als würde er über die Ungerechtigkeit in der Welt nachdenken. Das bemerkenswerteste Bild aber, das eine ganze Wand für sich hat, ist Christine Merrills *Millie on the South Lawn*. Millie war ein Englischer Springer Spaniel, der H. W. Bush und Barbara Bush gehörte. Auf dem Gemälde sitzt Millie neben einem roten Ball und nimmt beinahe die ganze Leinwand ein; das Weiße Haus mitsamt Springbrunnen ist bloße Dekoration. Millie sieht aus, als wäre sie hier der Boss. Und sie sieht wie ein sehr geliebter Hund aus. Neben dem Bild hängt ein Brief, den Barbara Bush anlässlich der Eröffnung des Dog Museum 1990 in St. Louis schreibt: »Hunde bereicherten unsere Kultur und haben sich im Laufe der Jahrhunderte in unsere Herzen und Familien gekuschelt …« (Donald Trump war seit über einem Jahrhundert der erste US-Präsident, der keinen Hund mit ins Weiße Haus brachte.*)

---

* Bei einer Wahlkampfveranstaltung in El Paso im Februar 2019 lobte Trump die Deutschen Schäferhunde, die an der Grenze zu Mexiko als Drogenhunde eingesetzt werden, meinte aber, er fände es »verlogen«, selbst einen Hund zu besitzen. Seine erste Ehefrau Ivana schreibt in ihren Memoiren, dass ihr Pudel Chappy Trump, wann immer er sich dem Hund näherte, »anbellte, als wolle er sein Revier verteidigen«. Trumps Vorgänger war da anders. Die zwei von den Obamas adoptierten Portugiesischen Wasserhunde Sunny und Bo waren die reinsten Stresstherapeuten und für die Öffentlichkeitsarbeit so gefragt, dass sie einen eigenen offiziellen Terminplan benötigten. Die (selbstverständlich von ihr selbst) geschriebenen Memoiren von Barbara Bushs Hündin Millie verkauften sich weitaus besser als die ihres Frauchens und ihres Herrchens. Trump verwendet das Wort »Hund« durchgehend abwertend. Sein ehemaliger Chefstratege Stephen K. Bannon wurde »von so gut wie jedem fallen gelassen wie ein Hund«, während der frühere Präsidentschaftskandidat Mitt Romney in seinem Wahlkampf »wie ein Hund würgte«. Regelmäßig machte Trump darauf aufmerksam, dass seine Feinde »wie die Hunde davongejagt« worden seien, was immer das auch heißen sollte. Und Ende Oktober 2019 verkündete Trump den Tod des Anführers des Islamischen Staats Abu Bakr al-Baghdadi triumphierend mit den Worten: »Er starb wie ein Hund.« Stolz war Trump allerdings auf den Hund namens Conan, der al-Baghdadi in einem Tunnel verfolgt hatte, in dem der Terrorist schließlich seine Sprengstoffweste zündete. Diesen Hund, den Malinois Conan, pries Trump mit den Worten: »ein schöner Hund – ein begabter Hund«.

Das faszinierendste Exponat dieses Museums ist jedoch nicht etwa ein Gemälde, sondern der Fallschirm eines hündischen Helden aus dem Zweiten Weltkrieg. In diesem Krieg erfüllten Hunde wichtige Missionen. Einer von ihnen war der Langhaarcollie Rob, der im Rahmen seines Einsatzes für den Special Air Service (SAS) in der Nordafrikakampagne über 20 Mal mit dem Fallschirm aus einem Flugzeug absprang oder aber hinausgestoßen wurde und nach Kriegsende mit der Dickin Medal ausgezeichnet wurde, der Hundeversion des Viktoriakreuzes.*

Die eigentliche Heldin des Museums in New York aber ist die berühmte Yorkshire-Terrierdame Smoky. Der genaue Hergang ist, ebenso wie bei Rob, schwer nachzuprüfen, doch soll Smoky im Dschungel von Neuguinea gekämpft und dabei geholfen haben, eine Fernmeldeleitung unter einer Landebahn einzurichten. Sie gehörte dem 5th Air Force, 26th Photo Reconnaissance Squadron an, und obwohl sie keine Fotos schoss, war sie doch in zwölf Gefechte verwickelt und erhielt acht Battle-Star-Auszeichnungen. Der *Yorkshire Post* zufolge, die begeistert über die ursprünglich aus Yorkshire stammende Hündin schrieb, rettete Smoky insgesamt 250 Menschen das Leben und bewahrte über 40 Flugzeuge vor dem Absturz. Doch Smoky genügte das noch nicht; sie wollte mehr.

Als ihr Besitzer Bill Wynne ins Krankenhaus musste, setzte sich Smoky auf sein Bett. Schnell suchten auch andere Patienten bei ihr Trost, und die kleine Terrierdame wurde zu einem gefragten Therapiehund. Wynne zog mit ihr nach Australien, und bald ging es auch dort vielen Krankenhauspatienten besser. Doch auch das genügte Smoky

---

* Was für ein Held! Oder zumindest galt er als solcher, bis ein früherer Angehöriger des SAS 2006 behauptete, Robs Leistungen seien furchtbar übertrieben dargestellt worden. Der Hund sei möglicherweise kein einziges Mal mit dem Fallschirm abgesprungen, und überhaupt sei alles einfach eine Erfindung von Robs Hundeführer in der Army. Der habe dadurch verhindern wollen, dass Rob an seinen ursprünglichen Besitzer zurückgegeben werde.

(oder Wynne) immer noch nicht. Smoky sprang mit einem Fallschirm aus einem Flugzeug ab und schnappte 400 Mitwettbewerbern den Titel »Bestes Maskottchen des südwestlichen Pazifikraums« vor der Schnauze weg. Sie wurde eine richtige Berühmtheit und war bald auch in Hollywood bekannt – zwar nicht so sehr wie Rin Tin Tin oder Lassie, aber doch berühmt genug, um zu Supermarkteröffnungen und Shows im Kabelfernsehen eingeladen zu werden.

Um sich klarzumachen, wie lange der Hund in der Kunst des Menschen bereits eine Rolle spielt, muss man Pompeji besuchen. Seinerzeit gab es hier überall halb zahme Hunde, und einige wurden von der heißen Vulkanasche begraben. Wesentlich mehr von ihnen aber flohen (mit oder ohne Herrchen und Frauchen) bereits, als der Vesuv im Jahr 79 n.Chr. warnend zu grollen begann. Der berühmteste zurückgebliebene Hund bewachte den Eingang zum Haus des Tragischen Dichters im Nordwestteil der Stadt, ein Muss auf jeder Besichtigungstour durch die Ruinen. Der Hund ist allerdings nur ein Mosaik. Man sieht ihn schon von der Straße aus drohen, angebunden zwar, aber bereit, jeden Eindringling anzuspringen. Mit seinem Schutzauftrag identifiziert er sich so stark, dass die darunter geschriebene Warnung *Cave canem* (»Vorsicht, Hund!«) überflüssig erscheint.

Warnung vor dem Hunde: ein Mosaik in Pompeji zur Abschreckung von Eindringlingen.

Doch vielleicht war das Mosaik nur eine Art Warnschild, das den leibhaftigen Wachhund ersetzte. Ich habe schon öfters gelesen, dass ähnliche Hinweise in Pompeji Besucher eventuell nicht etwa vor einem scharfen Wachhund im Haushalt warnten, sondern weil in den

Räumen eines dieser kleinen, whippetähnlichen Wesen herumlief, die man nur allzu leicht übersehen, über sie stolpern und dadurch unabsichtlich verletzen kann.

Der Tragische Dichter aber besaß weder einen scharfen Wachhund noch ein zerbrechliches Windhündchen. Er hatte nur seine tragischen Verse. Das 1824 ausgegrabene Haus wurde nach einer Wandmalerei benannt, die, wie man zunächst angenommen hatte, einen ergreifenden Gedichtvortrag darstellte. Später gelangte man zu der Ansicht, es handle sich um die dramatische Wiedergabe eines Orakelspruchs. Das heißt, dass wir gar nicht wissen, wer in dem Haus lebte und den furchterregenden Wachhund besaß (oder aber vorgab, ihn zu besitzen). Allerdings waren zu beiden Seiten des Hauseingangs Geschäfte, von denen eines möglicherweise Schmuck verkaufte; vielleicht investierte der Juwelier in das abschreckende Mosaik.

Daneben gibt es in Pompeji auch noch den Lavahund: der Hund, der beim Ausbruch des Vesuvs ums Leben kam. Durch Kette und dickes Lederhalsband an der Flucht gehindert, sich vor Schmerzen auf dem Rücken windend, ist er im Todeskampf erstarrt.

Wie ich selbst denken auch viele andere, dass man einen Hund im Aschemantel zu sehen bekommt oder auch einen echten, von gehärteter Lava überzogenen Hund. Stattdessen ist es jedoch ein in den 1870er Jahren angefertigter Abguss: In den Hohlraum, der durch das Verrotten des armen Hundes in den Jahrhunderten nach seinem Tod entstanden war, wurde Gips gegossen. Nach dessen Aushärtung klopfte man den umgebenden Bimsstein vorsichtig weg. Übrig blieb eine Reproduktion, die uns einen sehr echt wirkenden Eindruck von dem vor langer, langer Zeit erlittenen Schmerz vermittelt.

Es kursieren verschiedene Theorien darüber, wo der Hund gelebt hatte und wer sein Besitzer war. Manche halten ihn für einen Wachhund, angekettet im Vorhof der Villa des römischen Generals Marcus Vesonius Primus. Andere wie Mary Beard gehen von bescheideneren

Verhältnissen aus und denken, der Hund könnte einem Tuchwalker gehört haben, einem Wäscher und Tuchmacher. Wem auch immer dieser Hund gehört haben mag – warum kehrte er nicht zurück, um ihn zu befreien und zu retten? Und an was mag das arme Tier als Letztes gedacht haben?

Die gute Nachricht: Die Hunde kehrten nach Pompeji zurück. Wie in einer Nachinszenierung der ursprünglichen Domestikation entdeckten die Streuner aus Neapel und Umgebung, dass es dort, wo Touristen sind, auch etwas zu fressen gibt. Ende des 20. Jahrhunderts fielen sie schließlich in solchen Scharen in Pompeji ein, dass die Touristen Angst vor ihnen bekamen und das italienische Kultusministerium sich zum Eingreifen gezwungen sah.

2009 wurde eine Hunderettungsaktion von herkulischen Ausmaßen eingeläutet: Viele der Streuner wurden fotografiert und auf der (heute nicht mehr existierenden) Website »(C)Ave Canem« zur Adoption angeboten. In den ersten sechs Monaten fanden 20 der Hunde ein neues Zuhause, was zwar gut ist, aber nicht viel, wenn man weiß, dass nach Schätzungen der Italienischen Liga gegen Vivisektion 70.000 herrenlose Hunde in der umliegenden Region Kampanien herumstreunten. Auch Sterilisierungs- und Chipaktionen kommen nur langsam voran, und so herrschen Hunde noch immer über Pompeji.

Es gibt keinen Bereich im Leben des Menschen, der nicht durch Hunde verbessert und aufgewertet worden ist, und Künstler haben alles pflichtschuldigst dokumentiert. Angesichts dieser Bilderfülle muss gefiltert werden, und deshalb beschränke ich mich im weiteren Verlauf des Kapitels auf meine Top Sechs. Auch wenn Sie mir nicht zustimmen sollten, inspirieren sie Sie hoffentlich dazu, Ihre eigene Hitliste aufzustellen. Auf jeden Fall aber will meine Auswahl eines deutlich machen: Unser Bedürfnis danach, unsere Hunde abzubilden –

das heutzutage auf Instagram und Twitter in geradezu ekstatischer Form ausgelebt wird, aber dazu kommen wir später –, belegt nicht nur unsere Liebe zu diesen Tieren, sondern auch unsere Abhängigkeit von ihnen.

Meine Hitliste in umgekehrter Reihenfolge:

Auf Platz sechs ist *Trial by Jury* (»Geschworenengericht«) von Sir Edwin Landseer (1840). Landseer, ein Lieblingsmaler von Königin Viktoria, war der Beste unter den sentimentalen Hundeporträtisten des 19. Jahrhunderts (und das waren nicht wenige). Dieses besondere, in Chatsworth House in Derbyshire hängende Gemälde vermenschlicht Hunde auf eine für diesen Künstler untypische Weise. Ein vornehm gelockter Pudel hat seine Pfote auf ein aufgeschlagenes Buch gelegt, das juristischer Natur sein könnte; die kleine Lesebrille des Pudels liegt neben der Pfote. Der Pudel füllt seinen roten Sessel ganz aus, noch dazu in einer sehr aristokratischen Pose, in der er all die anderen um ihn herum angeordneten Hunde dominiert: Ein Boxer, ein Windhund, ein Neufundländer, ein Spaniel und noch ein paar andere scheinen von dem Pudel einen Urteilsspruch zu erwarten. Es heißt, der Pudel stehe für den Lordkanzler, doch wurde (zumindest, solange die Farbe noch feucht war) diskutiert, ob Lord Brougham oder Lord Lyndhurst gemeint sei. Die Bildaussage: Sogar unter Hunden existieren eine natürliche Ordnung der Dinge und ein Sinn für Gerechtigkeit, und Menschen sind nicht die Einzigen, die darüber befinden können, was gerecht ist und was nicht.

Mein Platz fünf gebührt Nipper, dem Terriermischling, der vor einem Grammofon sitzend der Stimme seines Herrchens lauscht. Nipper lebte in den 1890er-Jahren in Bristol. Sein forschender Blick in den Trichter des Grammofons – wo kommen bloß die Stimmen her? – wurde von seinem Herrchen, dem Maler Francis Barraud, in dem Bild *His Master's Voice* festgehalten. Die Grammophone Company kaufte das Bild zunächst für Werbezwecke.

Mit dem Geld, das er für das Bild erhielt, erwarb Barraud ein Haus, in dem er dann Schallplatten mit dem Bildnis seines Hundes auf dem Etikett abspielte. Barraud starb, bevor sein Werk von der Marketingabteilung von *His Master's Voice* zum Sinnbild der Klangtreue ihrer Erzeugnisse erklärt wurde. »Das Bild spricht uns wohl deshalb so stark an«, hieß es in einer Werbeanzeige aus den 1950er-Jahren, »weil uns die Treue des Hundes so stark anspricht. Treue ist seit jeher das Grundprinzip von *His Master's Voice*: Klangtreue der Aufnahmen von Werken großer Musiker, Treue zu dem Kundenkreis, der *His Master's Voice* seit einem halben Jahrhundert vertraut, weil HMV ihn zuverlässig mit den modernsten und besten Unterhaltungsgeräten versorgt.«˙ Doch bevor das Bild zu einem Werbelogo wurde, war seine Aussage: Wir sind kultiviert und neugierig, ganz Ohr und offen für alles Wunderbare, das das Leben für uns bereithält.

Meinen Platz vier hält Frida Kahlos *Itzcuintli-Hund mit mir*. Auf diesem Selbstporträt sitzt die Malerin in der Bildmitte und schaut den Betrachter unbekümmert an. Ihr dunkles Kleid fällt in üppigen Falten über die Beine, und vor dem voluminösen Rock steht ein frecher, kleiner Mexikanischer Nackthund, dessen Blick deutlich sagt: »Was zum Teufel guckst du so?« Kahlo hatte mehrere Hunde, von denen etliche auf ihren Selbstporträts auftauchen. Es ist unklar, warum der Mexikanische Nackthund auf diesem Bild derart klein dargestellt ist, wo Hunde im Leben der Künstlerin doch eine so große Rolle spielten. (Kahlo schätzte Mexikanische Nackthunde als Teil des aztekischen Erbes – es heißt, dass sie über starke Heilkräfte verfügen, und nicht zuletzt strahlen sie erstaunlich viel Körperwärme ab.) Man nimmt an, dass der auf diesem Bild porträtierte Hund ihr

---

* Eine geniale Parodie dieses Bilds malte der deutsche Karikaturist Michael Sowa: eine Theaterbühne, in deren Mitte ein riesiges Grammofon thront, und ein Publikum, das ausschließlich aus Hunden besteht, von denen die meisten wie Nipper aussehen (es haben sich aber auch ein Mops sowie einige anders aussehende Hunde eingeschlichen). Das gesamte Publikum lauscht ergriffen und gebannt.

Lieblingshund war, ein gewisser Mr. Xolotl. Das Gemälde sagt uns: Größe ist unwichtig, und wir werden dich, so gut wir können, durch diese Welt begleiten.

Auf meinem Platz drei liegt *Sniper*, ein von Samuel Fulton porträtierter Held des Ersten Weltkriegs. Fulton war ein schottischer Maler, der sich auf melancholisch dreinblickende Hunde spezialisiert hatte. Der berühmteste unter ihnen war Sniper, ein Staffordshire Bullterrier mit leichtem Dalmatinereinschlag, der 1916 in einem Schützengraben das Licht der Welt erblickte. Sniper blieb bis zum Waffenstillstand an der Front und beteiligte sich, mit Uniformjacke und Gasmaske ausgerüstet, an wichtigen Aufklärungsmissionen. Außerdem soll der von mehreren schottischen Regimentern zum Maskottchen erklärte Sniper der erste britische Hund gewesen sein, der nach Kriegsende deutschen Boden betrat. Er war gern gesehener Gast auf Veteranentreffen, und auf einem von ihnen posierte er für Fulton. Der wählte in Kontrast zu Snipers weißem Fell einen dunkelerdfarbenen, an Schützengräben erinnernden Hintergrund. Sowohl der Maler als auch sein Modell starben 1939 und hinterließen der Welt ein Gemälde, aus dem der Satz spricht: Ich werde dich niemals im Stich lassen.

Auf Platz zwei befindet sich bei mir nicht ein einzelnes Gemälde, sondern ein ganzes Genre: »Neufundländer rettet ertrunkenes Kind aus See oder Fluss, oft mit panischen Eltern im Hintergrund.« Seit 200 Jahren ist dies ein in der Malerei häufig wiederkehrendes Thema, eine wahre Trope, in den unterschiedlichsten Variationen von zahlreichen Künstlern interpretiert. Besonders beliebt war es bei den moralistisch eingestellten Viktorianern, die gerade damit begannen, den Hunden Zutritt zu ihrem Wohnzimmer zu gewähren und die ganze Mensch-Hund-Beziehung neu zu überdenken. Heutzutage treiben uns solche Bilder nicht mehr unbedingt Tränen in die Augen, entlocken uns aber oft noch ein mildes Lächeln. Landseer malte einen Klassiker dieses Genres. Es trägt den Titel *Saved* (»Gerettet«) und basiert auf der Geschichte des Neufundländers Milo, dem Hund des Leuchtturmwärters George B. Taylor, der seinen Dienst im Egg Rock Lighthouse im US-Bundesstaat Maine versah. Landseers Arbeit wurde erstmals 1856 in der Royal Academy gezeigt, und der nach ihr angefertigte Stich fand seinen Weg in die Häuser und Wohnungen von Tausenden von Familien. Das Bild zeigt einen riesigen, erschöpft hechelnden Hund mit schwarzem Kopf und weißem Körper auf einem Felsvorsprung, auf dessen Vorderbeinen ein durchnässtes Kind liegt, das langsam zu sich kommt. Im Hintergrund tobt die aufgewühlte See. Das Kind scheint ein Mädchen zu sein und hat seltsamerweise trotz allem immer noch seinen Hut auf, doch anscheinend stand – oder besser: lag – für diese Figur der Sohn des Leuchtturmwärters, Fred, Modell. Milo leistete übrigens mehr, als ertrinkende Kinder zu retten: Sein Gebell durchdrang auch dann noch den dichten Nebel, wenn das Licht des Leuchtturms kaum noch sichtbar war. Auf diese Weise warnte Milo Fischer und andere Seeleute vor den gefährlichen Felsen und sorgte gleichzeitig dafür, dass er nicht ständig Ertrinkende retten musste.

Ein anderer Stich, basierend auf einem um die Mitte des 19. Jahrhunderts entstandenen Gemälde des Franzosen Joseph Beaume, zeigt ebenfalls einen Neufundländer, allerdings in einer noch weitaus dramatischeren Szene: Auf diesem Bild zieht der Hund gerade ein Kind aus dem Wasser. Es hat seine Arme ausgestreckt, doch das Wasser wirkt verdächtig seicht, und der Hund schaut müde den Betrachter an, als wolle er sagen: »Nicht schon wieder …« Doch Liebhaber dieses Bilds scheinen den Blick nicht so verstanden zu haben. In Henry James' Roman *Damen in Boston* (1886) gibt es eine Szene in einer Pension, in der »ein Teppich vor dem Kamin liegt mit der Darstellung eines Hundes, der ein ertrinkendes Kind rettet«. Der Symbolismus ist nicht zu übersehen: Hunde retten Menschen vor

Gefahren; sie werden da sein, wenn man sie am wenigsten erwartet und am dringendsten braucht.

Und nun zu meinem Platz eins, dem Top-Hund. Ihnen dürfte ja bereits aufgefallen sein, dass ich in meiner Auswahl zum Populären tendiere. Aufgrund eines echten Faibles und nur eines Hauchs postmoderner Ironie nimmt daher der Druck *Poker Game* aus der Serie *Dogs Playing Poker* von Cassius Marcellus Coolidge den Spitzenplatz ein. Ein weit verbreitetes amerikanisches Lieblingsbild – aber ich finde, man braucht sich nicht zu schämen, wenn es einem gefällt. Gezeigt werden drei gebildet wirkende Bernhardiner, allesamt Brillenträger, die an einem mit grünem Tuch bespannten Tisch sitzen. Alle drei rauchen: zwei Zigarren, einer Pfeife (der Künstler wurde von einem Zigarrenhersteller gesponsert). Ein vierter, jüngerer Hund, mit angezündeter Zigarette in einer Pfote, steht offenbar auf den Hinterbeinen und schaut dem Spiel aufgeregt zu. Die Spieler trinken Whisky Soda, und die Partie scheint bereits weit fortgeschritten zu sein. Ganz eindeutig hielt der Künstler einen entscheidenden Moment fest: Ein Hund hält vier Asse in der Pfote.

Das Gemälde stammt aus dem Jahr 1894 und stellt einen Triumph des Kitschs, aber auch der Spannung und der Schönheit dar. (Und es ist alles andere als billig: 2015 wurde es bei Sotheby's für 658.000 Dollar verkauft.) Die Komposition parodiert Caravaggios *Die Kartenspieler* (1594), und beim Betrachten vergisst man schnell, dass hier wirklich *Hunde* Poker spielen. Die Geschichte zieht uns in ihren Bann. (Wer gewinnt? Wer blufft? Wessen Schuldschein liegt da auf dem Tisch?«) C. M. Coolidge merkte bald, dass er mit dem Sujet einen Volltreffer gelandet hatte, und malte weitere elf Hundebilder, die alle gleichsam wunderlich und horrend sind. In *Waterloo* zum Beispiel sitzt ein Bernhardiner zusammen mit einem Boxer und einem Collie am Tisch, und es sieht ganz danach aus, als stünde ein furchtbarer Showdown unmittelbar bevor. Oder *A Friend in Need*

(»Ein Freund in Nöten«): Sieben unterschiedliche Hunde sitzen beim Pokern zusammen. Im Vordergrund reicht eine Bulldogge, unter dem Tisch vor den Blicken der Mitspieler verborgen, dem Sitznachbarn mit der Hinterpfote ein Ass. Skandal! Dieser Hund sollte lebenslang vom Spieltisch verbannt werden! Aber was für eine coole Idee!

Coolidges Ölgemälde wurden Ende des 19. Jahrhunderts von dem in Minnesota ansässigen Verlag Brown & Bigelow vervielfältigt und millionenfach verkauft. Was ihren besonderen Reiz ausmacht, liegt auf der Hand. Man könnte es mit den Worten von Samuel Johnson erklären, der im 18. Jahrhundert schrieb: »Ich würde mir lieber das Porträt eines Hundes anschauen, den ich kenne, als all die allegorischen Gemälde, die in der ganzen Welt gezeigt werden.« Und Coolidges Hunde sind einfach Hunde, die wir kennen: Pragmatiker und Opportunisten, die unsere Plätze eingenommen haben. *Spieler.* Die Käufer der Kunstdrucke konnten sich gut ihre eigenen Hunde oder vielleicht gar sich selbst an dem Kartentisch vorstellen.

Menschen, die Poker spielende Hunde porträtieren – es entbehrt nicht einer gewissen Vernunft zu überlegen, wo die Wurzeln dieser Verbindung liegen, oder zu vermuten, dass sie wesentlich älter sind als Leinwand und Staffelei. Wie uns das folgende Kapitel zeigen wird, wiederum am Beispiel künstlerischen Schaffens, zelebrierten wir die Verbindung zu unseren geliebten Hunden wohl bereits vor 10.000 Jahren.

Canis lupus familiaris: *Weiß der Sibirische Husky, wer seine Ahnen sind?*

2. Wie es mit dem Hund anfing

Am 11. Juli 2017 erhielt die Fachzeitschrift *Journal of Archaeology* eine Mail von einer Frau namens Dr. Maria Guagnin. Die Forscherin fasste darin die bisherigen Erkenntnisse aus Grabungen an zwei Stätten in Saudi-Arabien zusammen. Die angehängten Fotos zeigten Fels-ritzungen, die 147 Jagdszenen mit Löwen, Steinböcken, Gazellen und Pferden darstellten. Dr. Guagnin datierte die Ritzzeichnungen auf etwa 8000 bis 6000 v. Chr. und erläuterte, wie viel sie uns über das Leben und Überleben der Menschen in dieser trockenen Region der Arabischen Halbinsel verrieten. Die Bilder zeigten aber auch noch etwas anderes: den ältesten visuellen Beweis für die Domestikation des Hundes durch den Menschen.

Dr. Guagnin, die vor ihrer Anstellung am Jenaer Max-Planck-Institut für Menschheitsgeschichte in Edinburgh promoviert und am Institute of Archaeology in Oxford gearbeitet hatte, ist auf prä-historische Mensch-Tier-Beziehungen spezialisiert. Drei Monate nach dem Erhalt ihrer E-Mail beschloss die Fachzeitschrift, die traditionell langatmigen Vorgehensweisen zu umgehen und Dr. Guagnins Artikel

Vielsagende Ähnlichkeit: ein Kanaan-Hund des israelischen Zwingers Sha'ar Hagai ...

... und einer seiner Vorfahren auf einer Felszeichnung in der algerischen Sahara.

online zu veröffentlichen. Die Reaktionen waren zunächst skeptisch, bald darauf jedoch begeistert: Melinda Zeder, Archäologin am Smithsonian Institute in Washington, bezeichnete den Bericht als »wirklich bemerkenswert« – eine Würdigung, die Wissenschaftler nur selten äußern. Einige Fotos wurden digital so bearbeitet, dass die Darstellungen wirkten, als seien sie gerade eben mit Kreide gezeichnet worden. Sie zeigen Hunde, die sich im Bauch und Nacken eines Steinbocks verbeißen, und auch, dass viele der Hunde angeleint sind. Manche Jäger haben sich ein Leinenende um die Taille gebunden, sodass sie die Hände für Pfeile und Bogen frei haben. Auf einem Bild wird ein bewaffneter Jäger von 13 Hunden umringt, die alle in dieselbe Richtung schauen, vermutlich zur Beute.

Diese Felsritzungen wurden in den Regionen Shuwaymis und Jubbah entdeckt, beides Gebiete mit sehr ergiebigen archäologischen Fundstätten. In Shuwaymis zählte man 273 Darstellungen, von denen 52 Hunde zeigten, in Jubbah fanden sich auf insgesamt 1131 Ritzzeichnungen 127 Hunde. Sämtliche Hunde gehörten zur alten Rasse der Kanaan-Hunde, die nach der um 500 v. Chr. von den Phöniziern bewohnten Region benannt ist. Dr. Guagnin nimmt an, dass die in den Felsritzungen abgebildeten Hunde entweder aus dem östlichen Mittelmeerraum eingeführt worden waren oder direkt von arabischen Wölfen abstammten. Sie beschreibt die ihnen allen gemeinsamen Merkmale: Stehohren, kurze Schnauze, Ringelrute. Viele der Hunde haben große weiße Flecken auf der Brust und kleinere weiße Flecken an den Schultern – ein typisches, auf den Bildern auffälliges Merkmal der Rasse, die auch unter dem Namen Beduinenhund oder Palästinensischer Pariahund bekannt ist.

Nach dieser Entdeckung müssen die Geschichtsbücher neu geschrieben werden. Zwar waren sich die Anthropologen lange Zeit darüber einig, dass die Domestikation des Hundes ihren Anfang vor Zehntausenden von Jahren genommen hatte, doch die arabischen

Felsritzungen liefern den ältesten Beweis für diese Theorie.* In ihrem Artikel, den sie gemeinsam mit zwei ihrer Kollegen vom Max-Planck-Institut verfasst hatte, spekuliert Dr. Guagnin über die so deutlich dargestellten Hundeleinen und fragt sich, ob einige der Hunde besonders wertvolle Spürhunde gewesen sein könnten oder ob die Leine eine Schutzfunktion hatte, weil die Hunde besonders jung oder alt waren. Möglicherweise waren sie auch angeleint, um ihren Besitzer vor Angriffen der Beutetiere zu schützen oder weil die Hunde nach der Jagd halfen, die Beute zurück ins Dorf zu ziehen. Die nicht angeleinten Hunde spielten vielleicht eine besondere Rolle beim Angriff auf die Beute, und es gibt mehrere Szenen, in denen Hunde die am Rand von Klippen stehenden Tiere umzingeln. Insgesamt legen die Felsritzungen den Schluss nahe, dass Hunde als ausgebildete Individuen eingesetzt wurden statt undifferenziert im Rudel. Die Menschen hatten Hunden klar umrissene Aufgaben zugewiesen und ihnen vielleicht auch Namen gegeben. Von diesem Punkt an gingen Mensch und Hund Seite an Seite durch die Geschichte.

Die Partnerschaft zwischen Mensch und Hund beschäftigt die Anthropologie und Archäozoologie, seit es diese wissenschaftlichen Disziplinen gibt. Doch bewegen sich die Diskussionen in chronologischem Nebel, und es gibt so viele Theorien zu der Frage, wann der Wolfsmischling zum Hund, also wann aus *Canis lupus* unser *Canis lupus familiaris* wurde, dass praktisch noch alles offen ist. Alle paar Monate veröffentlichen die Fachorgane eine neue Interpretation der bekannten Fakten. Jede klingt überzeugender als die vorherigen, doch

---

* Vor dieser Entdeckung fanden sich die ältesten bekannten Hundedarstellungen auf 2000 Jahre jüngeren iranischen Töpferwaren, die somit aus einer Zeit stammten, in der die Menschen vom Jagen und Sammeln zu Ackerbau und Viehzucht übergegangen waren. In der Chauvet-Höhle in Südfrankreich fand man auf einem 50 Meter langen Lehmstreifen Fußabdrücke, die man so interpretiert, dass hier vor 26.000 bis 28.000 Jahren ein Junge neben einem halb domestizierten Wolf lief.

keine lässt sich wirklich vollständig belegen. Insgesamt aber kommt man zu dem Schluss, dass die Menschen vor 15.000 bis 40.000 Jahren damit begonnen haben, die Ahnen der Hunde zu domestizieren.

Frühe künstlerische Zeugnisse sind spektakulär und auf naive Weise schön, wie alle Fels- und Höhlenbilder, doch sie sagen nichts darüber aus, wann und warum aus Wölfen Hunde wurden. Sie helfen auch nicht dabei, herauszufinden, ob alle Hunde – also die heute Hunderten von Rassen mit ihren spezifischen Eigenschaften und Merkmalen – von einem einzigen Hundetyp wie dem Kanaan-Hund oder von vielen Hundetypen abstammen.

Mitte 2019 hat sich die Shortlist der neuesten Theorien und Entdeckungen zum Thema ungefähr so gelesen wie der Mittelteil eines nicht besonders gelungenen Kriminalromans, dessen Autor sich allmählich einer einigermaßen befriedigenden und vielleicht sogar überraschenden Auflösung annähert, die den Leser jedoch mit zahlreichen offenen Fragen zurücklässt. Einige Beweise scheinen einander zu widerlegen, aber von genau diesem Bestreben, derartige Konflikte zu beseitigen, wird die Wissenschaft angetrieben. Wir dürfen in diesem Zusammenhang eines nicht vergessen: Die meisten Hunde sind Mischungen.

Die auf Hunde spezialisierte Verhaltensforscherin Kathryn Lord, die am Broad Institute des MIT und in Harvard arbeitet, schätzt, dass auf unserem Planeten zwischen 700 Millionen und einer Milliarde Hunde leben. Die große Mehrheit, wahrscheinlich über 80 Prozent, pflanzen sich ohne Einwirkung des Menschen eigenständig fort, und die meisten von ihnen leben zwar in der Nähe von Menschen, aber nicht in deren Häusern, und ernähren sich von Abfällen. (Es ist ein interessanter Gedanke, und aus sprachlicher Sicht auch ein Widerspruch, dass die meisten Hunde, also Vertreter einer domestizierten Spezies, immer noch wild lebend sind.) In warmen Regionen sind die in den Dörfern umherstreunenden Hunde tendenziell kurzhaarig und wiegen um die 15 Kilogramm, während Hunde in kälteren Zonen größer sind und längeres, dichtes Fell haben. Gewöhnlich sind sie schmutziggelb mit weißem Bauch. Sie sehen dem ursprünglichen Hund sehr ähnlich und leben auch in einer Umgebung, die vergleichbar ist mit der, durch die vor Zehntausenden von Jahren ihre Vorfahren streiften.

Praktisch alle scheinen inzwischen davon auszugehen, dass unsere Hunde vom Wolf abstammen. Die Beweise dafür häuften sich im Laufe des letzten Jahrhunderts und wurden schließlich durch Genomanalysen bestätigt. Heute irgendeine andere Abstammung anzunehmen wäre so, als würde man die Existenz des Mondes leugnen. Doch führende Wissenschaftler des 19. Jahrhunderts waren anderer Meinung. 1895 schrieb Nathaniel Southgate Shaler, Dekan der Lawrence Scientific School von Harvard: »Einige sich mit dem Problem befassende Wissenschaftler neigen zur Ansicht, dass der Hund ein Nachkomme des Wolfes sei; die Welpen dieser Art sollen von primitiven Menschen gefangen und domestiziert worden sein.« Doch Shaler stimmte dem nicht zu.

Das Problem bei der Sache ist, dass es sich selbst unter den günstigsten Bedingungen, die wir dem heutigen Stand unserer Zivilisation verdanken, als vollkommen unmöglich erwiesen hat, Wölfe in Gefangenschaft so zu erziehen, dass sie Zuneigung gegenüber ihrem Herrn zeigen oder aber dass man sie auf irgendeine Weise bei der Viehhaltung oder Jagd einsetzen kann. Sie sind in der Tat unzähmbar wild und nur auf sich selbst konzentriert. Es erscheint unvernünftig anzunehmen, dass irgendein Wilder Freude oder Nutzen daraus gezogen haben könnte, irgendeine der uns bekannten Wolfsarten zu zähmen.

Shaler hatte auch für die damals beliebte viktorianische Theorie nichts übrig, der zufolge der Hund von einer Kreuzung aus Wolf, Schakal und Kojote abstammt. Stattdessen glaubte er, der Hund gehe auf eine einzige Spezies zurück, die er als *alte* Hunde bezeichnete. Es gebe reichlich Beispiele für Arten, die scheinbar komplett ausgestorben seien und dann plötzlich in anderem, höher entwickeltem Typus wieder auftauchten, behauptete er – ohne das belegen zu können: Sein Ansatz beruhte einzig und allein auf dem Fund von Hundeskeletten, die einige Tausend Jahren alt waren.

Aber was könnten die *Gründe* für die Domestikation gewesen sein? Die Wissenschaft hat noch immer Schwierigkeiten, die Motivation nachzuweisen. Nathaniel Shaler vertrat die vor rund 125 Jahren verbreitete Ansicht, dass die Menschen sich die Hunde ursprünglich nur in ihr Leben holten, um Gesellschaft zu haben und nicht für einen bestimmten Verwendungszweck. Zeitgenössische Forscher stellen sich das eher umgekehrt vor. Shaler glaubte, dass die ersten Hunde, die vor allem an den Abfällen interessiert waren, die in der Nähe menschlicher Siedlungen herumlagen, gelegentlich selbst als Mahlzeit herhalten mussten, wenn andere Nahrungsquellen knapp wurden.*

Derzeit konzentriert sich die Forschung vor allem auf die geografische und zeitliche Verortung. »Vielleicht ist es nur deshalb nie zu einem Konsens darüber gekommen, wo Hunde domestiziert wurden, weil jeder ein bisschen recht hat«, vermutet Prof. Greger Larson, Direktor des Netzwerks für paläogenetische und bioarchäologische Forschung an der Universität in Oxford. »Die meisten Tiere wurden bei einer einzigen Gelegenheit aus einer einzigen wilden Population

---

* Shaler lag allerdings hinsichtlich einer anderen Sache richtiger. Über die Rolle des Hundes in der Gesellschaft schrieb er 1895: »Die mentalen Eigenschaften unserer stark domestizierten Hunde gleichen in eigentümlicher Weise denen ihrer Besitzer. Die Ähnlichkeit geht so weit, dass der Hund des Hauses Charaktereigenschaften der Menschen übernehmen kann, bei denen er lebt.«

heraus domestiziert. Jetzt aber glauben wir, sowohl genetisch als auch archäologisch belegen zu können, dass Hunde tatsächlich zwei Male domestiziert wurden.« Die Formulierung »zwei Male« statt »zweimal« ist bewusst gewählt, denn als der Artikel von Larson und seinen Kollegen 2016 im Fachmagazin *Science* veröffentlicht wurde, sorgte er für mehr als mildes Erstaunen.

Die Ergebnisse der DNA-Sequenzierung deuteten auf eine große Kluft zwischen dem Genom ostasiatischer und dem westeurasischer Hunde hin. Als man die genetischen Ergebnisse mit archäologischen Befunden verglich, fand Larson heraus, dass es im Osten sehr alte Hunde und auch im Westen sehr alte Hunde gab, doch habe es nach ihrem ersten Auftreten ungefähr 4000 oder 5000 Jahre gedauert, bis sie in dem dazwischen liegenden Gebiet auftauchten. Die Schlussfolgerung liegt nahe, dass Hunde bei zwei verschiedenen, voneinander unabhängigen Gelegenheiten domestiziert wurden und aus zwei unterschiedlichen Wolfspopulationen stammen, die in einem Abstand von mehreren Tausend Jahren lebten.

Doch das war noch nicht das Ende der Geschichte, denn es gab dem widersprechende Beweise, die ebenso plausibel schienen. Ende 2015, nur wenige Monate vor der Veröffentlichung des Oxforder Forschungsberichts, erschienen Forschungsergebnisse der Universität Yunnan, China, in der Fachzeitschrift *Cell Research*. Die Untersuchung der Genomsequenzen von zwölf Wölfen, 27 Hunden urtümlicher asiatischer und afrikanischer Rassen und einer Sammlung von 19 Rassen aus aller Welt ergab, dass die genetische Vielfalt innerhalb der Gruppe der südostasiatischen Hunde wesentlich größer war als innerhalb anderer Populationen. Das Forschungsteam kam daher zu dem Schluss, dass der Hund vor 33.000 Jahren in Südostasien domestiziert wurde, und ging weiter davon aus, dass eine Gruppe dieser Ur-Hunde vor ungefähr 15.000 Jahren in Richtung Kleinasien und Ostafrika wanderte und 5000 Jahre später Europa erreichte.

Ebenfalls 2015 veröffentlichte die US-Akademie der Wissenschaften in ihren *Proceedings of the National Academy of Sciences in the United States (PNAS)* einen Bericht mit Belegen dafür, dass der Hund in Zentralasien domestiziert wurde, vielleicht nahe den heutigen Ländern Nepal und Mongolei.

Eine weitere, 2017 der Öffentlichkeit vorgestellte und auf neuen Hundeknochenfunden in Deutschland beruhende Studie widerlegte die Forschungsergebnisse von Greger Larson und seinem Oxforder Team. Der erste Knochen, entdeckt in einer neolithischen Fundstätte nahe Herxheim bei Landau, datierte 7000 Jahre zurück, und der andere, in spät neolithischen Schichten der Kirschbaumhöhle auf der Fränkischen Alb gefunden, war 4700 Jahre alt. Das aus den beiden Objekten extrahierte genetische Muster, das mit der DNA eines 5000 Jahre alten Hundeschädels aus einem Grab bei Newgrange in Irland sowie knapp 6000 Proben von modernen Hunden verglichen wurde, bewog Krishna Veeramah und seine Kolleginnen und Kollegen von der Stony Brook University in New York zu der Annahme, dass alle heutigen Hunde einen gemeinsamen Ursprung haben – die Domestikation von Wölfen also nur an einem Ort stattgefunden hat. Darüber hinaus konnte das Forschungsteam durch eine Analyse von Mutationen beim Hund im Laufe der Zeit einen genaueren Zeitrahmen bestimmen, den Ursprung des Hundes auf die Zeit vor 36.000 bis 41.500 Jahren datieren und ihn auf einen alten, längst ausgestorbenen Wildtyp zurückführen.[*]

Dr. Veeramah stimmt der Sichtweise zu, dass sich unsere Hunde aus Wölfen entwickelten, die am Rand menschlicher Siedlungen nach Abfällen suchten, und das in einer Zeit, in der wir noch Jäger und Sammler waren. Die weniger aggressiven und zahmeren

---

* Es ist sicherlich kein Zufall, dass sich die türkischen Rechtsextremisten »Graue Wölfe« nach einem nicht domestizierten Tier benannt und einen zähnefletschenden Wolf zu ihrem Symbol gemacht haben.

Wölfe wurden mit der Zeit in den Dörfern aufgenommen und mit Futter belohnt. So entwickelte sich allmählich eine für beide Seiten lohnende Beziehung: Dem Wolf-Hund gefiel nicht nur, dass er zuverlässig mit Futter versorgt wurde, sondern auch, dass Menschen gern dazu bereit waren, seine Welpen zu schützen und zu pflegen. Die Menschen wiederum fanden es gut, dass sie die Wolf-Hunde zu ihrem Schutz, als Zugtiere für Schlitten sowie als Helfer bei der Jagd und dem Hüten von Herden einsetzen konnten. Von da an entwickelten sich Menschen und Hunde Seite an Seite. »Natürlich haben wir sie uns ausgesucht«, meint der Hundeforscher Mark Derr, »aber sie suchten sich auch uns aus, und unsere gemeinsamen Eigenheiten könnten der Grund für unsere scheinbar unerschütterliche Partnerschaft sein.«

Die Psychologin Alexandra Horowitz fasst es noch knapper zusammen: Die ersten Hund-Wölfe »nutzten eine neue ökologische Nische: uns«. Unsere Vorfahren streiften nicht länger umher, sie legten Siedlungen an und warfen Dinge weg. Horowitz weist darauf hin, dass der Abfall direkt neben der Siedlung abgelegt wurde, und es dauerte nicht lange, bis die schlauesten Hunde gelernt hatten, Menschen ein bisschen zu manipulieren. Und so ging es immer weiter: Man gibt einem Hund etwas zu fressen, und der Hund macht »Platz!«, rollt sich auf den Rücken und tut auch alles das, was man sonst von ihm verlangt.

In den letzten 20 Jahren gab es zahlreiche Versuche, diese soziale Interpretation in einen wissenschaftlichen Rahmen einzuordnen. Nach aktuellem Forschungsstand sind Hunde in gleichem Maße ein Produkt der Selbstdomestikation wie menschlicher Einwirkung. Ein 2002 in Harvard durchgeführtes Experiment zeigt, dass Hunde die Signale, mit denen Menschen auf verstecktes Futter deuten, wesentlich besser verstehen können als Wölfe. Neuere Experimente beweisen, dass Hunde und Menschen vom Welpenstadium an durch

Augenkontakt kommunizieren, während Wölfe selbst nach intensivem Training kaum dazu in der Lage sind.

Mark Derr identifizierte eine weitere interessante und vielleicht unvermeidliche Entwicklungsphase in unserer Beziehung zu Hunden: die formelle Abspaltung von der Wolfspopulation, die in stärkerem Maße vorsätzlich war als die anfängliche Kontaktaufnahme zum Menschen.

Sobald der Hund domestiziert und die Landwirtschaft etabliert war, »wurde der Wolf zum Konkurrenten, ja sogar zum Feind, und zwar nicht, weil er uns direkt bedrohte, sondern weil er unser Vieh stahl«, schreibt Derr. »In jüngerer Zeit hat die Naturschutzbewegung eine scharfe Trennlinie zwischen dem Naturgegebenen und dem Geschaffenen gezogen. Diese Trennung sollte es eigentlich nicht geben, aber es gibt sie. Der Wolf war jetzt eine Sache, der Hund eine andere, und obwohl sie so nahe miteinander verwandt sind, wurden sie zu Gegnern.«[*]

Evolutionär gesehen schätzen Menschen alles, was keine unmittelbare Bedrohung für sie darstellt. Hunde wurden als harmlos angesehen, solange sie Abfälle fraßen. Sobald sie sich wie Raubtiere verhielten, galten sie als Bedrohung. Mit der Zeit selektierte der Mensch und wandelte die Suche nach Abfällen um, und so fand

---

[*] Unter den weniger wissenschaftlichen Erklärungen gibt es eine mythische Erklärung des in der Republik Côte d'Ivoire lebenden Volkes der Beng. Als die Welt noch jung war, lebten alle Tiere friedlich und harmonisch in einem Dorf zusammen. Doch eines Tages fand Hund in dem Dorf ein seltsames Ei. Er nahm es heimlich an sich und versteckte es hinter dem Mondtor, dem Ort, an dem traditionell Rituale abgehalten wurden. Aus dem Ei schlüpften Mann und Frau, und bald baute sich der Mann ein Gewehr und erlegte damit Tiere, um sie zusammen mit seiner Frau zu essen. Eine Hyäne, die Angst um ihr Leben hatte, schlug den anderen Tieren vor, das Mondtor zu zerstören und mit ihm alles, was dahinter verborgen war. Doch Hund belauschte Hyäne und verriet dem Mann und der Frau ihren Plan. Als die Tiere das Mondtor zerstören wollten, wartete der Mann schon dort und schoss auf sie. Und das ist der Grund, warum die wilden Tiere weit verstreut leben, während Hund, Mann und Frau zusammengeblieben und Verbündete sind.

eine zweite Domestikation statt: die Entwicklung des Haushunds und der Hunderassen.

2019 tauchte ein weiteres Puzzleteil auf. Ein von der Kognitionspsychologin Dr. Juliane Kaminski geleitetes Forschungsteam an der Universität von Portsmouth entdeckte einen signifikanten Unterschied in der Gesichtsmuskulatur von Hunden und Wölfen. Dem Forschungsteam zufolge hat sich dieser im Laufe von Jahrtausenden entwickelt, um durch verbesserte Kommunikation mit dem Menschen die Domestizierung zu beschleunigen.

Während die muskuläre Anatomie bei Hund und Wolf sich im Allgemeinen gleicht, fand man einen für das Anheben des inneren Teils der Augenbraue zuständigen Muskel bei allen Hunden, aber nicht bei Wölfen. »Interessanterweise«, schreibt das Team in den *Proceedings of the National Academy of Sciences*, »verstärkt diese Bewegung die Pädomorphose und ähnelt einem Ausdruck, den die Gesichter trauriger Menschen zeigen, sodass dieser Gesichtsausdruck bei einem Hund den menschlichen Fürsorgetrieb auslösen könnte.« Von Pädomorphose spricht man, wenn jugendliche Merkmale im Erwachsenenalter bestehen bleiben. Mit anderen Worten: Hunde haben die Wirkung ihrer Welpenaugen behalten und bleiben im Kindchenschema. Das Forschungsteam vermutete, dass die ausdrucksstarken Augenbrauen der Hunde das Ergebnis einer natürlichen, durch den Menschen beeinflussten Selektion seien. »Wenn Hunde diese Bewegung ausführen«, schreibt Dr. Kaminski, »scheint das beim Menschen das Bedürfnis auszulösen, sich um sie zu kümmern.«

Frühere Forschungen zur Pädomorphose hatten darauf hingedeutet, dass diese Beibehaltung kindlichen Aussehens der Grund ist, warum Hunde im Laufe der Jahrhunderte immer weniger wie Wölfe aussahen. Die auffälligsten äußerlichen Wolfsmerkmale – spitze Stehohren und lange Schnauze – waren bei den meisten Hunden immer stärker Hängeohren und stumpfen Schnauzen gewichen. 1997 schrieben Deborah Goodwin, John Bradshaw und Stephen Wickens in der Fachzeitschrift *Animal Behaviour*: Je mehr ein Hund einem Wolf ähnele, desto mehr wölfisches Verhalten lege er an den Tag. Zehn Hunderassen wurden auf 15 aggressive und unterwürfige Merkmale getestet, die für Wölfe als typisch gelten. Das Forschungsteam fand heraus, dass kleine Rassen wie der Cavalier King Charles Spaniel oder der Norfolk Terrier, die beide Wölfen überhaupt nicht ähnlich sehen, nur zwei bzw. drei wölfische Verhaltensweisen zeigten. Bei Deutschen Schäferhunden, die gezielt auf äußere Ähnlichkeit mit Wölfen sowie auf aggressives Verhalten gezüchtet wurden, waren es elf Merkmale. Es gab zwei oder drei Abweichungen, darunter einen Golden Retriever, der zwölf von 15 wölfischen Verhaltensweisen auf Lager hatte, doch kann man das mit dem Erbe seiner Vorfahren erklären: Bei Jagdhunden sterben alte Gewohnheiten weniger stark aus.

Als sich die Hunde mehr und mehr zu Gefährten des Menschen entwickelten, wurde es zudem notwendig, sie voneinander unterscheiden zu können: Namen mussten her. Namen konnten so etwas wie eine Berufsbezeichnung sein – Bello, Packan, Pfeil, Erdmann, Falke –, und mit der Zeit zeugten sie auch von Zuneigung – wie etwa Bella, Waldi, Lumpi oder Flocki. Wie wir im folgenden Kapitel sehen werden, verraten uns Hundenamen viel über die wechselnden Rollen, die Hunde im Leben von Menschen gespielt haben, und auch darüber, dass wir zunehmend dazu neigen, unseren Hunden die gleichen Namen zu geben wie unseren Kindern.

Die königlichen Corgis 1936: Prinzessin Elizabeth hält Jane im Arm, Dookie hält Wache.

3. Von Treu und Namen

In den zwölf Jahren, in denen ich mit Ludo im Park spazieren gehe, habe ich dort folgende Hunde kennengelernt: Monty, Ronald, Alfie, Jenny, Wooster, Willow, Annie, Truffle, Randolph, Milo, Maxwell, Aperol, Ivy, Otis, Robbie, Lucy, Billy, Esme, Shnook, Toto, Menna, Kyffin, Tali, Miles, Parker, Jackson, Rothko, Kali, Penny, Big Arnie, Jessie, Little Arnie und – weil in dieser Gegend eben die Bildungsbürger leben – Swinbourne. Jedes Mal, wenn ich ihn gesehen habe, hat Swinbourne einfach nur unter einer Eiche gesessen und darauf gewartet, dass eine Muse vorbeifliegt. Und erstaunlicherweise ist Little Arnie größer als Big Arnie.

Mein Hund versteht sich auch gut mit Petra, Misty, Chia, Indian Chia, Truffle, Paolo, Herbert (Herbie), Rolo, Misha, Leon Berger (der Leonberger), Gus, Moko, Pepper, Evangelina (Eva), Edie, Lola, Alfie, Harley, Henry, Honey, Daisy, Geoffrey, Pebble, Pobble, Slinky, Stinky und Fog. Einen Hund nach seinem Namen zu beurteilen wäre, als beurteile man ein Buch nach seinem Einband. So ganz verkehrt ist es aber auch nicht. Beispielsweise wird ein Hund namens Lord Rex nicht unbedingt aus den unteren Schichten stammen, es sei denn, es war Ironie im Spiel. Ein Hund namens Stinky liebt Schlamm möglicherweise mehr als Wasser. Hunde, die Cupcake, Candy, Coco oder Fudge heißen, verraten, dass Herrchen oder Frauchen Naschkatzen sind und eine Verbindung zwischen dem Wohlgefühl sehen, das Süßigkeiten und Hundegesellschaft ihnen jeweils gibt. Und ein Fido (»Getreuer«), der auf sich hält, wird nicht gleich beim ersten Ruf oder Pfiff angerannt kommen.

Natürlich muss man einem Hund irgendeinen Namen geben. In Großbritannien leben ungefähr neun Millionen Hunde, in den USA schätzungsweise 90 Millionen.* Durch Namen drücken wir unseren Hunden unsere menschlichen Erfahrungen und Erwartungen auf. Aber wie und warum entscheiden wir uns für einen bestimmten Namen? Wo kommen »Slinky« und »Misty« her? Ich werde versuchen, einiges zu erklären, es sollte aber immer bedacht werden, dass ein Hund nur selten etwas für seinen Namen kann. Liebt Herrchen oder Frauchen Rollenspiele, dann wacht ein Hund, der sein Leben als Kate oder Buster begonnen hat, eines Morgens vielleicht als Brienne of Tarth auf. Sind die Besitzer bildungsbewusst, finden sich Namen wie a) Aurelius, b) Aurelia und c) Beowulf. Besonders schlimme Namen müssen britische Windhunde ertragen; ehemalige Gewinner

---

* 2018 lebten im Nordwesten Großbritanniens ungefähr 1.053.000 Hunde, in den West Midlands 803.000, in Wales 647.000, in Schottland 653.000 und in der Region Greater London ungefähr 223.000. Somit waren es in London 1,2 Hunde pro Haushalt, im Nordwesten 1,3 und in Nordirland 1,4. Etwa ein Drittel dieser Hunde waren Rassehunde. (Diese Zahlen stammen von der Vereinigung der Haustierfuttermittelhersteller Pet Food Manufacturer's Association und beruhen auf durchschnittlichen statistischen Werten aus den letzten drei Jahren; ähnliche Zahlen ermittelte die Hilfsorganisation People's Dispensary for Sick Animals.) Wie hoch aber stehen Hunde im Vergleich mit Fischen und Echsen im Kurs? Gut! 2018 besaßen 49 % aller erwachsenen Briten ein Haustier, davon waren 26 % Hunde, 18 % Katzen, 8 % Aquarienfische und 4 % Teichfische. Kaninchen stellten 2 % der Haustiere, Hamster und Meerschweinchen jeweils 1 %. Die überwiegende Mehrheit der Haushalte hat außerdem Mäuse, weiß das meist jedoch nicht.

des Cesarewitch Greyhound Race waren Future Cutlet (»Zukünftiges Kotelett«) und Jesmond Cutlet (»Jesmond Kotelett«); die Eltern des Letzteren hießen Lady Eleanor und Beef Cutlet (»Rinderkotelett«). Sieger 2009 wurde He Went Whoosh (»Er zischte vorbei«).

Am sinnvollsten ist wohl ein Name, den man laut rufen kann, ohne dass es peinlich wird – ein schlichter postmoderner Name wie Spot, Bess oder Pluto. Oder man wählt einen Namen, der in einer alten oder exotischen Sprache eine Bedeutung hat: Aurora vielleicht, nach der römischen Göttin der Morgenröte, oder Amaya, was auf Japanisch »Nachtregen« bedeutet. Doch bei Mensch und Hund verbirgt sich hinter dem sozusagen öffentlichen Gesicht ein privates, und die zu Hause benutzten Hundenamen verraten eine starke Neigung zu Babysprache und Surrealismus.

Aus Gründen, auf die ich nicht näher eingehen möchte, wurde mein Labrador Ludo zu Hause hinter verschlossenen Türen und ausschließlich in Gegenwart ausgewählter Familienmitglieder auch schon Human Zoo, Hoofus, Norkus, Lucy (obwohl er doch ein Junge ist), Humphrey, Skelmersdale, Chairman (»Vorsitzender«) und Herman gerufen.

Ludo kam 2007 in East Sussex in einem sehr großen Wurf zur Welt. Ein Freund empfahl uns den Züchter, ohne allerdings dessen eigenartigen Humor zu erwähnen. Nachdem wir Ludo aus der Schar seiner quietschenden und nuckelnden Geschwister ausgesucht hatten, erklärte uns der Züchter, ein Mr. John Howe, dass Ludo noch ein paar Wochen bei seiner Mutter bleiben müsse, weil er erst einen Monat alt sei. Um ihn von den anderen Welpen unterscheiden zu können, würde er ihm ein Hinterbein abschneiden. Wir lachten. Er wiederholte seinen Scherz, als er uns verabschiedete. Wir lachten nicht mehr. Der arme Ludo, er hatte das mitanhören müssen.

Der Name »Ludo« wurde nach innerfamiliärer Abstimmung und heißer Diskussion ausgewählt. Ich hatte den neuen Welpen Herbert nennen wollen, nach meinem verstorbenen Vater, und schlug die Abkürzungen Herb, Herbie oder Bertie vor. Mir gefiel die Vorstellung, einen Hund Bertie zu nennen, doch war ich mir nicht sicher, wie mein Vater das empfunden hätte. Meine Frau und die noch bei uns lebenden Kinder waren anderer Meinung. Schließlich einigten wir uns und nahmen drei Namen in die engere Wahl. Die beiden, die mir am besten gefielen, wurden zugunsten von Ludo gestrichen. Die einzigen beiden Ludos, die ich kenne, waren der Journalist Ludovic Kennedy und das Brettspiel Ludo (entspricht »Mensch ärgere dich nicht«). Ich schlug schließlich noch Cluedo vor, scheiterte aber auch damit. So wurde der Welpe zu Ludo. Nach einer Woche war der Name fest etabliert und wurde auch später nicht mehr geändert.

Der volle Name unseres Hundes, also der vom Zuchtverband abgesegnete vollständige Name, ist Greatcobwood Ulysses; ein Hund, der so heißt, kann einem nur leidtun. Die offiziellen Namen seiner Eltern lauteten Willow of Parkdale und Greatcobwood Flora. Die Großeltern hießen Autunmal Breeze of Glensue, Glensue Coney, Field Trial Champion (FTC) Dargdaffin Dynamo und Conneywarren Amber. Die Urgroßeltern hießen laut Stammbaum FTC Glenbriar Solo, Staindrop Scree of Glensue, FTC Broom-Tip of Carnochway usw.

Der gewollt aristokratische Klang dieser Namen geht auf das viktorianische Zeitalter zurück. Er beweist eine tadellose Abstammung von Hund und Besitzer, und ich freute mich, dass Ludo aus einer langen Linie von Ausstellungshunden hervorging – das heißt, ich freute mich nicht darüber, dass sie ausgestellt worden waren, sondern darüber, dass man sie nachweislich gut gehalten und gepflegt hatte. Die herrlich absurden Namen sind jeweils eine Kombination des Zwingernamens (Parkdale, Glensue, Carnochway) und des persönlichen Geschmacks des Züchters (Willow, Autumnal Breeze, Broom-Tip). Man kann nur hoffen, dass die Namen so abgekürzt wurden, dass sich weder Besitzer noch Hund deswegen schämen mussten, also »Tip« und nicht »Broom«.[*]

Die beliebtesten Namen für Rüden, die bei Haustierversicherungen auf den Britischen Inseln registriert wurden, waren 2017 Alfie, Charlie, Max und Oscar, die bevorzugten Namen für Hündinnen Poppy, Bella, Molly und Daisy. Somit gibt es einige Überschneidungen mit New York, wo von den 80.000 dort gemeldeten Hunden die meisten Rüden Max (3990), Rocky (2769), Charlie (2590) und Buddy (2471) hießen und die Hitparade der Namen für Hündinnen von Bella (3985), Lola (2677), Lucy (2379) und Daisy (2240) angeführt wurde. Abgesehen davon wurden in diesem Jahr in New York 152 Hunde Biggie genannt, vermutlich nach dem ermordeten Rapstar Biggie Smalls (und eine weitere Vermutung von mir: Die meisten dieser Hunde könnten *small* gewesen sein, also klein).

Die Franzosen verfügen über ein einzigartiges System, um Hunde zu benennen, das man als zuverlässige Kombination von Pragmatik und Totalitarismus bezeichnen könnte. Seit 1926 verlangt die Société Centrale Canine, der nationale Dachverband der Hundezucht, dass alle eingetragenen Rassehunde (*chiens de race*) einen Namen tragen müssen, der mit einem von ihrem Geburtsjahr vorgegebenen Buchstaben beginnt. Im ersten Jahr nach diesem Erlass liefen deshalb unglaublich viele Alphonses auf den Boulevards herum, im zweiten Jahr waren es Unmengen von Béatrices. 2016 war der Anfangsbuchstabe M vorgegeben, und so kamen zahlreiche Madeleines und Marcels zum Impfen in die Tierarztpraxen.

Auf diese Weise weiß man immer, in welchem Jahr ein Hund zur Welt gekommen ist. 2021 ist S vorgegeben, und so sind Sabines und

---

[*] Anders gesagt ist Ludo weitaus vornehmer, als er gern glauben macht. Doch wenn sein Herrchen auf den folgenden Seiten die Vorzüge von Promenadenmischungen preist oder dafür wirbt, einen Tierheimhund zu adoptieren, kommt das hoffentlich nicht als scheinheilig rüber. Es geht mir nur darum, die Vielfalt der Möglichkeiten aufzuzeigen.

Soleils zu erwarten; einen Fifi wird es leider erst wieder 2030 geben. Und weil es kaum französische Wörter und Namen gibt, die mit K, Q, W, X, Y und Z beginnen, wurden diese aus dem Alphabet des Zuchtverbands entfernt.

Das Benennen von Hunden reicht bis in die Antike zurück. Das vermutlich älteste Namensverzeichnis für Hunde wurde von Xenophon verfasst, dem 431 v. Chr. geborenen Philosophen und Historiker. Er fand, kurze Namen seien die besten, weil auf belebten Plätzen am einfachsten zu rufen, und stellte eine lange Liste mit Vorschlägen zusammen, von denen nur wenige auch heute noch gebräuchlich sind. Psyche, Thymus, Porpax, Styrax, Lonche, Phrura, Phylax, Taxis, Xiphon, Phonax, Pflegon, Alce, Teuchon, Hyleus, Medas, Porthon, Spercon, Orge, Breton und 27 weitere, darunter Speude. Falls jemand Phrura, Tecuchon oder Speude in der Nähe eines Amphitheaters verloren hatte, wie lange würde er dann ihren Namen rufen? Und wie lange, bis der große gelbe Taxis angehechelt kam?

Xenophon hatte nicht nur Namen aufgelistet, die ihm gerade eingefallen waren. Sie alle beschreiben ein bestimmtes Temperament oder eine bestimmte Fähigkeit. Die Übersetzungen in der Reihenfolge der Namen lauten: Geist, Mut, Türriegel, Speerspitze, Lanze, Hinterhalt, Wächter, Hüter, Ordnung, Sprinter, Beller, Feurig, Kraft, Aktiv, Waldsucher, Planer, Tober, Tempo, Leidenschaft und Brüller. Abgesehen von »Leidenschaft« haben diese Namen nur wenig mit Zuneigung und viel mit den für die Hunde vorgesehenen Aufgaben zu tun.

Manche Hundenamen sind so stark mit Verantwortung und Aberglaube überfrachtet, dass man sich um ihre Träger Sorgen machen könnte. Bei dem bereits erwähnten ivorischen Volk der Beng z. B. trifft man keine Hunde an, die Max oder Bella heißen. Hier lauten die Namen: Kote Mo Nyré: »Probleme suchen keine Menschen, Menschen suchen Probleme«; oder Yreló: »Erkenne dich

selbst und meide Streit«. Diese Namen erinnern mich an die alten
Ägypter, die den Hund als Gottheit ansahen; als ein Tier, das welt-
bewegende Umwälzungen vorherzusagen imstande war. Békánti,
ein weiterer bei den Beng beliebter Hundename, bedeutet übersetzt:
»Wenn jemand schlecht über mich spricht, muss ich mir das nicht
zu Herzen nehmen.« Quelle Année, ein beliebter Hundename der
Beng, steht nicht einfach für die wörtliche Übersetzung aus dem
Französischen, »welches Jahr?«, sondern für die Frage: »In welchem
Jahr werde ich reich sein?« Das ist schon für einen Menschen schwer
zu beantworten, geschweige denn für einen Hund.*

Dr. Alma Gottlieb, Professorin für Ethnologie an der University
of Illinois, lebte in den 1980er-Jahren bei den Beng und beobachtete,
dass die Beziehung zwischen den Dorfbewohnern und ihren Hunden
nicht sehr eng war, obwohl Hunde in der Mythologie der Beng einen
hohen Status genießen. Im Alltag aber mussten die Hunde für sich
selbst sorgen. Kófla bedeutet: »Für einen Kranken gibt es zwei Wege:
Vielleicht wird er wieder gesund, vielleicht auch nicht.« Besonders
traurig finde ich persönlich den Hunde-Lieblingsnamen der Beng,
È Tòé: »Wir schwimmen immer, aber nicht alle von uns können an
der Oberfläche bleiben.« Im Glaubenssystem der Beng gibt es andererseits, so Dr. Gottlieb, einzigartige Rituale in Bezug auf Welpen.
Normalerweise öffnet ein Welpe seine Augen 10 bis 14 Tage nach der
Geburt. Ein Welpe aber, der in dieser Ecke von Côte d'Ivoire zur Welt
kommt, kann seine Augen erst dann öffnen, wenn zuvor ein Mensch
im Dorf gestorben oder geopfert worden ist.

---

* Wer Gary Larsons Karikaturserie *The Far Side* kennt, ist mit der Vorstellung ver-
traut, dass sich Hunde ihr Gefühlsleben vom Menschen anerkannt sehen wollen. Ein
Cartoon mit dem Titel »The Names We Give Dogs« (»Die Namen, die wir Hunden
geben«) ist zweiteilig: Im oberen Bild sagt ein Mann zum anderen: »Das hier ist Rex,
unser neuer Hund.« Im Bild darunter stellen sich drei Hunde einander vor: Vexorg,
Zornorph und Princess Sheewana. Sheewanas vollständiger Name lautet übersetzt:
»Allerhöchst nervende Bellerin und Tochter von Königin La, der Befleckerin von
Orientteppichen«.

Im Grunde aber geht es immer um das Gleiche: Ob wir durch einen Londoner Park spazieren oder über die westafrikanische Savanne – wir benennen stets das, was wir als wertvoll ansehen, und durch den Namen drücken wir unsere Vorstellungen davon aus, wie und wer ein Hund sein sollte. Je näher der Name menschlichen Namen ist oder je stärker er für menschliche Eigenschaften steht, desto höher ist der Respekt, den wir dem betreffenden Hund entgegenbringen, und desto intensiver ist unser Wunsch, dass unser Hund so wie wir sein möge.

Halten königliche Hoheiten es denn anders? Orientieren wir uns bei unseren Hundenamen ebenso an ihnen, wie wir es mit Kindernamen zu tun scheinen? Die Antworten auf diese Fragen lauten: ja und nein.

Die Pembrokeshire Welsh Corgis von Queen Elizabeth II. sind zu einer Marke geworden und sind so untrennbar mit der Monarchin verbunden wie ihre Handtaschen und Perlenketten. In Großbritannien ist es so gut wie unmöglich, mit einem Corgi Gassi zu gehen, ohne dass ein Passant eine Bemerkung über den Buckingham Palace oder Balmoral fallen lässt. Auch scheint sich jedermann veranlasst zu fühlen, über die Corgis Witzchen zu reißen.

Am bemerkenswertesten an den Corgis der Queen aber ist, dass kaum jemand ihre Namen kennt. Im Laufe der Jahre haben viele dieser Hunde in Buckingham Palace gelebt (die Queen allein hat im Laufe ihrer Regierungszeit über 30 Corgis besessen) und auch viele Dorgis.* Doch kaum eines dieser Tiere hat es zu persönlichem Ruhm

---

* Der Dorgi ist eine bei der königlichen Familie seit den 1960er-Jahren beliebte Kreuzung aus Dackel und Corgi, die erstmals entstand, als sich Königin Elizabeths Corgi Tiny heimlich mit Prinzessin Margarets Dackel Pipkin paarte. Seither besaßen die Royals die Dorgis Tinker, Pickles, Chipper, Piper, Harris, Brandy, Berry, Cider, Candy und Vulkan. Weil es den Dorgi schon länger gibt als den Labradoodle, kann er als die älteste der heutigen Hybridrassen angesehen werden. Es ist jedoch unwahrscheinlich, dass Dorgis in Buckingham Palace seinerzeit als »Designerhunde« bezeichnet wurden.

gebracht. Dies kommt zum Teil daher, dass a) diese in ihrer Heimat Wales ursprünglich zum Treiben von Rindern eingesetzten treuen, kleinen Hunde einander ziemlich ähnlich sehen und b) immer eine ganze Schar von ihnen im königlichen Haushalt herumwuselt.

Es gab jedoch zwei Ausnahmen: der 1933 geborene Dookie (Todestag unbekannt), der als erster Corgi auf den Wunsch von König George VI. zur königlichen Familie kam. Dookie war von hohem Hundeadel: Seine Mutter war die Ausstellungschampionesse Golden Girl, sein Vater der Champion Crymych President. Dookies Naturell war jedoch weniger tadellos als seine Abstammung: Er neigte dazu, Höflingen und Gästen in die Beine und einmal sogar Lloyd Georges früheren Privatsekretär Lord Lothian blutig zu beißen sowie an Tischbeinen zu nagen. Dennoch verdarb Dookie den Royals keineswegs die Lust auf Corgis, denn sie hatten ja noch Susan, Prinzessin Elizabeths ersten Hund. Susan war von ausgeglichenem Wesen und wurde zur Stammmutter aller weiteren Corgis der Königin.*

Einer der exzentrischsten Einblicke, die offiziell in das Leben der Aristokratie und ihrer Hunde gewährt wurden, war das äußerst unterwürfig gehaltene Buch *Our Princesses and their Dogs* von Michael Chance. Auf Anregung der Herzogin von York Elizabeth Bowes-Lyon, der späteren Königinmutter, wurde das Buch »Allen Kindern, die Hunde lieben« gewidmet. Es kam in den Handel, als die jungen Prinzessinnen und ihre Eltern acht Hunde besaßen. Auf einem Foto sitzt Elizabeth auf einer Bank mit den Corgis Jane und Dookie, »die beide wachsam verdächtige Bewegungen zwischen den

---

* Den modernen Pembrokeshire Welsh Corgis ähnelnde Hunde sind erstmals für das frühe 12. Jahrhundert belegt, als flämische Weber diese Tiere mit nach Wales brachten. Anderen Quellen zufolge ist der Corgi ein Nachfahre des Schwedischen Vallhunds. Bevor Corgis zu intelligenten, lebhaften und sehr bellfreudigen Schoß- und Begleithunden wurden, waren sie zuverlässige Helfer beim Rindertreiben. Der britische Kennel Club führt die aktuelle Zunahme an eingetragenen Hunden dieser Rasse auf ihre Auftritte in der Fernsehserie *The Crown* zurück.

Rhododendronsträuchern beobachten ...«. Ein paar Seiten später sitzen die beiden Hunde auf dem Rasen, »sich stolz der Tatsache bewusst, dass die strahlende Schönheit der Herzogin von York und das sonnige Lächeln der Prinzessinnen die Herzen aller Menschen in Großbritannien erfreuen«. Auf einem weiteren Foto genießt Dookie mit geschlossenen Augen, dass Prinzessin Elizabeth ihr Kinn auf seinem Kopf abstützt. »Obgleich er oft Unsinn im Sinn hat ... scheint er doch von Natur aus ein Gemütshund zu sein.«

In einer schwierigen Zeit, in der der Krieg bevorstand und dann zur alltäglichen Realität wurde, trugen die Hunde zum positiven Image der königlichen Familie bei. Sie ließen ihre Menschen normaler wirken, belegten, dass diese Verantwortung zu übernehmen wussten, und ermöglichten die Zurschaustellung von Gefühlen, die über viele Generationen hinweg unterdrückt worden waren. Doch ab den frühen 1950er-Jahren, als Elizabeth auf dem Thron saß und die Welt um sie herum sich wieder beruhigt hatte, wurden die königlichen Hunde zur Privatangelegenheit, und die Öffentlichkeit bekam sie nur noch gelegentlich zu sehen. Sie tauchten eher beiläufig auf Fotos auf, ohne dass in der Bilderunterschrift ihre Namen genannt wurden. Dank der gewissenhaften Hofchronistin Penny Junor kann ich hier eine Liste der Namen aller Corgis der Queen veröffentlichen, ungefähr in der Reihenfolge ihrer Geburt: Rozavel Lucky Strike, Rozavel Bailey, Honey, Sugar, Rozavel Beat the Band, Bee, Sherry, Whisky, Heather, Lees Maldwyn Lancelot, Buzz, Foxy, Convisat Endeavour, Mask, Rufus, Cindy, Brush, Kaytop Marshall, Rozavel Crown Princess, Geordie, Jolly, Sweep, Svottholme Red Ember of Lees, Smoky, Penmoel Such Fun of Rivona, Dime, Dawn, Dipper und Disco.

Die Namen sind normal bis verrückt, die der Zuchttiere deutlich anders als die der einfachen Schoß- und Begleithunde. Bemerkenswert ist auch, dass selbst so frech benannte Hunde wie Buzz, Geordie und Disco ebenso wie die anderen von Susan abstammen, der allerer[sten] Zuchthündin der Königin. Allerdings gingen weniger als die Hälfte der Namen in diese Richtung; es gab noch Fay, Mint, Phoenix, Pundit, Socks, Plover, Wren, Larch, Laurel und Martin. Die meisten von ihnen waren königliche Corgis, ein paar wenige waren Dorgis, und nicht alle lebten bei der Königin.

Die Dynastie endete im April 2018 mit dem Krebstod des 14-jährigen Corgis Willow, und die Königin verkündete, dass sie nun nicht mehr züchten wolle, um nach ihrem Tod keine Corgies zurückzulassen. (Willow spielte zusammen mit einem zweiten Corgi und James-Bond-Darsteller Daniel Craig in einem Werbefilm für die 2012er Olympiade in London mit.)

Mit ihrer Corgi-Zucht folgte die Queen einer sehr alten königlichen Tradition, die bis in die Zeit von Heinrich VIII. und seinen Jagdhunden zurückreicht. Offiziellen Zugang zu den Privatgemächern in Schlössern und Schlosszwingern erhielten Hunde allerdings erst ab den 1840er-Jahren bei Königin Viktoria und Prinz Albert, als Windhunde mit vornehmen Namen wie Eos und Laura, Swan und Helios auf der Bildfläche erschienen. Es folgten ein Dandie Dinmont Terrier namens Dandie und die Dackel Boy und Berghina. Viktorias Lieblingsdackel Waldman VI. wurde 1872 aus Baden importiert.

Caesar, der Terrier von König Eduard VII., lief 1910 bei der Bestattungszeremonie hinter dem Sarg des Monarchen her. Wesentlich aristokratischere Hunde wie Barsoi Alex, Pudel Sammy und Collie Heather begleiteten verschiedene königliche Hoheiten vor der Gründung des Hauses Windsor 1917. Außer ihren Kindern und ihren Corgis hatten der Herzog und die Herzogin von York in den 1930er Jahren auch noch eine Tibetdogge namens Choo Choo und die drei gelben Labradore Mimsy, Scrummy und Stiffy. Schlimm, wenn Stiffy mal nicht auf Anhieb zu Frauchen und Herrchen zurückkam und laut und wiederholt gerufen werden musste!

Und das bringt uns zur Geschichte von Fido. Mit diesem Namen, »Getreuer«, lädt man einem Hund eine schwere Bürde auf. Ändert man jedoch seinen Namen erst später in »Fido«, dann sicher nur, weil er sich diesen Titel verdient hat. Und genau das war bei einem Hund aus dem Dörfchen Luco di Mugello bei Florenz der Fall.

Am Anfang dieser Geschichte liegt ein junger, knapp ein Jahr alter und noch namenloser Hund verletzt in einem Straßengraben, wohl infolge eines Verkehrsunfalls. Es ist ein Winterabend des Jahres 1941, wir befinden uns mitten im Krieg, und ein Ziegeleiarbeiter namens Carlo Soriano steigt an der gewohnten Haltestelle aus dem Bus, um zur Arbeit zu gehen. Soriano sieht den Hund, erkennt sofort, dass er Hilfe braucht, und nimmt ihn mit nach Hause, um gemeinsam mit seiner Frau diese wunderbar menschliche Tat zu vollbringen: ein Tier gesund zu pflegen.

Das ist die eine Version. Es gibt aber auch noch mehrere andere. In einer etwa heißt der Mann Soriani, und der Hund lag nicht im Straßengraben, sondern unter einer Brücke. Es ist typisch für Mythen, dass gleich mehrere Varianten existieren.

Einige Wochen vergehen. Der Hund hinkt zwar ein bisschen, kann aber wieder laufen und beschließt, sein Leben seinem Retter zu widmen und ihm dessen Freundlichkeit zurückzuzahlen. Jeden Morgen begleitet er Carlo zur Bushaltestelle, von der aus dieser zu der Ziegelei in Borgo San Lorenzo fährt, und läuft dann wieder nach Hause. Abends bricht er rechtzeitig auf, um pünktlich, wenn der Bus ankommt, an der Haltestelle auf Carlo zu warten. Die beiden gehen heim und verbringen gemeinsam mit Carlos Frau einen entspannten Abend zu Hause. So geht es zwei Jahre lang, bis das Unglück geschieht.

Ende Dezember 1943 wird Carlos Ziegelei von Fliegerbomben getroffen, und Carlo stirbt. Fido, wie ihn die Witwe und die mit-fühlenden Dorfbewohner inzwischen nennen, weiß nicht, dass sein

Herrchen tot ist, oder verdrängt es und geht jeden Tag zur Haltestelle, um sein Herrchen dort abzuholen. Carlo ist nicht da. In den
folgenden Wochen, Monaten und Jahren steigt Carlo nie aus dem
Bus, doch Fido gibt nicht auf. Er ist ein Gewohnheitstier und wird
dadurch eines Tages zum Medienstar.

Zuerst berichtete die Lokalpresse über ihn. Im April 1957, gegen
Ende seines ungewöhnlich langen Lebens, stellte das *Time Magazine*
Fido der Weltöffentlichkeit vor. In dem Artikel steht, dass Fido täglich
nicht *an* der Bushaltestelle wartete, sondern *unter* einem Bus – was
vielleicht auch seinen Unfall in jungen Jahren erklärt. Ferner berichtet die Zeitschrift, dass Fido als Held des Dorfes einige Privilegien
genoss: Der Metzger steckte ihm regelmäßig schöne Knochen zu,
und in kalten Nächten nahm der Busfahrer ihn auf seine Tour mit.
Carlos Witwe schaffte es Jahr für Jahr nur unter großen Opfern, die
Hundesteuer zu bezahlen, bis der Bürgermeister sie ihr in Fidos
vorletztem Lebensjahr erließ. Damit war Fido der einzige steuerfreie
Hund Italiens geworden. »Er hat unserem Dorf klargemacht, was
Treue heißt«, erklärte der Bürgermeister. Als Touristenattraktion
würde der Hund der Gemeinde ohnehin das Vielfache einbringen.
Fido starb am 30. Dezember 1958, stolze 15 Jahre nach seinem Herrchen. Heute bewacht seine Bronzestatue den Dorfplatz und lockt
viele sentimentale Menschen an, die normalerweise auf ihrem Weg
nach Florenz an dem kleinen Dorf vorbeifahren würden. Allerdings
lieben offenbar nicht alle Fido: Die ursprüngliche Tonstatue war von
Vandalen zerstört worden.

Noch zu Lebzeiten avancierte Fido zum Filmstar. In den 1950ern
hatte ihn ein Filmteam einer Wochenschau bei seinem Gang zur Bushaltestelle gefilmt: Ein magerer Hund mit einer Labradorschnauze,
den federnden Bewegungen eines Spaniels und einer schlanken,
peitschenartigen Rute, der über einen Hof hinkt und dann quer über
eine Brache zur Straße gelangt. Ein anderer Hund schaut ihm zu

und denkt sich dabei vielleicht: »Oje, nicht schon wieder, Fido, du musst endlich loslassen!« Doch unser vierbeiniger Held geht weiter, bis dorthin, wo der Bus hält. Wird Carlo endlich aus diesem Bus aussteigen, zehn Jahre nach der Bombardierung der Ziegelei? Nein, natürlich auch an diesem Abend nicht. Wir wissen das, alle im Dorf einschließlich der anderen Hunde wissen das. Fido aber hält es für möglich und würde in einer grausameren, weniger romantischen Welt für verrückt erklärt werden.

Der Film – natürlich in körnigem Schwarz-Weiß – zeigt Fido an der Bustür. Er beobachtet aufmerksam jeden aussteigenden Fahrgast. Es ist herzzerreißend, seine ständige Enttäuschung mitanzusehen. Kein Carlo, kein Carlo, kein Carlo. Kein Carlo. Die nächste Szene zeigt eine große Menge Menschen, die Fido in den Arm nehmen und trösten. Einige sind sichtlich verzweifelt. Eine Frau weint dramatisch in ein weißes Taschentuch, als wäre Carlo gerade eben gestorben und nicht vor zehn Jahren. Sie weinen um ihre verlorene Unschuld. Wie der französische Schriftsteller Roger Grenier bemerkte, kann ein Hund ein Schutz gegen die Kränkungen des Lebens sein, eine Verteidigung gegen die Welt.

Wir alle brauchen derartige Fido-Geschichten, denn durch sie fühlen wir uns weniger einsam. Vergleichbare Beispiele von Treue über den Tod hinaus werden aus Japan, aus Schottland und aus der Nordpolarregion berichtet, und es wird immer Bürgermeister geben, die auf treue Hunde in ihrer Gemeinde Lobreden halten. In all diesen Geschichten geht es um bedingungslose Liebe, und wer möchte nicht auf diese Weise von einem Hund geliebt werden?

Die Verhaltensmerkmale, die Menschen heute am meisten bei Hunden schätzen, lassen sich auf eher unwissenschaftliche Weise unter den Begriffen Freundlichkeit, Verträglichkeit und Nützlichkeit zusammenfassen. Endgültig um uns geschehen ist es, wenn uns eine Pfote entgegengestreckt wird. Dies alles kann man unter dem

Strich als Loyalität und gegenseitige Fürsorge definieren. Sie sind die eindeutigste Erklärung dafür, warum wir Hunde in unser Leben gelassen haben. Wir haben es in den erstaunlichen Felsritzungen im Nordwesten Saudi-Arabiens gesehen und in Millionen seither entstandenen Bildern. Und wir werden es auch im folgenden Kapitel sehen, in dem es um das Leben und die Arbeit des weltweit ersten bedeutenden Hundeverhaltensforscher geht und sich freudige Geselligkeit und wissenschaftliche Theorie verbinden.

»Dieser Ausdruck von Zuneigung«: Darwin war der Ansicht, Hunde hätten Sinn für Humor.

4. Was Darwin nicht über Hunde wusste (ist auch nicht wirklich wichtig)

In Charles Darwins Familie witzelte man, dass er seine Hunde mehr liebe als seine Cousins, und er stritt das nie ab. Immer, wenn Darwin von zu Hause fort war, wollte er wissen, wie es seinen Hunden ging. Meist ging es ihnen gut, doch im Februar 1826 hatte seine ältere Schwester Nachrichten, die sie sich scheute, ihm zu übermitteln.

Der damals 17 Jahre alte Darwin studierte in Edinburgh Medizin. Sein Zuhause und Spark, die Hündin der Familie, fehlten ihm sehr. In Charles' Abwesenheit kümmerte sich seine Schwester Marianne um die Terrierdame, die er »liebe kleine schwarze Nase« nannte.

»Am zweiten Tag, den sie bei uns war«, schrieb Marianne, »lief sie weg, und obwohl wir überall herumfragten und suchten, hörten wir zwei Wochen lang nichts von ihr.« Spark hatte sich in einem fremden Haushalt einquartiert und kehrte trächtig zurück. »Letzten Montag wurde das arme kleine Ding krank«, so Marianne weiter, »und nach der Geburt des Welpen starb sie. Du kannst dir nicht vorstellen, wie traurig wir sind. Jeder im Haus hatte sie ins Herz geschlossen, sie war so ein netter kleiner Hund.« Über Sparks Tod war Marianne »so betrübt wie schon lange nicht mehr«, und noch mehr betrübte sie die Sorge, wie Charles diese Nachricht aufnehmen würde.

Seine Antwort ist nicht überliefert, doch aus der späteren Familienkorrespondenz geht hervor, wie niedergeschlagen er war. Wer im jugendlichen Alter einen jungen Hund verloren hat, kann das sicherlich nachfühlen; es ist schlimmer, als wenn man als Erwachsener einen Hund verliert, was schon traurig genug ist. Doch die Liebe zu Hunden war bei Darwin nicht nur eine vorübergehende jugendliche Laune. Außer in den Jahren, die er auf See verbrachte, hielt er sein Leben lang Hunde. Meist waren es Terrier, es gab unter ihnen aber auch den ein oder anderen Zwergspitz und Deerhound. Nina, Spark, Pincher, Shelah, Snow, Bran und Polly leisteten Darwin nicht nur Gesellschaft, sondern unterstützten ihn auch bei seinen Forschungen, denn mehr als jede andere Tiergruppe – sogar mehr als die Tiere der Galapagosinseln, die Finken oder Rankenfußkrebse – lieferten ihm Hunde Anregung und empirisches Material (auch wenn das Schiff, auf dem Darwin fünf Jahre lang die Meere befuhr, aus reinem Zufall ausgerechnet *HMS Beagle* hieß). Darwin war vom Leben des Hundes schlichtweg fasziniert: von seiner Zucht, seiner Domestikation, seinen Überlebenskünsten. Noch mehr aber interessierte ihn, wie eng sich der Hund dem Menschen und augenscheinlich dessen Gedanken, Mimik und seelischer Verfassung anschloss.

Angesichts seiner Leistungen auf anderen Gebieten wird Darwin nicht in erster Linie als Hundeverhaltensforscher angesehen, und er selbst hätte sich wohl eher als Hobby-Hundeforscher bezeichnet. Darwins Zeitgenossen mokierten sich über sein Interesse an Hunden ebenso wie über einige seiner anderen Arbeiten, tatsächlich aber begründete er mit seiner Forschung unser heutiges wissenschaftliches Verständnis vom Wie und Warum des Verhaltens von Hunden. Wie so oft lag er mit seiner Intuition richtig. Die besondere Beziehung zwischen Mensch und Hund kannte er aus eigener Erfahrung, und seine empirische Forschung bestätigte ihm, wie kompatibel die beiden Spezies sind. Knapp 150 Jahre, bevor der DNA-Vergleich von Hunden und Wölfen eine wissenschaftlich belegbare Grundlage für diese Theorie lieferte, erahnte Darwin im Wesen des Hundes einen hoch entwickelten sozialen Aspekt, der beim Wolf fehlt. Hunde fingen Darwins Blick auf, so wie sie es auch heute bei uns tun. Sie sind von uns abhängig und hingebungsvoll. Es fällt uns leicht, ihre Ausdrucksformen – traurig, erwartungsvoll, aufgeregt – zu interpretieren und unmittelbar als vertraut zu empfinden.

Als Darwin an seinem dritten Buch arbeitete, *Der Ausdruck der Gemüthsbewegungen bei dem Menschen und den Thieren* (1872), fand sich seine damalige Terrierdame Polly an vielen Stellen im Text wieder. Die Einträge zum Stichwort »Hund« basieren auf Notizen, die Darwin zu Hause und bei Spaziergängen machte: »die sympathetischen Bewegungen«, »Herumdrehen vor dem Niederlegen«, »Kratzen u. s. f.«, »Bellen, ein Ausdrucksmittel«, »Heulen«, »Zurückziehen der Ohren«, »verschiedene Gebärden«, »Grinsen« oder »Gebärden der Zuneigung«. Polly war in seiner Arbeit ebenso präsent wie in seiner Freizeit. Wer einen Hund hat und über Hundeverhalten schreibt, für den ist das nichts Neues, doch war Darwin der Erste, der das Verhalten seiner Hunde bewusst beobachtete und analysierte.

Darwins Beschreibungen sind sehr emphatisch. »Wenn sich ein Hund einem fremden Hund oder Menschen in misstrauischer oder feindlicher Stimmung nähert, geht er sehr aufrecht und steif … Die Rute wird steil und steif emporgehalten, das Fell ist, vor allem an Nacken und Rücken, gesträubt.« Doch was geschieht, sobald der Hund merkt, dass der herannahende Mensch sein Besitzer ist? »Es fällt auf, wie sich seine gesamte Haltung vollständig und augenblicklich verändert … Anstatt steil und steif emporgehalten zu werden, wird die Rute gesenkt und von einer Seite auf die andere gewedelt;

sein Fell wird sofort glatt ... Keine einzige der oben geschilderten Bewegungen, die so deutlich Zuneigung ausdrücken, dient dem Tier selbst in irgendeiner Weise.«

Ebenso treffend beschrieb er das Aussehen eines enttäuschten Hundes. »Unweit meines Hauses zweigt ein Pfad nach rechts ab«, schilderte Darwin. »Er führt zu dem Treibhaus, das ich häufig betrat, um nach meinen Pflanzenexperimenten zu sehen.« Solange Darwin diese Pfad entlangging, hoffte der Hund auf einen Spaziergang, doch sobald sein Herrchen zum Treibhaus abbog, »fand ein geradezu lächerlich abrupter Wechsel seines Ausdrucks statt. Seine Enttäuschung war ihm derart deutlich abzulesen, dass man in der Familie von seinem *Treibhausgesicht* sprach.«

Zum »Treibhausgesicht« gehörten ein gesenkter Kopf, ein in sich zusammenfallender Körper, hängende Ohren und Rute, ein trüber Blick, eine den ganzen Hund »umfassende Niedergeschlagenheit«.* Die meisten Hundemenschen kennen sicherlich diese pathetische und sehr wirkungsvolle Körpersprache.

Was können wir von Darwin über Hunde erfahren, die z. B. grinsen? Instagram und Hundezeitschriften sind voll von diesen Bildern. Besonders Golden Retriever und Terrier scheinen die ganze Zeit über zu grinsen, und als Mensch fällt es schwer, von diesem Gesichtsausdruck nicht verzaubert zu sein. Wir wissen, dass dafür in erster Linie der Knochenaufbau der Schnauze verantwortlich ist und dass wohl weder Retriever noch Terrier fröhlicher sind als andere Hunde. Dennoch ist die Wirkung ansteckend: Uns Menschen kommt

---

* Es ist nicht schön, wenn jemand seinen Hund auslacht, und schlimmer noch, wenn Charles Darwin das tut. Er unterschied ihn von der »reinen Verspieltheit«: »Wirft man einem Hund einen Stock oder Ähnliches zu, wird er ihn häufig ein kurzes Stück wegtragen; und sich dann auf den Boden hocken und mit dem Stock knapp vor sich warten, bis sein Herr nahe herankommt, um den Stock an sich zu nehmen. Der Hund wird den Stock dann packen und triumphierend damit davonrennen, dieses Manöver wiederholen und sich ganz offensichtlich daran erfreuen.« Das ist lustig.

Der Aufstieg des Hundes im Jahr 1872: Darwin entdeckt Unterwerfung, Angst und Hingabe.

es vor, als würden wir in einen Spiegel blicken, und vielleicht ist gerade dies letztlich der Grund für die Vertrautheit zwischen uns. Darwin behauptete, dass ein Hundelächeln nur selten »auf perfekte Weise« gezeigt werde, also auf ähnliche Weise wie beim Menschen, doch dass es trotzdem leicht zu erkennen sei: Die Oberlippe wird hochgezogen, und die Zähne werden so gezeigt, dass es aggressiv wirken könnte – wenn der Hund nicht gleichzeitig mit dem Schwanz wedeln würde.

Eine Verbindung oder vielleicht auch Verwechselung von Schnüffeln und Kichern wurde erstmals vom schottischen Physiologen Charles Bell in seinem Buch *The Anatomy of Expression* (1844) beschrieben und später von Charles Darwin in *Der Ausdruck der Gemüthsbewegungen bei dem Menschen und den Thieren* (1872) zitiert. »Zuneigung ausdrückende Hunde«, so Darwin, »grinsen und schnüffeln beim Herumtoben auf eine Art, die dem Lachen ähnelt.« Natürlich haben Hunde auch eine andere Möglichkeit, Fröhlichkeit auszudrücken – indem sie nämlich mit dem Schwanz wedeln.

Und was ist mit dem Bellen? »Bei Erwartung eines großen Vergnügens springen Hunde auf extravagante Art herum und bellen vor Freude. Die Neigung, in diesem Gemütszustand zu bellen, ist vererbt und von Rasse zu Rasse verschieden: Windhunde bellen nur selten, während Spitze so unaufhörlich bellen, dass es lästig wird.«* Darwin hielt fest, dass sich ärgerliches und freudiges Bellen sehr ähneln, man sie aber dennoch unterscheiden kann. Er glaubte, dass das Bellen außer beim nordamerikanischen Kojoten (*Canis latrans*) kein angeborenes, sondern ein nach der Geburt erworbenes Verhalten sei.

Der Ausdruck der Gemüthsbewegungen bei dem Menschen und den Thieren war ursprünglich nur als Teil von Darwins 1871 erschienenem Buch *Die Abstammung des Menschen und die geschlechtliche Zuchtwahl* gedacht. Darin vermutete Darwin, dass Hunde »eine lange Abfolge von lebhaften und miteinander verbundenen Ideen« träumen könnten und dass sie über zwei psychologische Elemente verfügten: über die Fähigkeit, unbelebte Gegenstände als lebendig anzusehen, und über den Willen, sich einer höheren Macht unterzuordnen. Dies machte sie in seinen Augen zu potenziellen Anhängern einer Religion. Dadurch, dass er Hunde und die Glaubenssysteme von »Wilden« auf dieselbe Ebene stellte, geriet Darwin auf vermintes Gelände. Das soll uns nicht die Freude an der Lektüre seines Abschnitts über seinen »erwachsenen und vernünftigen« Hund verderben, der zum ersten Mal einem Sonnenschirm begegnete. Der auf dem Rasen liegende Sonnenschirm schien sich in der leichten Brise wie von selbst zu bewegen. Hätte ein Mensch ihn herumgetragen, so Darwin, hätte der Hund das begriffen. »Nun aber knurrte und bellte er den Sonnenschirm an, denn er musste zu dem Schluss gekommen sein, dass eine Bewegung ohne sichtbare Ursache auf die Anwesenheit eines seltsamen lebenden Handelnden hindeutete.«

---

* Der übel beleumundete Spitz stammt vermutlich aus der Arktis oder Sibirien und wird oft als Wach-, Hüte- oder Schlittenhund eingesetzt.

Darwin führte seine Überlegung noch weiter, und sein Vergleich zwischen der Frömmigkeit von Gläubigen und der Loyalität von Hunden streift die Grenzen zur Parodie. »Das Gefühl religiöser Frömmigkeit ist sehr vielschichtig, denn es setzt sich zusammen aus Liebe, der uneingeschränkten Unterwerfung unter eine hochgestellte und geheimnisvolle Macht, einem starken Abhängigkeitsgefühl, Angst, Ehrfurcht, Dankbarkeit …« Kein Lebewesen, so Darwin weiter, könne über eine derart komplexe Palette an Emotionen verfügen, wenn es nicht »hinsichtlich seiner intellektuellen und moralischen Befähigung ein verhältnismäßig hohes Entwicklungsniveau erreicht hätte«, und doch »finden wir eine weitläufige Andeutung dieser Gemütsverfassung in der tief empfundenen Liebe eines Hundes für seinen Herrn wieder, die mit uneingeschränkter Unterwerfung, etwas Angst und vielleicht auch noch anderen Gefühlen einhergeht.«

Lächeln, bellen, Unterwürfigkeit: Die moderne Wissenschaft bestätigt, dass viele von Darwins Vermutungen zutreffen. Darüber hinaus aber bestätigt sie auch die Gründe für seine persönliche emotionale Beziehung zu seinen Hunden und in einem gewissen Umfang auch die Loyalität seiner Hunde ihm gegenüber.

2017 veröffentlichte die Fachzeitschrift *Nature* einen Artikel über Pet-Directed Speech (PDS), d. h. die spezifisch an Tiere gerichtete Sprache. Sie ähnelt der IDS (Infant-Directed Speech), der an Kinder gerichteten Sprache, und beide unterscheiden sich von der ADS (Adult-Directed Speech), der an Erwachsene gerichteten Sprache. In ihrem Artikel fragten sich vier französische Tierverhaltensforscherinnen und -forscher, ob sich PDS tatsächlich auf die Aufmerksamkeit von Hunden auswirkt, mit anderen Worten: ob es den Hunden hilft, besser zu verstehen, was ein erwachsener Mensch von ihnen will, wenn er mit relativ hoher, heller Stimme mit ihnen spricht, oder ob es die Hunde einfach nur nervt – ebenso wie es Nicht-Hundemenschen nervt, die die Art, wie Hundemenschen mit ihren Lieblingen reden, albern finden.

In dem auf Video aufgezeichneten Experiment wurden 44 erwachsenen Hunde und 19 Welpen in PDS, IDS und ADS gesprochene Sätze vorgespielt. Die Forscher dokumentierten die Länge der jeweiligen Aufmerksamkeitsspannen, also wie lange die Hunde jeweils auf den Lautsprecher starrten. Die Ergebnisse waren eindeutig und wenig überraschend: Die Welpen reagierten offenbar auf alles und nichts, den erwachsenen Hunden gefiel die höhere PDS-Tonlage besser.

Dieses Ergebnis hätte auch Darwin Freude bereitet: Die Effizienz von PDS stellt dem Forschungsteam zufolge »eine evolutionär determinierte Anpassung« dar, die dem Erhalt und dem Nutzen der Mensch-Hund-Beziehung zugutekommt. Darwins Sohn Francis hätte dieses Erkenntnisse auch im Verhalten seines Vaters wiedererkannt. Er hielt fest, wie aufgeregt Polly war, wenn sie ihr Herrchen nach langer Abwesenheit wiedersah: Sie »wurde vor Aufregung ganz wild, hechelte, quietschte, sauste im Zimmer herum und sprang auf die Stühle und wieder herunter«. Und wie reagierte Charles Darwin? »Er bückte sich dann immer, drückte ihr Gesicht an seines, ließ sich von ihr ablecken und sprach mit eigenartig zärtlicher, liebkosender Stimme zu ihr.«

In ihrem sehr detaillierten Artikel beschreiben die vier Forscherinnen und Forscher weitere Besonderheiten der Mensch-Hund-Beziehung. So wurden 2014 und 2015 an der Universität Harvard bzw. der Azabu University in Japan Experimente mit bildgebenden Verfahren durchgeführt, die belegen, dass nach kurzem Kuscheln zwischen Hund und Herrchen oder Frauchen sowohl der Hund als auch der Mensch Oxytocin ausschütten. Sie stellten außerdem fest, dass sich die Gehirnaktivitäten von Müttern, die Fotos ihrer Kinder betrachteten, und die von Müttern, die Fotos ihrer Hunde anschauten, stark ähnelten.

Der französische Autor Roger Grenier stellte fest, dass eine allzu enge Bindung an den Menschen Haustiere unglücklich mache. »Sie verbringen viel Zeit damit, ihren Herrn zu beobachten und darüber zu grübeln, was er mit ihnen tun wird. Alles sehen sie als Zeichen an: ein Husten, ein Blick auf die Uhr, das Abschalten des Fernsehgeräts. Es gibt keine neutrale Aktion. Jede Minute ist von unangenehmer Spannung erfüllt.«*

Wie nachvollziehbar das klingt. Doch inzwischen hat sich das Blatt gewendet. Heute ist alles, was *Hunde* tun, ein Zeichen, das so aufmerksam zur Kenntnis genommen wird wie nie zuvor. Jede Woche verkünden Fachzeitschriften eine neue Theorie. Hunde träumen, und das hat etwas zu bedeuten. Hunde betteln um Futter, und das hat mehr zu bedeuten als nur »gib mir Futter«. Hunde bellen, und das bedeutet eine ganze Menge. Jede neue Theorie ist interessant – warum sollte sie es auch nicht sein, nur weil sie nicht belegt ist?

Der bekannte Hundepsychologe Stanley Coren etwa unterscheidet fünf Typen des Bellens, die er von alten, schützenden Verhaltensweisen im Rudel ableitet. Wir beschäftigen uns später mit der Frage, warum Charles Dickens Mordgedanken hegte, wenn er beim Schreiben vom Bellen der Hunde auf der Straße gestört wurde; alle, der jemals wegen des Kläffers von nebenan nicht schlafen konnten, werden dafür Verständnis haben.

In seinem 2011 in der Zeitschrift *Psychology Today* erschienenen Artikel beschreibt Coren die am häufigsten auftretende Form des Bellens als eine durch Pausen getrennte Aneinanderreihung von schnellen Abfolgen von zwei bis vier Lauten. Dies ist das klassische Alarmsignal an das Rudel und bedeutet etwa: »Kommt alle her, da ist etwas Seltsames im Gang, wir müssen nachsehen!« Ferner gibt es

---

* Aus *The Difficulty of Being a Dog*, die englische Übersetzung der Originalausgabe *Les Larmes d'Ulysse*.

eine längere Serie etwas tieferer Belllaute, die anzeigt, dass der Hund ein unmittelbares Problem wie einen näher kommenden Eindringling wahrnimmt, und die bedeutet: »Ich glaube nicht, dass er freundlich gesinnt ist. Macht euch zur Verteidigung bereit!«

Das zweimalige Bellen in hoher oder mittlerer Tonlage dagegen ist ein Willkommensgruß und wird meist vom Begrüßungsritual des jeweiligen Hundes begleitet; Ludo etwa rennt aufgeregt herum, sucht nach seinem Lieblingsspielzeug, nimmt es ins Maul und bringt es dem Besuch. Eine lange Serie einzelner Belllaute mit deutlichen Pausen dazwischen teilt mit, dass der Hund einsam ist und sich Gesellschaft wünscht. Stotterndes Bellen, bei dem der Hund gewöhnlich mit nach vorn gestreckten Vorderbeinen auf dem Boden liegt und gleichzeitig das Hinterteil in die Höhe reckt, ist die Aufforderung zum Spielen.

Andererseits bellen Hunde bisweilen grundlos. Der Verhaltensforscher Stephen Budiansky schreibt: »Die Menge an Energie, die Hunde für das Bellen aufwenden, ist phänomenal und steht in keinem Verhältnis zum eventuellen Nutzen für den Hund.« Budiansky geht deshalb davon aus, dass das Bellen nicht aus einem bestimmten Grund erlernt und im Laufe der Generationen angepasst wurde, sondern »einfach zufällig (wie auch die Hängeohren und eine generelle Albernheit) durch die genetische Mischung zustande kam, die aus Wölfen Hunde machte.«

Man könnte auch folgenden Schluss ziehen: Weil Bellen eine breite Palette von Gefühlen ausdrücken kann, neigen Menschen dazu, es von Fall zu Fall anders zu interpretieren und als »Sprechen« des Hundes anzusehen. Selbst wenn ein Hund, besonders ein junger Hund, ohne offensichtlichen Grund bellt, lernen seine Besitzer schnell, dass das Bellen einen Schlafenden wecken, eine Tür öffnen, einen Spaziergang einfordern soll. Der Hund wiederum lernt rasch, wie zuverlässig und schnell Bellen zu Ergebnissen führt: Er bellt den Briefträger an, den er als Eindringling ansieht, und der Briefträger macht, dass er wegkommt. Er bellt einfach laut vor sich hin und erhält dafür Aufmerksamkeit. Budiansky stellt aber auch fest, dass Hunde »außerordentlich abergläubisch« sind – sie versuchen, Beziehungen zwischen ihren Aktionen und den Ergebnissen herzustellen, denn: »Wenn man lange bellt, geschehen währenddessen zufällig sehr viele Dinge.«

Manchmal kommt es dagegen auf das Nicht-Bellen an. Die Fachzeitschrift *American Ethnologist* veröffentlichte 2007 den Bericht des Ethnologen Eduardo Kohn über seinen Aufenthalt beim Volk der Runa am Amazonas in Ecuador. Eines Morgens stellte er fest, dass alle drei Hunde der Familie, bei der er wohnte, verschwunden waren. Die Suchexpedition im Regenwald machte eine furchtbare Entdeckung: Die Hunde waren tot. Bissspuren zeigten, dass sie von einem Jaguar gerissen worden waren. Die Besitzer wunderten sich darüber, dass ihre Hunde ihr bevorstehendes Schicksal nicht durch Bellen im Schlaf angekündigt hatten. Eine Frau erklärte, dass ihre Hunde nachts immer am Feuer schliefen und im Traum »hua hua hua« bellten. Sie würde daran merken, dass die Hunde einen schönen Traum hatten, nämlich, dass sie gemeinsam mit den Jägern des Dorfes Wild verfolgten. Hätten sie in der Nacht aber »cuai« gebellt, dann hätten sie im Traum vorhergesehen, dass ein Jaguar sie am nächsten Tag töten würde, denn dies sei der Laut, den sie von sich geben, wenn sie von Raubkatzen angegriffen werden. Dem ganzen Dorf machte nun Sorge, dass die Hunde vor ihrem Tod still gewesen waren. Die Tiere waren so etwas wie ein Frühwarnsystem, weil sie in ihrer eigenen Sprache alles Bevorstehende verkündeten. Kohn schreibt, dass sich die Runa fragten, ob sie nun, da sie keine Hunde mehr hatten, jemals wieder erfahren würden, was ihnen die Zukunft bringt.

Eine weitere, ganz persönliche These zum Bellen des Hundes: Ein grundlos bellender Hund veranstaltet einen geradezu unerträglichen Lärm – vor allem dann, wenn es nicht der eigene Hund ist. Zum Glück bietet uns das Internet zahlreiche Lösungen für den Umgang mit diesem Problem. Die Website barkingdogs.net berichtet von einem Phänomen, das sie als die New Yorker »Bellepidemie« von 2005 bezeichnet: Wesentlich mehr Hunde als jemals zuvor gerieten in die Schlagzeilen, weil sie unaufhörlich bellten. Daraufhin wurde Ende des Jahres in New York ein Gesetz erlassen, das »sinnloses Lärmen« durch ein Tier einschränkt. Zwischen 7 und 22 Uhr dürfen Hunde nicht länger als zehn Minuten am Stück bellen, zwischen 22 Uhr und 7 Uhr nur fünf Minuten. Zuwiderhandlungen werden mit Geldstrafen in Höhe von mehreren Hundert Dollar bestraft.[*]

Es gibt mehrere Methoden, einen Hund zum Schweigen zu bringen – ihn anzuschreien zählt nicht dazu und ist fast immer kontraproduktiv. Die über das Internet erhältlichen Telehalsbänder, die per Fernbedienung einen elektrischen Impuls abgeben, sind in Deutschland, Österreich und der Schweiz strikt verboten. Sprühhalsbänder, die einen Spritzer Citronellöl abgeben, sind zwar erlaubt, können den Hund aber emotional stark belasten und zu psychischen Problemen führen. Daher ist ihr Einsatz mehr als zweifelhaft und sollte gar nicht erst in Erwägung gezogen werden. Chirurgen können die Stimmbänder operativ entfernen. Und dann gibt es noch den Favoriten von barkingdogs.net: »Einen sanften korrigierenden Schlag auf die Nase« oder »etwas anderes Human-Unangenehmes, jedes Mal und augenblicklich nach jedem Bellen. Halten Sie das lange genug durch, wird der Hund das Bellen aufgeben. So einfach ist das.«

Wenn Sie weder einen ständig bellenden Hund haben, noch ihm ständig auf die Nase schlagen wollen, hilft es, sich vor der Anschaffung eines Hundes darüber zu informieren, wie bellfreudig die Rassen sind. Der Basenji z. B. ist in der Haltung wohl nicht ganz

---

[*] Auf barkingdogs.net findet sich auch die Rubrik »The Barking Dogs News Hall of Heroes«, eine virtuelle Ruhmeshalle für jene, die ihr Bestes gaben, um bellende Hunde und deren Besitzer zum Schweigen zu bringen. In Großbritannien ist übermäßiges Bellen nicht illegal, doch können Besitzer von Hunden, deren Bellen als Belästigung angesehen wird, nach dem Umweltschutzgesetz belangt werden.

einfach, ist aber im Rahmen eines berühmten Experiments als ziemlich schweigsam eingestuft worden.* Im selben Experiment zählte der Cocker Spaniel zu den lautesten Hunden: Der in einer kontrollierten Umgebung mit einem anderen Welpen zusammengebrachte Cocker bellte innerhalb von zehn Minuten ganze 907 Mal, was ungefähr anderthalb Bellern pro Sekunde entspricht.[†]

Dieses Experiment ist berühmt, weil es zusammen mit vielen anderen Teil sehr intensiver, sich über 13 Jahre erstreckende Hundeforschung war, die in den 1950er- und 1960er-Jahren im Jackson Laboratory in Bar Harbor im US-Bundesstaat Maine durchgeführt wurde. Die Forschungsreihe beobachtete das Verhalten von Hunden von ihrer Geburt an und wurde zur detailliertesten und langfristigsten aller bis dahin durchgeführten Hundeverhaltensstudien. Viele ihrer Ergebnisse wirken bis heute nach. Ihre wichtigste Erkenntnis ist, dass es innerhalb einer Rasse genauso viele oder mehr Verhaltensvariationen gibt wie zwischen den Rassen.

Allerdings konzentrierten sich die Experimente auf nur fünf Rassen, sodass wir davon ausgehen können, dass es noch stillere Rassen als den Basenji gibt und weitaus frenetischere Beller als den Cocker Spaniel. Auch war die Auswahl der teilnehmenden Rassen ziemlich exzentrisch. Das Forschungsteam entschied sich gegen den Chihuahua, weil diese Rasse nicht sehr fruchtbar ist, und gegen den Pyrenäenberghund, weil diese großen Hunde großen Appetit haben und damit auf Dauer zu kostspielig gewesen wären. Dackel und Scottish Terrier wurden ausgeschlossen, weil sie als stur gelten. Letztlich nahm man Hunde, die ungefähr dieselbe Größe hatten, weil man dann immer

---

* Mit einem Basenji hat man immer viel Abwechslung. Sie zählen zu den Hunden des Urtyps, und sie sollen unnahbar und sehr selbstbewusst sein.

† Allzu aussagekräftig ist dieses Experiment leider nicht, auch nicht in Bezug auf Rassehunde. Wenn ein Hund im Tierheim viel bellt, weiß man noch nicht, ob er das gerade aus Freude macht oder ob es eine chronische Angewohnheit ist.

dieselben Apparate benutzen konnte. Schlussendlich einigte man sich auf Beagle, Cocker Spaniel, Sheltie und Drahthaar-Foxterrier.*

Das längste in Bar Harbor durchgeführte Experiment untersuchte die frühe Sozialisation. Was ist der ideale Zeitpunkt, um einen Welpen von der Mutter zu trennen und ihn eine Beziehung zu einem potenziellen Besitzer aufbauen zu lassen? Warum haben manche Hunde vor Menschen Angst, während andere sich an sie kuscheln wie an ihre Mutter? Und warum verhalten sich manche Hunde Artgenossen gegenüber gesellig, während andere ihre Scheu vor anderen Hunden nie ganz ablegen? Solche Fragen, die wir uns seit dem 16. Jahrhundert stellen, sind heute so aktuell wie damals. Die besten Antworten erhält man von erfahrenen Züchtern, doch sind die Ergebnisse der vor 60 Jahren in Bar Harbor durchgeführten Experimente immer noch aufschlussreich.†

Über einen Zeitraum von 13 Jahren wurden mehrere Hundert Welpen von der Geburt bis zum Alter von 16 Wochen täglich beobachtet. Das Forschungsteam bezeichnete es als »Hundeschule« und merkte an, es habe fünf Jahre dauerte, bis die »Schule« so weit aufgebaut war, dass sie anschließend acht Jahre lang Topleistungen erbrachte. Das Team stellte fest, dass die erste wesentliche Verhaltensänderung im Alter von drei Wochen erfolgt, wenn die Sinnesorgane des Welpen ausgereift sind (Hunde werden blind und taub geboren) und das Tier

---

* Derzeit führt das Jackson Laboratory nur Versuche mit Nagetieren durch. Den Höhepunkt seiner Arbeit mit Hunden stellte die Veröffentlichung 1965 des (immer noch erhältlichen) Klassikers *Genetics and the Social Behaviour of the Dog* von J. P. Scott und J. L. Fuller dar.

† Einige Grundsätze blieben über die Jahrhunderte hinweg erhalten, so wie jene aus dem 1891 erschienenen Handbuch des amerikanischen Tierarztes Wesley Mills: »Bei der Ausbildung von Welpen sind erste Erfahrungen von großer Wichtigkeit, und die Aufzucht im Zwinger und überhaupt die gesamte Umgebung sollten dementsprechend gestaltet sein. Dem Welpen sollte nicht gestattet werden, sich etwas anzugewöhnen, was später korrigiert werden muss. Von Anfang an sollte er zu Reinlichkeit und zur Selbstachtung erzogen werden und dazu, geliebt werden zu wollen, die Rechte anderer Welpen und seiner Artgenossen zu respektieren, usw.«

beginnt, feste Nahrung zu sich zu nehmen. Mit Männern und Frauen wurde die Sozialisierung mit dem Menschen getestet, und zudem untersuchte man auch, wie sich die Welpen untereinander und in größeren Gruppen verhielten. Hierbei kam jeweils ein Knochen ins Spiel, um Dominanz und Unterwerfung zu beobachten. Im Alter von fünf Wochen siegte meist ein Welpe über alle anderen, mit elf Wochen trat der jeweilige Sieger noch deutlicher hervor. Die Dominanz eines bestimmten Welpen über die anderen änderte sich zwischen den beiden Altersstufen jedoch und verändert sich im weiteren Lebensverlauf aufgrund von Größe und Motivationsfaktoren eventuell noch weiter.

Bei einem noch interessanteren Test mit dem Titel »Wild Dog« wurde untersucht, inwieweit sich Welpen mit frühem Kontakt zum Menschen von solchen unterschieden, die drei Monate lang kaum mit Menschen zu tun gehabt hatten. Die Welpen wurden weitgehend draußen gehalten und kamen im Alter von zwei bis neun Wochen eine Woche lang im Haus mit Menschen in Kontakt.

Die Schlüsselphase für die anfängliche Sozialisierung lag anscheinend bei einem Alter von etwa fünf Wochen: Welpen, die um diese Zeit herum die Aufmerksamkeit von Menschen erhielten, zeigten später am wenigsten Angst vor ihnen, gingen freudig auf ihre Pfleger zu und ließen sich gut an die Leine gewöhnen. Welpen, die im Alter von sechs bis neun Wochen für eine Woche ins Haus geholt wurden, um Menschen kennenzulernen, gewöhnten sich ebenfalls gut an die Zweibeiner. Wie man sich schon denken kann, hatten Kandidaten, die in den ersten 14 Lebenswochen so gut wie nichts mit Menschen zu tun gehabt hatten, später am meisten Angst und reagierten unwillig auf das Anleinen; die Forscher verglichen sie mit »wilden Tieren«.

Diese Ergebnisse deuten darauf hin, dass Welpen am besten im Alter von acht bis zwölf Wochen zu ihren neuen Besitzern umziehen sollten, und auch die meisten beliebten Ratgeber für angehende

Hundebesitzer verweisen darauf, dass ein Kennenlernen erst nach der achten Lebenswoche die Beziehung zwischen Hund und Herrchen bzw. Frauchen erschweren könnte. Das Entscheidende in dieser Hinsicht ist jedoch, dass Hunde in ihren ersten acht Lebenswochen wenigstens *etwas* Kontakt zu Menschen haben. In dieser Phase muss der kleine Hund noch gar nicht die ganze Zeit über im Haus leben. Es gibt im Gegenteil Hinweise darauf, dass die Trennung des Welpen von der Mutter zu diesem Zeitpunkt das Selbstvertrauen und die allgemeine Kontaktfreudigkeit eines Welpen empfindlich beeinträchtigen kann; eine Trennung im Alter von zwölf Wochen ist möglicherweise sinnvoller.

Trotz dieser Forschungen – die des Jackson Laboratory wie auch anderer – dürfen wir nicht vergessen, dass Hunde eben Hunde sind. Wie beim Menschen auch wird ihr Verhalten nie exakt vorhersehbar sein. Die jeweilige Umwelt und der Charakter der Besitzer werden stets einen ebenso starken Einfluss haben wie die Aufzucht. Und wir müssen vorsichtig sein, wenn das Verhalten eines Hundes ausschließlich in menschlichen Begriffen und mit unseren Augen beurteilt wird.

Ende 2017 veröffentlichten Mitglieder der Institute für Psychologie und Biowissenschaften der University of Lincoln, Großbritannien, die Ergebnisse ihrer Forschung zu den Ähnlichkeiten im Gesichtsausdruck von Emotionen bei Mensch und Hund – und hatten damit etwas erforscht, für das sich bereits Darwin eineinhalb Jahrhunderte zuvor interessiert hatte. In einem Artikel in der Fachzeitschrift *Nature* erklären sie ihre recht altmodischen Methoden. Im Zeitalter der funktionellen Magnetresonanztomografie muss man schon eine ziemliche Chuzpe an den Tag legen, um den Gesichtsausdruck eines Hundes, der beim Öffnen einer Futterdose zusieht, mit dem eines Menschen zu vergleichen, der gerade in einer Quizshow gewonnen hat. Das Forschungsteam hatte sich zwei Fragen gestellt: Zeigen Hunde spezifische Gesichtsbewegungen als Reaktion auf verschiedene Kategorien emotionaler Reize? Und zeigen Hunde ähnliche Gesichtsausdrücke wie Menschen, wenn sie auf emotional vergleichbare Ereignisse reagieren?

Wie vergleicht man das überhaupt? Mitte des 19. Jahrhunderts beschrieb der französische Neurologe Guillaume Duchenne das inzwischen nach ihm benannte Duchenne-Lächeln (Ausdruck einer echten, von ganzem Herzen empfundenen Freude), das sich nur durch die Kontraktion eines einzigen Muskels vom Nicht-Duchenne-Lächeln unterscheidet (weniger herzlich und dafür formeller). Ein Lächeln kann also nicht einfach per se als »glücklich« bezeichnet werden, schon gar nicht bei einem Vergleich verschiedener Arten. Einen neueren wissenschaftlichen Rahmen für das Messen derartiger Dinge gibt es seit den späten 1970er-Jahren, und er gilt heute noch immer als Standard: das Facial Action Coding System (FACS). Zu ihm hat sich kürzlich das DogFACS gesellt. Beide verwenden ein kategorisiertes System, das die Anspannung oder Entspannung einzelner Gesichtsmuskeln als Reaktion auf verschiedene Ereignisse misst.*

Das Forschungsteam untersuchte fünf Emotionen – Angst, Frustration, positive Erwartung, Freude und Entspannung – auf innovative Weise. Zu den Auslösern für die Menschen zählten u. a. der Anblick eines gefährlichen Tieres (Angst) und der Gewinn eines hohen Geldbetrags (Freude). Den Hunden zeigte man Bilder von Futter oder spielte ihnen Wörter vor, die mit Futter (positive Erwartung) oder mit dem Beginn einer Spielrunde (Freude) zu tun hatten.

Die in Reaktion auf diese Reize aufgetretene Mimik wurde gefilmt und analysiert. Überraschenderweise zeigten Hunde vieler verschiedener Rassen eine breite Palette ähnlicher und quantifizierbarer Gesichtsausdrücke als Reaktion auf bestimmte emotionale Reize.

---

* Beim Hund zählen zu diesen Muskeln und Sehnen *Levator nasolabialis, Musculus buccinator, M. orbicularis oris* und *M. caninus.* DogFACS wurde mittels BORIS (Behavioural Observation Research Interactive Software) codiert.

Inwieweit diese mit menschlichen Gesichtsausdrücken vergleichbar
waren, war eine andere Frage: Das Fehlen signifikanter Unterschiede
zwischen Menschen und Hunden würde möglicherweise den von
Darwin vorgeschlagenen gemeinsamen Ursprung von durch Emotionen ausgelöster Mimik bestätigen oder eine konvergente Evolution widerspiegeln. Andererseits würden verbreitete signifikante
Unterschiede darauf hinweisen, dass Gesichtsausdrücke in Reaktion
auf Emotionen im Vergleich zwischen Arten keine konsistenten
genetischen Merkmale sind. Das Forschungsteam konnte Letzteres
bestätigen. Mit Blick auf den Hund hat Darwin nicht in allem recht
behalten: Hunde zeigten unterschiedliche Gesichtsbewegungen, doch
diese unterschieden sich von denen, die Menschen bei vergleichbaren
emotionalen Reaktionen zeigten.

Die Gesichtsmuskulatur des Hundes ist weniger komplex als
die des Menschen, und wir sollten bei unseren Beobachtungen und
Interpretationen vorsichtig sein. Angst und Glücksgefühle sind bei
Hunden einfach zu erkennen (man kann sie an der Haltung und
Bewegung der Rute ebenso leicht ablesen wie im Gesicht), doch die
Besitzer täuschen sich, wenn sie glauben, Schuldgefühle und Ver-
legenheit herauslesen zu können. Es kann gut sein, dass sich Hunde
nicht »schuldig fühlen«, aber gelernt haben, schuldbewusst auszusehen (indem sie den Kopf senken und Blickkontakt vermeiden).

Die Psychologin und Hundekognitionsforscherin Alexandra
Horowitz führte 2009 ein Experiment durch, um herauszufinden,
warum Hunde schuldbewusst dreinblicken und wie dieser Gesichtsausdruck zustande kommt. Das Verfahren war einfach: Einem Hund
wurde von seinem Besitzer ein Leckerli gezeigt, ihm wurde jedoch
verboten, dieses zu berühren. Nachdem der Besitzer den Raum verlassen hatte, wurde das Leckerli entweder gefressen oder entfernt.
Wenn der Besitzer in den Raum zurückkehrte, wurde ihm in einigen
Fällen gesagt, der Hund habe das Leckerli gefressen, obwohl das

nicht der Fall gewesen war, und der Besitzer schimpfte den Hund für etwas aus, das dieser nicht getan hatte. Auf den Videoaufnahmen sah man Hunde, die das typische Schuldgefühl-Gesicht machten, obwohl sie das Leckerli gar nicht gefressen hatten. »Die Wirkung des Ausschimpfens war bei gehorsamen Hunden stärker ausgeprägt als bei ungehorsamen«, berichtet Horowitz in der Fachzeitschrift *Behaviour Journal*. Der angeblich schuldbewusste Gesichtsausdruck war »eine Reaktion auf das Verhalten des Besitzers … und kein Schuldeingeständnis«. Diese Reaktion könnte eine weitere Folge der im Zuge der Domestizierung aufgebauten Loyalität sein und damit zusammenhängen, dass Hunde gefallen wollen. Auf jeden Fall aber ist sie ein Zeichen von Klugheit: Der Mensch bekommt die Reaktion, die der Hund für erwünscht hält, und infolgedessen wird der Hund nicht aus dem Rudel ausgestoßen und bekommt am Abend wie gewohnt sein Futter.

Nachdem wir das Schuldbewusstsein hinterfragt haben, sollten wir uns jetzt mit den kleinen Freuden im Alltag der Hunde befassen. Ein Forschungsteam der University of Glasgow veröffentlichte 2017 die Ergebnisse einer Studie über die Auswirkungen verschiedener populärmusikalischer Genres auf das Stressniveau von Tierheimhunden. In dem Artikel werden auch frühere Untersuchungen zusammengefasst, von denen das Team einige selbst durchgeführt hatte. Diese zeigten, dass klassische Musik den Stress von in Zwingern gehaltenen Hunden mindert, allerdings nur kurzfristig: Manche Hunde waren nur einen Tag lang sanfter gestimmt und nach einer Woche wieder so angespannt wie vor dem Experiment. Die neue Studie zielte darauf ab, bei den Hunden ein niedrigeres Stressniveau zu erreichen und zu erhalten, um ihr körperliches und seelisches Wohlbefinden zu erhöhen und auch um sie leichter vermittelbar zu machen. Wie also würden Reggae, Pop, Motown und Softrock verglichen mit klassischer Musik abschneiden? Welche Klänge würden die eingesperrten Hunde mehr entspannen, welche würden sie zum Tanzen bringen? Könnte vielleicht die Vielfalt der Töne allein schon ausreichen, um die Tierheimhunde zu beruhigen?

Man könnte sich auch fragen, ob das Komitee zur Vergabe von Forschungsförderungsgeldern hier eventuell ein bisschen zu großzügig war. Vielleicht ja, doch wir sollten auch dankbar sein für das Licht, das die Arbeit auf das Leben von Tierheimhunden wirft. Sie sind sicher dankbar für jeden, der versucht, ihr Wohlergehen in irgendeiner Weise zu verbessern.

Der elf Tage dauernde Versuch umfasste 38 Hunde aus den schottischen Tierheimen SPCA Dunbartonshire und West of Scotland Animal Rescue and Rehoming Centre. 28 der Hunde waren Rüden, 14 Hündinnen; neun waren Streuner, 17 von überforderten Besitzern abgegeben, acht aus Tierschutzgründen beschlagnahmt, drei nach missglückten Vermittlungsversuchen in die Heime zurückgebracht worden, und einer war nur vorübergehend im Tierheim untergebracht. Es gab 14 Staffordshire Bullterrier, zehn Mischlinge, fünf Border Collies, vier Lurcher (irische Windhundkreuzung), einen Border Terrier, einen Jack Russel Terrier, einen Deutschen Schäferhund, einen Rottweiler und eine Rottweiler-Akita-Kreuzung. Die bisherige Aufenthaltsdauer im Tierheim betrug zwischen einem und 420 Tagen.

Für jedes Musikgenre wurde mithilfe von Spotify eine sechsstündige Playlist generiert, mit der man von 10 bis 16 Uhr über Bluetooth-Lautsprecher die Zwinger beschallte. Stündlich wurden Messungen der Herzfrequenzvariabilität vorgenommen sowie zu Beginn, in der Mitte und am Ende der elf Tage Urinproben entnommen, um den Gehalt des Stresshormons Cortisol zu messen. Außerdem wurde genau beobachtet, wie viel Zeit die Hunde während der laufenden Musik stehend, liegend und bellend verbrachten.

Die Ergebnisse waren allgemein vielversprechend und deuten darauf hin, dass sich sämtliche Musikgenres positiv auf körperliches Wohlbefinden und Verhalten auswirken. Die Messungen der Herzfrequenzvariabilität belegten, dass die Hunde weniger gestresst waren, und bei laufender Musik hatten die Hunde mehr Zeit liegend verbracht als während der »stillen« Stunden. Die Herzfrequenzmessungen zeigten, dass das Wohlbefinden durch Softrock und Reggae am stärksten gesteigert wurde, es folgten Pop und klassische Musik; an letzter Stelle kam Motown. Die Pausen zwischen den Herzschlägen waren bei Softrock signifikant länger als bei Reggae. Insgesamt aber unterschieden sich die individuellen Reaktionen auf die verschiedenen Genres, sodass die Forscher zu dem Schluss kamen, dass »Hunde möglicherweise individuelle Musikpräferenzen haben«, wie sie in ihrem Artikel schreiben. Ferner stellten sie fest, dass die breite Auswahl an Musikgenres zu einer länger anhaltenden Entspannung bei den Hunden führte als in der Studie, bei der nur klassische Musik abgespielt wurde. In der Schlussfolgerung des Artikels stellten die Forscher eine weitere mögliche Studie in Aussicht: eine Untersuchung der Wirkung von Hörbüchern auf Hunde.*

Praktisch, emotional und musikalisch: Menschen verstehen heute viel besser als vor Darwin, wie Hunde funktionieren. Andererseits sind Hunde aber auch wesentlich besser darin geworden, Menschen zu verstehen und zu unterstützen, wie uns das folgende Kapitel zeigt.

---

* Möglicherweise hatte das Forschungsteam seine Gründe, dass den Hunden kein Rap vorgespielt wurde. Rhythmus und Texte des Rap sind roh und brutal. Es ist nicht nur wegen Snoop Dog oder all den anderen Künstlern mit andeutungsvollen Namen wie Bow Wow, Nate Dogg, Pitbull oder Phife Dawg, wegen der phallischen Anspielungen und der vielen in den Text eingestreuten *bitches* (»Hündinnen«). Beim Rap geht es um die innere Einstellung, darum, etwas hier und jetzt auszufechten.

Herz mit Schnauze: Lurcher Milo ist eine Nasenlänge voraus.

5. Hunde heilen

Eines schönen Sonntags Ende August 2017 förderten Pete Cresswell und Andrew Boughton, ausgestattet mit Metalldetektoren, auf einem im Forest of Dean in Gloucestershire gelegenen Feld eine große Menge an Bronzefragmenten und Münzen zutage. Zu ihrem Fund gehörten u. a. ein Teil einer Bratpfanne, eine Tierpfote aus Bronze, die eine Truhe geziert hatte, sowie zwanzig kleine Teile einer 1,2 Meter hohen Skulptur, die aussah, als wäre sie absichtlich zerschlagen worden, um sie vielleicht besser verstecken und später wieder einschmelzen zu können. Cresswell und Boughton brachten den Schatz einem orts-ansässigen archäologischen Team, das ihn in das Museum nach Bristol schickte, wo er gereinigt und untersucht wurde. Eine seltene Münze und bestimmte Hinweise ermöglichten eine Datierung der Objekte auf einen Zeitraum zwischen 318 und 450 n. Chr.

Unter den Fundstücken war auch eine mit kunstvollen Gravuren versehene Bronzeskulptur eines eindeutig männlichen Hundes, der mit seinem auf vier stämmigen Beinen ruhenden, langen Körper wie ein früher Dackelvorfahre aussah. Die Figur war 13,4 Zentimeter hoch und 21,4 Zentimeter lang. Im Juli 2019, zwei Jahre nach seiner Entdeckung, wurde der Bronzehund bei Christie's in Mayfair versteigert. Der Schätzwert der Statuette lag bei 30.000 bis 50.000 Pfund. Sie war der letzte Posten der Auktion und kam nach einigen etruskischen Schalen und minoischen Axtköpfen an die Reihe. Im Saal waren ungefähr 50 Leute anwesend, darunter auch Christie's Antiquitätenexperte Claudio Corsi, der telefonische Kundengebote entgegennahm. Corsi hatte in den Katalog eingetragen, dass der Hund (was auch nicht zu übersehen war) die Zunge heraushängen ließ. Vielleicht hatte einfach nur ein durstiger Hund dargestellt werden sollen, wahrscheinlicher aber hatte dieser Hund einem höheren Zweck gedient, etwa als eine Art heilender Talisman. Corsi vermutete, dass der Fundort mit dem eisenzeitlichen Tempel von Nodens in Lydney Park in Beziehung stand, wo man bei Ausgrabungen in den 1930er-Jahren sieben ähnliche Hundestatuetten gefunden hatte.

In der Antike wurden Hunde immer wieder als Heiler dargestellt. Der Hund war der treue Begleiter von Asklepios, dem griechischen Gott der Heilkunst, und heilsamer Begleiter des römischen Gottes Mars. Der keltische Gott Nodens wurde oft mit Hunden und der Heilkunst in Verbindung gebracht; Hunde beschleunigten die Heilung einer Wunde, indem sie diese sauber leckten. Zwei kleine Löcher in der Bronzestatuette lassen vermuten, dass sie ursprünglich mit einer größeren Statue verbunden war. Claudio Corsi fragte sich, ob es eine Statue von Nodens gewesen sein könnte oder von einem »Patienten« des Hundes. Der Bronzehund wechselte für eine Summe von 137.500 Pfund den Eigentümer. Das neue »Herrchen« war ein privater Sammler, der von den beiden Schatzsuchern beglückwünscht wurde. Der kleine Hund mit der heraushängenden Zunge stand derweil in einer viereckigen Plexiglasvitrine auf einem brusthohen Sockel – ob er glücklich war, nach 1700 Jahren in der Erde und zwei Jahren unterwegs endlich ein neues Herrchen gefunden zu haben, ließ er nicht durchblicken.

Alter Hund sucht neuen Besitzer: Ein Bronze-Talisman kommt wieder zum Vorschein, um erneut zu heilen.

Sie möchten einen heilenden Hund kennenlernen, der nicht aus Bronze ist? Schauen Sie sich einfach nur um: Die meisten gut erzogenen Hunde bieten heutzutage diesen Service an. Sie brauchen nur einen freundlichen Hund zu streicheln und verspüren ein undefinierbares Wohlbefinden. Der Hund fühlt sich vermutlich ebenso – durch eine der einfachsten, befreiendsten und freudigsten

Transaktionen, die das Leben zu bieten hat. Ein Hund verbindet uns auf unvergleichliche Weise mit der Welt: mit all den Hunden, die vor ihm da waren, mit einer großen Gemeinschaft von Menschen, die sich über ihre Existenz freut, und mit all den Hunden, die selbstlose Aufmerksamkeit von uns verlangen. Auch das ist der Grund, warum Hunde bei uns sind und wir bei ihnen.

Doch wenn Sie einen Heilkundeexperten in Hundegestalt kennenlernen wollen, einen vierbeinigen Lieferanten von Freude und Placebowirkung, dann könnten Sie das West-Londoner Krankenhaus Whittington Health NHS Trust aufsuchen. Im nahen Park Hampstead Heath ganz in der Nähe haben Hunderte Hunde Spaß, doch hier, in diesem hässlichen Gebäude, begegnet man Hunden, die zu Höherem berufen sind. Einer von ihnen ist Bryn, ein hübscher schwarz-weißer Border Collie mit etwas Braun an der Schnauze, der fröhlich den Gang zum Onkologie-Flügel entlangläuft – ein schwanzwedelnder, vierbeiniger Endorphinfreisetzer. Bryn ist Mitglied des TheraPaw-Teams (übersetzt etwa »heilende Pfoten«) der Tierschutzorganisation Mayhew, die jährlich an die 700 Besuche von Hunden auf Krankenhausstationen und in Pflegeheimen organisiert und manchmal auch in Unternehmen, wenn deren Angestellte besonders gestresst und überarbeitet sind.

Ein Hund, der Therapiehund werden soll, muss besondere Voraussetzungen erfüllen. Reagiert er positiv auf Begegnungen mit Fremden? Würde er sich von Fremden an Ohren und Rute berühren zu lassen, ohne die Nerven zu verlieren? Lässt er sich aus der Hand füttern, ohne zu zwicken? Erträgt er laute Geräusche, oder verkriecht er sich dann unter den Möbeln und kommt nicht mehr freiwillig heraus? Bellt er nur selten und ist insgesamt gelassen, oder dreht er beim geringsten Anlass durch?

Weil Bryn ein Border Collie und kein Labrador ist, ist er eben nicht die Gelassenheit in Person und wirkt auf den ersten Blick auch nicht wie der ideale Therapiehund. Er ist jedoch sehr aufmerksam

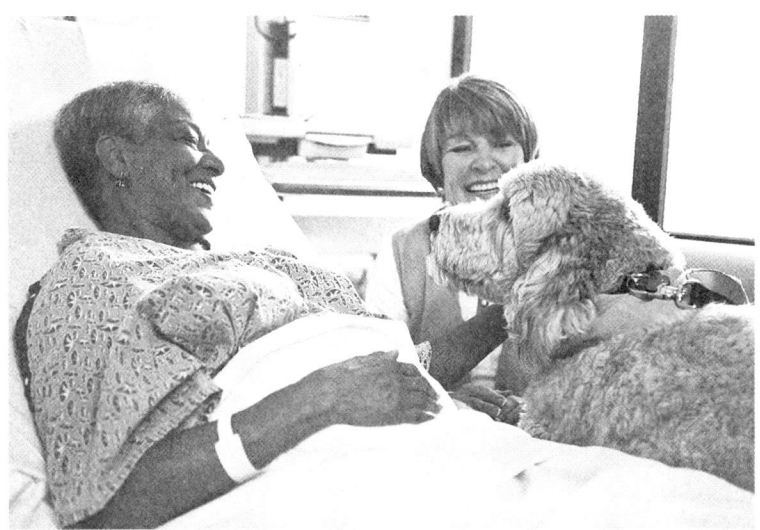

Gern zu Diensten: Ein Therapiehund hebt die Stimmung.

und immer bereit zu helfen. Im Krankenhaus ist er mit Sicherheit einer von den Guten, und praktisch alle Menschen, die dort arbeiten, kennen seinen Namen. Obwohl sie in Gegenwart der Patienten immer sehr professionell und nüchtern wirken, sind sie alle ganz wild darauf, Bryn zu streicheln und zärtlich in Babysprache auf ihn einzureden. Wann immer er die Notaufnahme besucht, postet die dort zuständige Ärztin Dr. Heidi Edmundson ein Foto von ihm auf Twitter. »Gestern hatten wir eine sehr anstrengende Schicht«, schrieb sie am Tag nach meinem Besuch auf ihrem Kanal. »Und deshalb ein großes Dankeschön an alle hart arbeitenden Kollegen. Und ich habe mich sehr über den Besuch (und ein bisschen Aufmerksamkeit) von Bryn gefreut. #therapydogs«

Bryn lebt bei der Pädiatriefachärztin Prof. Caroline Fertleman. Vor vier Jahren holten sie und ihr Mann ihn aus dem Tierheim All Dogs Matter. Das neue Familienmitglied erwies sich als ziemlich anstrengend. Er pinkelte ins Haus und fraß Steine. Prof. Fertleman sagte mir, dass es mit ihm mittlerweile »viel besser« geworden sei, doch immer noch werde ihm schnell langweilig, und er sorge auch gern mal für Überraschungen – wie neulich, als seine Familie ihn mit einer Katze im Maul erwischte.

Teilweise aus diesem Grund bleibt Bryn nie lange auf einer Station. Ich begleitete ihn an einem Dienstag auf seiner Runde. Da er normalerweise immer mittwochs Dienst hat, rechneten viele stationäre Patienten nicht mit ihm, freuten sich aber auf jeden Fall, ihn zu sehen. Wir fingen in der Kinderabteilung an. Einige der Eltern sagten, sie seien auf Hunde allergisch, und wollten ihn nicht in ihre Nähe lassen (Prof. Fertleman wiederum sagte, dass Erwachsene das oft behaupten, wenn sie in Wahrheit Angst vor Hunden haben). Die meisten Kinder aber streichelten ihn gern, und er sprang auf zwei Betten, um ein bisschen zu kuscheln (etwas, was viele Hunde auch liebend gern zu Hause tun würden).

Der Weg vom Hund zum Therapiehund ist ziemlich lang. In Großbritannien wird er in seiner häuslichen Umgebung und am zukünftigen Einsatzort genau beobachtet und regelmäßig auf Flöhe, Impfungen und so weiter überprüft. Seine Besitzer müssen ein polizeiliches Führungszeugnis vorlegen und über soziale Kompetenz verfügen. Falls der Hund zugelassen wird, sollte er mindestens sechs Monate lang für etwa 90-minütige Einsätze zur Verfügung stehen.

Auf unserer Runde, auf der Bryn vielen Menschen willkommene Abwechslung brachte, wurden wir von den Eltern eines kleinen Patienten gefragt, ob Bryn ein reinrassiger Border Collie sei. Prof. Fertleman antwortete, sie und ihr Mann wären sich auch nicht sicher gewesen und hätten 75 Pfund für einen Gentest ausgegeben. Bryn war ein Border Collie durch und durch. Mir verriet sie, dass Bryn nicht für die Patienten da war, sondern auch das Personal moralisch unterstützen soll. Als wir unterwegs immer wieder in kleine Büros gingen, in denen Ärzte vor Computerbildschirmen saßen, merkte man deutlich, dass sie alle sich über diese kleine, entspannende Pause sehr freuten.

Therapiehunde therapieren auch die eigenen Besitzer, denn etwas Selbstloses zu tun wirkt auf einen selbst wie Balsam für die Nerven. Außerdem therapieren Therapiehunde rund um die Uhr. Ich liebe die Geschichte von Gunner, dem »Buchtherapiehund«. Der Boxer besucht in ganz Großbritannien Schulen und Buchläden, um Kinder zum Lesen zu ermutigen und Selbstvertrauen zu entwickeln. Gunner sitzt irgendwo und hört aufmerksam zu, während die Kinder Geschichten vorlesen oder vorgelesen bekommen. Zwischen den einzelnen Kapiteln und mitunter sogar zwischen Absätzen dürfen sie Gunner den Kopf kraulen.

Therapiehunde sind nichts Neues. Sogar Dickens kannte einen Therapiehund. Im Februar 1869 besuchte er ein neu gegründetes Kinderkrankenhaus in dem verrufenen und verarmten Ost-Londoner Viertel Limehouse.* Dickens war voll des Lobes für die Arbeit, die in diesem Krankenhaus besonders nach einem kürzlich erfolgten Cholera-Ausbruch geleistet worden war. Ganz besonders aber bewunderte er ein Wesen, das »zwischen den Betten herumtrabte und mit allen Patienten auf freundschaftlichem Fuß stand … eine lustig anzusehende Promenadenmischung namens Poodles.«

Poodles war »ein lebendes Heilmittel«. Er war abgemagert und ausgehungert vor dem Krankenhaus aufgefunden und gesund gepflegt worden. Als Dickens den Hund kennenlernte, saß dieser schwanzwedelnd auf dem Kissen eines Jungen und trug ein Halsband mit der Aufschrift: »Beurteile Poodles nicht nach seinem Äußeren«. Das Krankenhaus wurde von dem Ehepaar Heckford geleitet, das Poodles' besondere Fähigkeiten erkannt hatte. Dickens stellte fest, dass Poodles eventuell noch größere Ambitionen hatte, denn eines

---

* Wo damals das Krankenhaus war, befindet sich heute ein Hotel.

Tages »beobachtete ich ihn dabei, wie er seine Runde zwischen den Betten machte, als sei er der Stationsarzt, noch dazu in Begleitung eines zweiten Hundes – wohl ein Freund –, der wie ein Schüler hinter ihm herlief.« Dickens schildert, wie er von Poodles zum Bett eines Mädchens geführt wurde, das eine krebsbedingte Amputation hinter sich hatte. »Eine schwierige Operation, macht Poodles mir schwanzwedelnd klar, aber sehr erfolgreich … Die Patientin tätschelte Poodles und sagte lächelnd: ›Das Bein hat mir solche Schmerzen verursacht, dass ich froh bin, es losgeworden zu sein.‹« Poodles ging weiter, zu einem Mädchen mit geschwollener Zunge. Während er sie »sehr ernst und sachkundig« untersuchte, streckte Poodles mitfühlend die eigene Zunge heraus. Dickens erklärt: »In allem, was Hunde betrifft, erlebte ich niemals etwas Vortrefflicheres als Poodles' Verhalten.«

Im Whittington-Krankenhaus fragte ich mich, ob es, was Hunde betrifft, je etwas Vortrefflicheres gegeben hatte als Bryn, besonders wenn man etwas so Schlimmes durchmacht wie eine Chemotherapie. Gemeinsam mit Bryn besuchte ich die an der Chemo-Infusion hängende Eve. Bryn hüpfte auf die Liege, auf der sie lag, begrüßte sie, und Eve freute sich sehr über die Ablenkung. Sie streichelte Bryns Kopf und unterhielt sich mit Prof. Fertleman über ihn. Nach einer Weile gingen wir zu einer anderen Patientin, die ihre Chemotherapie abgeschlossen hatte, aber noch eine zusätzliche Spritze bekam, und auch sie freute sich über den Hund, der auf ihr Bett sprang.

Im Flur hingen an einer Pinnwand Karten mit Patientenkommentaren. Alle lobten das Krankenhaus in höchsten Tönen, und viele klangen ähnlich. »War begeistert, heute Bryn zu sehen. Er heiterte mich auf und half mir, meine Kekse zu essen.« Einer hatte geschrieben: »Hervorragende Ärzte und Krankenschwestern und ein sehr lieber Therapiehund. Sehr tröstlich und eine gute Ablenkung, vor allem, wenn man ihn streichelt.« Ein weiterer Patient bat: »Bitte mehr von Bryn. Ich liebe ihn.«

Sogar die allerersten Hunde fingen als Assistenzhunde an, wobei sie nur zwei Dienste anboten: Jagen und Bellen. Heute aber sind die Verwendungsmöglichkeiten für Hunde scheinbar unbegrenzt. Einfach nur ein freundlicher Therapiehund zu sein wie Bryn erscheint da wie einer der einfachsten Jobs, wenn man weiß, was Hunde heutzutage alles können: für Gehörlose hören, für Blinde sehen, Verschüttete unter Trümmern finden, verzweifelte Menschen trösten und Sprengstoff, Drogen und Tumore erschnüffeln – und möglicherweise sogar COVID-19.

Warum eignet sich der Hund so perfekt für diese Aufgaben? Die Antwort liegt klar auf der Hand: Bei 200 Millionen und mehr Geruchsrezeptoren (wir Menschen haben nur fünf Millionen) verfügt der Hund über ein vollkommen andersartiges Schnüffelsystem.* Der Menschen atmet durch beide Nasenlöcher ein und aus, während ein Hund durch die Nasenlöcher einatmet und durch die seitlichen Nasenflügel ausatmen kann, sodass sich die aufgenommenen Gerüche wesentlich schneller abwechseln. Er kann sogar in einem ununterbrochenen Luftstrom einatmen, buchstäblich wie bei einem Staubsauger. Die beiden Nasenlöcher können unabhängig voneinander arbeiten, also in Stereo statt in Mono. Mittels Zeitlupenaufnahmen entdeckten Forscherinnen und Forscher einen Prozess, den sie als aerodynamischen Effekt beim ausgehenden Luftstrom aus der Hundenase bezeichneten. Hierbei wird sogar beim Ausatmen von wahrgenommenen Gerüchen das Heranwirbeln und Inhalieren neuer Geruchsmoleküle ermöglicht.

Der Hund nimmt Gerüche über größere Entfernungen wahr als der Mensch und kommt noch dazu mit einer wesentlich schwächeren Geruchsdichte aus. Einen weiteren Vorteil verschafft

---

* Offenbar herrscht Uneinigkeit über die genauen Zahlen. Die höchsten Schätzwerte belaufen sich auf sechs Millionen Geruchsrezeptoren bei Menschen und 300 Millionen bei Hunden.

ihm ein zweites Geruchsorgan direkt oberhalb des Gaumens, das sogenannte Jacobson-Organ, das Hormonmoleküle wahrnimmt. Hunde können mit seiner Hilfe andere Hunde identifizieren und die Stimmungslage eines Menschen erschnüffeln (z. B. spüren, wann wir Trost und Unterstützung brauchen oder unsere Ruhe haben wollen) wie auch seinen Gesundheitszustand. Unsere Vorstellung, dass ein Hund ausschließlich in der Gegenwart lebt, wird dadurch widerlegt, dass er am Fuße eines Baums eine olfaktorische Chronologie aufspüren kann – eine Zusammenfassung von Gerüchen, die ihm verrät, wer alles hier vorbeigekommen ist und wer von ihnen eine Visitenkarte hinterlassen hat. Für einen Hund enthält ein Geruch Geschichte und Zeit. Ein Scherzbold meinte einmal, einen von einem Geruch faszinierten Hund von einem Laternenpfahl wegzuziehen sei genauso, als reiße man einen Gelehrten von einer kostbaren alten Handschrift weg.[*]

Dass wir Menschen Hunde als vielseitige Assistenztiere feiern, ist nicht neu, und niemand lobte sie in höheren Tönen als die Viktorianer. Im Dezember 1891 wurde der Tod eines Langhaarcollies bekannt gegeben, den Tausende Bahnkunden persönlich gekannt hatten. Zu Lebzeiten trug er an seinem Halsband einen großen silberfarbenen Anhänger mit der Aufschrift: »Ich bin Help, Englands Eisenbahnhund, und reisender Vertreter für die Waisen von Bahnangestellten, die ihr Leben im Dienst verloren haben. Mein Büro finden Sie in der Colebrook Row 55 in London. Spenden werden dort gern entgegengenommen und ordnungsgemäß quittiert.«

Help fuhr auf dem Fährzug, der zwischen London und Newhaven verkehrte, und sammelte zusammen mit seinem Besitzer John Climpson über 1000 Pfund für den Waisenfonds ein. Der Arbeitseifer

---

[*] Dieser Vergleich stammt aus dem Film *Dean Spanley* (2008). Das Jacobson- oder Vomeronasale Organ findet sich nicht nur bei Hunden, sondern auch bei Elefanten, Reptilien und vielen anderen Wirbeltieren.

des Collies regte etliche Menschen dazu an, mit ihren Hunden auf allen größeren Londoner Bahnhöfen Spenden zu sammeln, denn wer könnte einem derart charmanten Freiwilligen mit einer wichtigen Mission schon eine Spende verweigern?

Der dreibeinige Eisenbahnhund Jack wurde in den 1880er-Jahren als Mitfahrer auf der Linie London-Brighton berühmt (zeitgenössischen Quellen zufolge hatte Jack sein Bein durch einen Unfall mit einem Postzug bei Norwood Junction verloren). Meist hielt er sich vorn beim Lokführer auf und leistete regelmäßig dem Personal Gesellschaft, das wegen ihm gern zur Arbeit kam. In einem Artikel über den Eisenbahnhund Jack stand auch, dass er ausschließlich Bahnangestellten in Uniform vertraute. Einmal begleitete er einen Schaffner zu dessen Haus in Süd-London, lief aber davon, nachdem der Mann sich umgezogen hatte. Die Linie London-Brighton scheint auch viele andere Streuner angelockt zu haben. Einige von ihnen übernahmen sogar Ehrenämter, verhielten sich jedoch nicht immer korrekt. Ein Hund namens Bob z. B. ließ sich von Fahrgästen Münzen geben, die er dann auf dem Kollektenteller einer Wohlfahrtsorganisation deponierte – allerdings nicht immer: Öfters wurde er dabei beobachtet, wie er Münzen zum nahe gelegenen Bäckerladen trug, um sie gegen Gebäck einzutauschen.

Das außergewöhnliche Wahrnehmungsvermögen der Hunde wird von der Wissenschaft erst seit jüngster Zeit erforscht. Abgesehen von Pawlows grausamen Experimenten oder den unmenschlichen Tierversuchen der chemischen Industrie wurden Experimente überwiegend auf humane Weise durchgeführt (jedenfalls soweit wir Menschen sie als solche beurteilen können).

Mittlerweile haben wir einen Punkt erreicht, an dem wir uns fragen müssen, ob es irgendetwas gibt, was ein Hund nicht kann – und nicht bereitwillig tun würde –, um Menschen gesund zu machen

oder gesund zu erhalten. Ein Beispiel dafür ist die Geschichte von
Connie Standley und ihren zwei Bouviers des Flandres (groß, kräftig;
dunkles, langes Rauhaar; Schnauzbart). Standley und ihre Hunde
fuhren nach einem Besuch des Grand Canyons zurück nach Florida.
Kurz vor der Ankunft wollte sie in einem Fast-Food-Restaurant essen
gehen, doch man sagte ihr, sie müsse ihre Hunde im Auto lassen.
Standley versuchte zu erklären, dass Alex und Nathaniel Assistenzhunde seien. Doch weil sie offensichtlich nicht blind war, lenkte
der Restaurantbesitzer nicht ein – auch dann nicht, als sie sagte, sie
sei Epileptikerin. Man wolle schon gar keinen Gast haben, der im
Restaurant einen epileptischen Anfall erleide.

Die beiden Hunde verfügten über die erstaunliche Fähigkeit,
Standleys Anfälle bis zu 30 Minuten im Voraus anzeigen zu können,
sodass ihr ausreichend Zeit blieb, eine sichere Umgebung aufzu-
suchen. Auch ihre engsten Menschenfreunde waren nicht in der
Lage, sie so zuverlässig zu warnen. »Bevor ich die Hunde hatte,
passierte es mir, dass ich in der Küche ein Glas abtrocknete, plötzlich
einen Anfall bekam und mir mit dem Glas die Hand zerschnitt«,
berichtete Standley in der *New York Times*. Nun aber warnten die
Hunde sie, indem sie an ihrer Kleidung zupften, bellten und an
ihr hochsprangen, bis sie reagierte. Nicht lange nachdem ihr der
Zutritt zu dem Fast-Food-Restaurant verweigert worden war, erließ
Florida ein Gesetz, das ausgebildeten Epilepsiehunden den Zutritt
zu allen öffentlichen Bereichen gestattete und ihnen somit dieselben
Privilegien wie Blindenhunden und Gehörlosenhunden einräumte.

Als sich dieser Vorfall ereignete, wurde viel darüber spekuliert, ob
Hunde tatsächlich zu einer solchen Vorwarnung imstande seien, und
viele Leute äußerten sich skeptisch. Einem 2003 in der Fachzeitschrift
Seizure erschienenen Artikel zufolge ist es theoretisch tatsächlich
möglich, doch habe eine kürzlich durchgeführte Studie ergeben, dass
von 29 Hunden, die Epilepsiekranken gehörten, nur drei ihre Men-

schen rechtzeitig vor einem bevorstehenden Anfall gewarnt hätten. Eine im März 2019 veröffentlichte, an der Universität von Rennes durchgeführte Studie bestätigt wiederum nur, dass das Vorausahnen theoretisch möglich sei, erklärt aber auch, dass Hundenasen tatsächlich über verblüffende Fähigkeiten verfügen: Einen bestehenden Brust- oder Lebertumor über den Geruch des Patientenatems wahrzunehmen sei wesentlich leichter, als die geruchliche Veränderung eines Menschen zu erkennen, dem ein Epilepsieanfall bevorsteht, da der Anfall aus zahlreichen Gründen und auf sehr unterschiedliche Weisen ausbrechen könne. »Diese Ergebnisse eröffnen ein breites Spektrum an Forschungsmöglichkeiten über die Geruchssignatur von Epilepsieanfällen«, schreiben die französischen Forscher in der Zeitschrift *Scientific Reports* und erörtern die Möglichkeit, die Hundenase durch einen »E-Nase« genannten Apparat zu ersetzen. Die elektronische Nase gibt es bereits seit Anfang der 1980er-Jahre. Sie besteht aus Sensoren, die mit einer Datenbank verbunden sind.

Die derzeit existierende E-Nase ist ein auf wissenschaftlichem Niveau zuverlässigerer und messbarer Ersatz der menschlichen Nase und wird vor allem bei der Produktion, Lagerung und Überwachung von Nahrungsmitteln und anderen leicht verderblichen Waren eingesetzt. Zwar schreitet die Entwicklung dieser Technologien von Jahr zu Jahr voran, doch wird es noch lange dauern, bis sie der am wenigsten raffinierten Nase des am wenigsten raffinierten Hundes gleichkommt.

Eine stetig anwachsende Anzahl von Studien weist darauf hin, dass bereits das Zusammenleben und -arbeiten mit einem Hund das Risiko für Herzinfarkte und Schlaganfälle reduzieren kann, weil allein schon die vom Hund gestellten Anforderungen – regelmäßiges Spazierengehen und die Verantwortung für ein anderes Lebewesen – eine beruhigende Wirkung haben und den Kontakt zu Mitmenschen fördern. Einem Hund kommt der Spaziergang durch den Park mit seiner sauerstoffreichen Luft zugute, seinem Menschen ebenso.

Hunde werden zunehmend in Schulen und Universitäten eingesetzt, um das Stressniveau von Schülerinnen und Schülern, Studierenden und Lehrenden zu senken. Die Middlesex University z. B. setzt fünf Labradore als »Hunde-Lehrassistenten« ein. Jeder Hund hat seinen eigenen Beschäftigten- und Sicherheitsausweis umhängen. (»Man spürt richtig, wie das Stressniveau sinkt«, berichtet Fiona Suthers, Leiterin der Abteilung Clinical Skills.)*

Auf einer anderen Art Campus kommen tagtäglich ganze 7000 Hunde zur Arbeit, um ihre Frauchen und Herrchen zu unterstützen und die Stimmung der hundeliebenden Beschäftigten zu heben: dem Hauptsitz von Amazon in Seattle. Auf dem großen Firmengelände sind alle Hunde willkommen, solange sie sich gut benehmen. Es gibt eigens für sie Bereiche draußen und auf jeder Etage Snackstationen. Man kann über den Online-Giganten sagen, was man will – er weiß, wie man seine Kundschaft bei Laune hält: Wer online auf einer Fehlerseite landet, sieht ein Collie- oder Dackelbild. Und auch wer das Riesenunternehmen hasst, weil es lokalen Händlern das Wasser abgräbt, lässt sich vielleicht trotzdem von der Geschichte über den Corgi Rufus anrühren. Rufus war der erste Hund bei Amazon, in Amazons Pionierzeiten, als noch hauptsächlich Bücher verkauft wurden. Jeff Bezos beschäftigte das Ehepaar Susan und Eric Benson.

---

* Wie findet man einen geeigneten Hund? Seit Längerem gelten bestimmte Rassen als ideale Kandidaten, darunter Labrador Retriever, Golden Retriever und Cocker Spaniel. Doch selbst nach einer gründlichen Ausbildung und behutsamen Heranführung an die neue Aufgabe erweist sich über die Hälfte der Hunde als ungeeignet, sodass der für sie betriebene zeitliche und finanzielle Aufwand umsonst war. Laut eines im März 2017 in der Fachzeitschrift *Nature* erschienenen Artikels kann ein wissenschaftlicher Test die Hunde ermitteln, die sich ideal für diese Aufgabe eignen. An über 40 aufmerksamen und lebhaften Hunden aus einer Assistenzhunde-Ausbildungseinrichtung in Kalifornien wurde in sphinxähnlicher Haltung in einen MRT-Scanner untersucht, wie bestimmte Regionen ihres Gehirns – darunter der auf Belohnungsaktivitäten reagierende Nucleus caudatus – auf Kommandos von ihren Besitzern/Trainern oder von Fremden reagierten. Das Forschungsteam fand heraus, dass sich Hunde, die sich von ausgebildeten Erwachsenen und von Fremden gleich stark motivieren ließen, tatsächlich mit hoher Wahrscheinlichkeit als Assistenzhunde eignen.

Er leitete als erster Managing Director der Firma das Warenlager, sie war für die Abteilung Buchempfehlungen zuständig, und ihr kleiner Hund durfte überall herumlaufen. Als die Firma expandierte, sorgten die Bensons dafür, dass Rufus als willkommener Mitarbeiter in den Verträgen namentlich vermerkt war, und als andere Angestellte ihre Hunde ebenfalls zur Arbeit gern mitbringen wollten, wandten sie eine List an, um auch diesen Hunden Zutritt zu verschaffen: Fortan hießen sämtliche Hunde bei Amazon vorübergehend Rufus.

Nun könnten wir uns fragen, ob ein Hund, der das Stressniveau auf einer Krebsstation oder in der Beschwerdeabteilung einer Firma reduziert, dadurch selbst mehr oder weniger Stress hat. Weniger, denke ich, wenn vielleicht auch nur, weil er so viel Aufmerksamkeit genießt und keine langen Stunden allein zu Hause bleiben muss. In gewisser Weise sind ja alle Hunde Assistenzhunde, auch – oder gerade – dann, wenn die Assistenz darin besteht, Liebe und Trost zu schenken. Es ist ein positiver Kreislauf, denn im Gegenzug wird den Hunden viel Aufmerksamkeit zuteil, und vielleicht spüren sie sogar, dass das, was sie tun, wichtig ist. Auch die Beatles wussten: Die Liebe, die man empfängt, gleicht letzten Endes der, die man gibt.[*]

Der Hypo-Hund oder Diabetikerwarnhund ist die Hundeassistenz, die mich am meisten interessiert (nicht zuletzt deswegen, weil mein jüngster Sohn unter Typ-1-Diabetes leidet). Ein Hypo-Hund spürt, wenn sein Mensch stark unterzuckert ist, und kann ihn warnen, wenn er von der drohenden Gefahr selbst nichts merkt.

Hypoglykämie ist die am stärksten verbreitete Nebenwirkung der Selbstmedikation mit Insulin.[†] Eine wiederholt auftretende

---

[*] Lennon/McCartney, »The End«, Sony/ATV Music Publishing (UK) Limited

[†] In Großbritannien sind ungefähr 2,6 Millionen Menschen an Diabetes erkrankt. 10 % von ihnen leiden an Typ 1, d. h. dem Typ, der tägliche Blutzuckermessungen erforderlich macht und gewöhnlich mittels Insulinspritzen behandelt wird.

Unterzuckerung kann schwere neurologische und kardiovaskuläre Schäden verursachen, und allein schon die Angst vor einer Unterzuckerung kann die Alltagskompetenz eines Menschen empfindlich beeinträchtigen. Je länger die Krankheit dauert, desto resistenter wird das neuronale Warnsystem eines Patienten gegen die frühen Anzeichen einer Unterzuckerung, und dementsprechend gefährlicher wird sie. Es gibt zahlreiche Berichte darüber, dass selbst nicht entsprechend ausgebildete Hunde Verhaltensänderungen zeigen, wenn eine Unterzuckerung kurz bevorsteht oder eintritt, und auch einen Menschen warnen können, der gerade Auto fährt oder schläft. Dieses Wahrnehmungsvermögen ist nützlich, liegt aber nicht zwangsläufig immer vor. Man fragt deshalb natürlich, wie man einen Hund so ausbilden kann, dass er zuverlässig warnt. Der Hinweis, auf den er reagieren soll, ist eine besondere Veränderung des Geruchs eines Menschen, insbesondere seines Atemgeruchs.

Die US-Zeitschrift *Diabetes Therapy* berichtete 2015 von einem kleinen Forschungsprojekt mit sechs Hunden im Alter von einem Jahr bis zehn Jahren, die eine sechsmonatige Grundausbildung als Diabetikerwarnhund (Diabetes Alert Dogs, DADs) erhielten. Diese Hunde – zwei Labrador Retriever, ein Flat Coated Retriever, ein Husky-Mischling, ein Deutscher Schäferhund und ein Spaniel-Mischling, die auf die Namen Carlie, Isabella, Jake, Juniper, Nala und Roscoe hörten – waren Tierheimhunde, die aufgrund ihrer Umgänglichkeit, Anpassungsfähigkeit und ihres Selbstvertrauens ausgewählt wurden. In der Studie ging es in erster Linie um die Form und Wahrnehmungsfähigkeit ihrer Nase. In der Ausbildung lernten die Hunde einiges von dem, was auch Blindenhunde lernen müssen: Sie durften sich von plötzlichen Geräuschen und Interaktionen mit Fremden nicht ablenken lassen und übten, lange ruhig unter einem Tisch zu liegen, damit man sie in Lokale und Büros mitnehmen konnte. Ferner lernten sie 30 Kommandos, darunter natürlich die üblichen Befehle wie »Sitz!«, »Bleib!« und »Platz!«, aber auch speziellere wie die, Hilfe zu holen oder stark glukosehaltige Getränke oder Nahrungsmittel oder ein Handy zu apportieren. Anschließend wurden den Hunden zwei Wochen lang Schweiß- und Atemproben von Typ-1-Diabetikerinnen und -Diabetikern in normalem und in unterzuckertem Zustand vorgelegt.

Das Forschungsteam belohnte einen Hund immer dann mit einem Leckerli, wenn er sich vor einer Unterzuckerungsprobe hinsetzte. In der zweiten Phase wurde der Flakon mit der Unterzuckerungsprobe in eine Stahldose gesteckt, und der Hund erhielt die Belohnung, wenn er sich vor der Dose hinsetzte. Später kamen weitere Flakons in weiteren Dosen dazu, wobei ein Flakon die Unterzuckerungsprobe enthielt und in den anderen keine Proben oder Proben von nicht unterzuckerten Personen waren. Schließlich wurden die Flakons an Menschen versteckt, und dem Hund wurde beigebracht, die Person mit der Unterzuckerungsprobe mit der Schnauze anzustupsen. Dafür gab es dann wieder Leckerlis.

So war die Grundausbildung aufgebaut. Die sechs Versuchshunde wurden anschließend jeweils allein in einem Raum mittels Videoüberwachung beobachtet. Jeder Hund fand beim Betreten des Raums einen Halbkreis aus sieben Dosen vor. In einer war eine Unterzuckerungsprobe, in zwei waren Proben von nicht-hypoglykämischen Personen, und vier Dosen enthielten saubere weiße Gazestücke. Für das korrekte Identifizieren der Unterzuckerungsproben wurden die Hunde von einem Futterautomaten belohnt; so wurde sichergestellt, dass sie nicht von einem Menschen beeinflusst worden waren. Jeder der DADs mit Grundausbildung wurde achtmal geprüft, und die Ergebnisse fielen unmissverständlich und sehr vielversprechend aus: Die erwartete Zufallsquote für das Auffinden der Unterzuckerungsprobe lag bei 14 Prozent, die Hypo-Hunde dagegen erzielten eine Erfolgsquote von 50 bis 87 Prozent.

Dieses Ergebnis bestätigte ähnliche frühere Experimente sowie die These, dass es bei Typ-1-Diabetes lebensrettend sein kann, einen Hypo-Hund zu besitzen. Nun wäre es sinnvoll, möglichst viele Diabetikerinnen und Diabetiker darauf aufmerksam zu machen und sehr viel mehr dieser Hunde auszubilden. Dies wiederum müsste zunächst finanziert werden, das heißt, es müssten mehr Spenden akquiriert werden – ein Problem, das alle kennen, die Geld für die Ausbildung von Assistenzhunden sammeln. Natürlich empfiehlt es sich, auch dafür wiederum Hunde einzusetzen, denn das gezielte Manipulieren von Menschen beherrschen Hunde schon seit Jahrhunderten gut.

Wie wichtig ein Hypo-Hund für Diabetikerinnen und Diabetiker (und deren Familien) sein kann, veranschaulicht die folgende Geschichte über einen jungen Mann namens Tom und seinen Hund Freida. »Vor etwa acht Monaten gaben Sie Tom einen ganz besonderen Hund«, schrieb Toms Mutter der US-amerikanischen Organisation Can Do Canines, die Assistenzhunde vermittelt.

Tom erhielt mit sieben Jahren die Diagnose Typ-1-Diabetes. Früher merkte er immer, wenn sein Blutzuckerspiegel abfiel, doch inzwischen spürt er das selbst nicht mehr. Bevor Freida zu uns kam, fiel sein Blutzuckerspiegel mitunter so schnell und dramatisch ab, dass das schlimm ausgehen konnte. Ich weiß gar nicht mehr, wie oft wir den Notruf wählen mussten. Bei Toms vielen, vielen Anfällen wichen wir nicht von seiner Seite. Wir fuhren im Krankenwagen mit, wir saßen im Krankenhaus an seinem Bett, und einmal meinten die Ärzte, als er im Koma lag, dass nicht absehbar sei, ob sein Gehirn Schaden genommen hätte oder nicht. Für eine Mutter ist das unvorstellbar schrecklich. Bevor Freida zu Tom kam, hatte ich jede Nacht Angst. Ich fürchtete mich davor, einzuschlafen, denn es konnte jederzeit passieren, dass sein Blutzuckerspiegel abfiel und er davon nicht aufwachte. Er hätte ins Koma fallen und, falls das niemand merkte, sterben können.

Dann trat Freida in unser Leben, und seither hatte Tom keinen einzigen Anfall mehr und musste auch nicht mit Blaulicht ins Krankenhaus gefahren werden … Ich kann nachts richtig schlafen und wache morgens erholt auf, denn ich weiß, dass Freida Tom die ganze Nacht bewacht. In diesen acht Monaten hat sie ihn schon oft geweckt, weil er stark unterzuckert war. Sie weiß, dass sie für ihn etwas sehr Wichtiges tut.

Die Kosten für die Ausbildung eines Assistenzhundes wie Freida belaufen sich derzeit auf ungefähr 20.000 bis 30.000 Pfund, doch das ist gut angelegtes Geld.*

Was treibt einen Assistenzhund an? Was bewegt ihn dazu, derart zielgerichtet zu agieren und eine Rolle zu übernehmen, die weit über das hinausgeht, was normalerweise von einem Hund erwartet wird? Die Antwort darauf ist: Eine durch konsequentes Training verstärkte innere Haltung selbstloser Disziplin, eine außergewöhnlich talentierte Spürnase, der starke Wunsch, seinen Menschen glücklich zu machen. Die erste Eigenschaft ist anerzogen, die anderen sind angeboren. Diese wunderbare Kombination macht den Hund zu einem ganz besonderen Tier, doch sollten wir dieses Besondere an ihm nicht einfach als selbstverständlich hinnehmen. In einer Hinsicht aber, nämlich in der unerschütterlichen Freundschaft zu uns, verfügen alle Hunde über heilende Kräfte und heilen dadurch auch sich selbst. Die Verbindung, die wir im Laufe der letzten Jahrtausende miteinander aufgebaut haben, bestätigt das laufend – und wenn dies nicht so wäre, würde unsere Beziehung nicht stetig stärker werden. Doch ohne die richtige Ausbildung funktioniert auch das nicht.

---

* Eine Auswahl von Organisationen, die Assistenzhunde ausbilden, findet sich im Anhang.

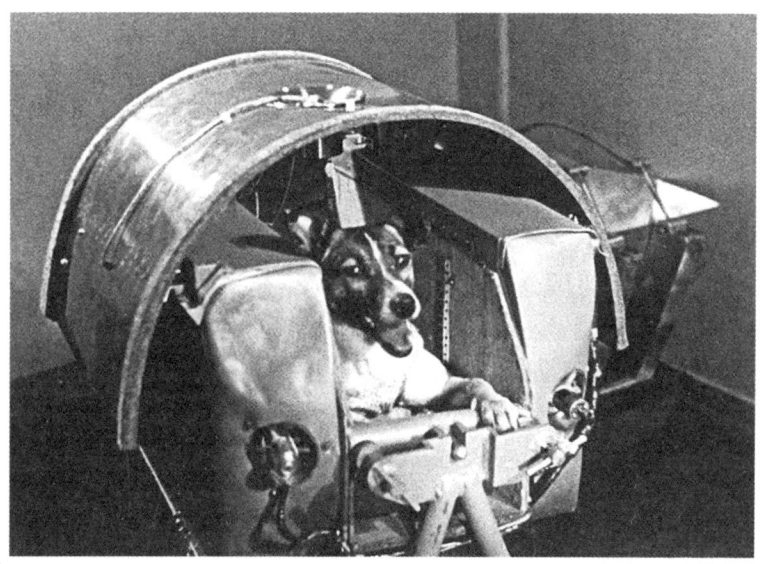

Laika bereitet sich auf das Weltall vor. Ihre Mission nahm kein gutes Ende.

6. Die schlauesten Hunde der Welt und des Universums

Wenn ich ein Hund wäre, würde ich gern von Susan Close ausgebildet werden. Sie würde mir in null Komma nichts »Sitz« und »Bei Fuß« beibringen, und nach vier einstündigen Lerneinheiten bei ihr würde ich auch Dinge wie »Party und Pause« beherrschen (wild herumtoben und abrupt innehalten), Türtraining, Dogdance und eine ganze Reihe weiterer nützlicher Kniffs und Tricks plus die »Fünf Freiheiten«.* Zusammengenommen würden mich diese und ungefähr 30 weitere Lektionen zu einer Freude für meine Menschen- und Hundefreunde machen – und zu einer wertvollen Stütze der Gesellschaft, sodass ich im Alter von etwa 16 Wochen ausgezeichnet auf das vorbereitet wäre, was das Leben für mich bereithält. Menschen und Geräusche würden mir keine Angst mehr machen, große schwarze Mülltonnen könnten mir selbst im Dunkeln nichts mehr anhaben. Ich wäre an

---

* Die »Fünf Freiheiten« sind eine Liste der Mindestanforderungen an die Haltung von Hunden und allen anderen Tieren, die in den 1970er Jahren vom britischen Farm Animal Welfare Council aufgestellt wurde. Das sind die Freiheit von Hunger, Durst und Fehlernährung, die Freiheit von Unbehagen, die Freiheit von Schmerz, Verletzungen und Krankheiten, die Freiheit zum Ausleben normalen Verhaltens und die Freiheit von Angst und Leiden.

alles gewöhnt und gut sozialisiert, und meine Menschen wären so begeistert von mir, dass sie mich mit Belohnungen geradezu überschütten würden. Kurz: Susan Close würde dafür sorgen, dass ich ein ziemlich dicker Hund werde.

Susan Close ist um die 70, stämmig und immer so angezogen, dass sie sich für das Hundetraining nicht extra umziehen muss. Sie ist keine Hundeflüsterin, sondern eher laut, und sie flucht gern. 2008 gründete sie im Londoner Stadtteil Camden die Hundeschule The Dog Hub. Seither hat sie Diplome in der Psychologie des Hundeverhaltens regelrecht gesammelt und Tausenden von Hunden wie auch ihren zweibeinigen Gefährten beigebracht, wie man sich gegenseitigen Respekt erarbeitet und lästige Probleme wie das Ziehen an der Leine, das Nicht-hören-Wollen und Ähnliches vermeidet. »Wie oft«, fragt sie, »haben Sie schon erlebt, dass ein Hund nicht kommt, wenn er gerufen wird, und sein Besitzer dann immer wütender wird, immer lauter ruft und beim Hund dann erst die eigentliche Trotzhaltung einsetzt?«

Susan Close arbeitet in einem kleinen quadratischen Raum im Erdgeschoss eines Sozialwohnungsblocks, ganz in der Nähe des Bahnhofs Euston. Metallgitter schützen die Fenster, und ein Hinterausgang führt in den von einem hohen Eisenzaun eingefassten Hinterhof, in dem die Arbeit mit »außer Kontrolle« geratenen Hunden stattfindet. Auf diese Umerziehung entfiel früher der Großteil von Close's Arbeitszeit: Sie korrigierte Hunde, die durch die Grausamkeit oder Unwissenheit ihrer Besitzerinnen und Besitzer misshandelt worden waren. Close wurde bereits zweimal gebissen, gibt bei beiden Malen jedoch sich selbst die Schuld und nicht den Hunden. Irgendwann jedoch, berichtet Close, »ging ihr ein Licht auf«, und sie beschloss, lieber Frauchen und Herrchen auszubilden, bevor sie und ihre Hunde zu einem Problem werden. Auch wenn Hunde und Menschen einander instinktiv mögen, so verraten ihnen ihre Instinkte leider nicht immer, wie sie sich zueinander verhalten sollen. Close wollte von nun an auf Risikominderung durch früh beginnende Ausbildung setzen, und so entstanden ihre Welpenkurse.

Vor einer Wand des Trainingsraums stapeln sich Plastikkisten voller Leinen, Maulkörbe und Spielsachen, die Close umsonst abgibt. In einer besonderen Kiste dagegen sind Dinge, von deren Einsatz Close strikt abrät: Würgehalsbänder, die dem Hund die Luft abschnüren, wenn er an der Leine zieht, und Elektrohalsbänder, die dem Hund einen Stromschlag versetzen können (diese sind in Deutschland gesetzlich verboten). »Manche Leute kennen nichts anderes als die Bestrafung«, sagt Close. »Wir erleben hier sehr viele verängstigte Hunde.«[*]

Im Laufe der Jahre stellte Close eine lange Liste von Büchern und Broschüren über unerwünschtes Hundeverhalten und seine Korrektur zusammen. Einige davon sind wissenschaftlicher Art, bei den meisten jedoch handelt es sich um informative Handbücher z. B. mit sinnvollen Tipps zum Leinen- und Führtraining oder zum Umgang mit dem Bellen.

An einem Fenster klebt ein Poster der Royal Mail, auf dem die britische Post Hundebesitzer über die Probleme der Postboten mit den Vierbeinern aufklärt. Allein im vergangenen Jahr kam es zu 2600 Angriffen. Möglicherweise fühlen sich die Hunde durch die Uniformen und Zustellwagen bedroht, oder der Hund hat generell etwas gegen Eindringlinge – oder er ist enttäuscht, weil er selbst so wenig Post bekommt. Die Post erteilt auch einen praktischen Rat, wie

---

[*] Zum Glück haben wir die Ausbildungsmethoden der Viktorianer, denen es hauptsächlich darum ging, den Hund gefügig zu machen, lange hinter uns gelassen. Ein seinerzeit sehr verbreitetes, von einem Lieutenant Colonel W. N. Hutchinson 1850 verfasstes Handbuch stellte fest: »Anders als die meisten anderen Künste erfordert das Gefügigmachen von Hunden nicht viel Erfahrung.« Dafür umso mehr Brutalität: »Manche Hunde brauchen ständige Ermutigung, andere darf man niemals schlagen; während man bei wieder anderen, um die notwendige Dominanz über sie zu erringen, gelegentlich die Peitsche gebrauchen muss.«

solche Angriffe zu vermeiden sind: »Bringen Sie Ihren Hund in einen ruhigen Raum, in dem er sich sicher fühlt, lassen Sie ihn unter keinen Umständen in die Nähe der Zustellerinnen und Zusteller und füttern Sie den Hund genau in dem Moment, in dem die Post kommt.«

»Mein Hund soll wissen, dass er nicht all das bekommen kann, was er will«, erklärte mir Susan Close. Sie selbst hat drei Labradore. »Ich will, dass es meinem Hund nicht unangenehm ist, angefasst zu werden, und ich will, dass er gute Entscheidungen trifft. Ich will, dass Hunde wie belastbare Individuen behandelt werden, wie eigenständige Wesen und nicht ein Leben lang wie die Welpen, die man sich für teures Geld geleistet hat.«

Close hat eine besondere Übung auf Lager, die ihrer Ansicht nach einem frischgebackenen Hundebesitzer einen ersten Eindruck davon vermittelt, was sein neuer Hund empfindet: Man hält das Mobiltelefon bei einem Spaziergang auf Höhe des Welpenkopfes und nimmt auf Video auf, wie der kleine Hund seine Umgebung erlebt. »Es ist wirklich beängstigend, vor allem dann, wenn der Welpe ein Chihuahua ist.« Close sagt, dass es den unkomplizierten oder schwierigen Hund im Grunde gar nicht gibt. Sie achtet sehr darauf, in ihren Kursen keine Welpen zu beurteilen, und meint, dass sie in der Grundausbildung alle vergleichbar reagieren. Allerdings beurteilt sie Herrchen und Frauchen. »Manche von ihnen finde ich ziemlich abstoßend. Da kommt einer mit seinem Poochon* und denkt, er hat da jetzt etwas ganz Besonderes und Teures, und vergisst dabei ganz, dass es eigentlich ein Hund ist. Ich sage dann als Erstes: ›Nehmen Sie ihm doch mal die Schleife aus dem Haar, und dann können wir alles besprechen …‹«

Susan Close findet, dass Hunde zunehmend wie Besitztümer behan-

---

* Ein Poochon ist das Ergebnis der Liaison eines Bichon Frisés mit einem Zwergpudel. Poochons sind unverschämt niedliche, überschäumende Temperamentsbündel, denen sehr schnell langweilig wird. Die Geschichte der Designerhunde wird im folgenden Kapitel behandelt.

delt werden und dafür weniger als Gefährten. Immer mehr Hunde sehen ihrer Ansicht nach wie Babys aus; sie denkt dabei an Rassen wie Mops oder Französische Bulldogge, Rassen mit breitem Kopf und kurzer Schnauze, die oft an Atemproblemen leiden.

Ich fragte, ob es in ihren Kursen zur Hälfte um den Besitzer ginge und nicht um den Hund, und sie antwortete: »Ach, zu 90 Prozent.« Vielleicht würde Close der Vergleich nicht gefallen, doch sie erinnert mich stark an die einst berühmte englische Hundeausbilderin Barbara Woodhouse. Woodhouse war von sehniger Statur und strenger Art, und ihr sachlicher Umgang mit Hunden trug in den 1980er-Jahren wesentlich dazu bei, dass die Hunde der gesamten Nation brav bei Fuß gingen. Es wurde darüber spekuliert, inwieweit ihr Ausbildungsstil die Art und Weise beeinflusst hatte, in der Margaret Thatcher mit ihrem Kabinett umsprang. »Es gibt keine schwierigen Hunde«, befand Barbara Woodhouse, »sondern nur unerfahrene Besitzer ... Ich glaube nicht, dass ein Hund von einem Psychiater geheilt werden kann, doch Letzterer könnte einigen Besitzern helfen, denke ich.«

Vor nicht allzu langer Zeit schlug Close vor, dass jemand, der sich einen Hund zulegen will, zuerst mit Züchterinnen und Züchtern oder den Leuten vom Tierheim reden sollte. Dass es heute möglich ist, einen Hund online zu bestellen und zu bezahlen und ihn sich an die Haustür liefern zu lassen, was in den USA nicht unüblich ist, schockiert sie.* Natürlich besorgen sich nicht alle ihren Hund auf diese Weise, so wie auch nicht alle ihre Lebensmittel im Internet bestellen. Doch die Tendenz geht in diese Richtung, und Instagram spielt dabei

---

* Nach jahrelangen Protesten von Tierschutzorganisationen erließ die britische Regierung ein Gesetz, das den Handel mit Hunde- und Katzenwelpen über das Internet sowie ihren Verkauf in Läden von Inhabern einschränkt, die keine Züchter sind, sondern ihre Jungtiere aus Zuchten in Osteuropa und anderen Teilen der Welt beziehen. Dieses Gesetz wurde »Lucy's Law« genannt, nach einem Cavalier King Charles Spaniel, dessen Leiden in einem walisischen Zwinger von den Medien publik gemacht war.

eine beunruhigende Rolle. Close und befreundeten Hundeausbilde-
rinnen und -ausbildern fällt auf, dass in ihren Kursen immer mehr
Hunde sind, die wegen ihres Aussehens ausgesucht wurden oder weil
die Rasse pflegeleicht sein soll oder gerade groß in Mode ist.

Susan Close erklärt sich den Wandel in unserer Beziehung zum
Hund damit, dass sich auch die Beziehungen unter uns Menschen
verändert haben. Heute seien die Menschen selbstsüchtiger als früher,
findet sie, und deshalb meinten manche, die neu gekauften Welpen
müssten bereits vollkommen stubenrein sein. »Neulich rief mich
jemand um zwei Uhr nachts an und sagte: ›Ich habe einen Welpen, er
ist gestern geliefert worden, und jetzt hat er gerade auf den Fußboden
gepinkelt, und ich weiß überhaupt nicht, was ich machen soll.‹« Close
erzählt, dass die Besitzer es für selbstverständlich halten, den Hund
tagsüber allein in der Wohnung zu lassen, und sich dann wundern,
wenn das Tier neurotisch wird.

Close bekräftigt, dass sie keinem Welpen die Aufnahme in ihre
Kurse ablehnen würde, gleichgültig, wie verpeilt dessen Menschen sein
mögen. Sie und ihre Teammitglieder geben vierwöchige, vom Kennel
Club (dem britischen Verband für Hundezucht) anerkannte Grund-
kurse. Sie betont aber, dass das Ziel dieser Kurse nicht einfach nur ein
gut ausgebildeter Hund sei, sondern ein Hund, der auf der Grundlage
eines umfassenden Verständnisses seiner Rolle vernünftige eigene
Entscheidungen treffen kann. »Kommandos« sind heute nicht alles;
der moderne Ansatz basiert auf »Hinweisen«. Im Kurs hört sich das
dann weitaus weniger abgehoben an. »Wollt ihr mal erleben, wie das
ist, wenn ich richtig wütend bin?«, droht sie, wenn ihr Temperament
überschäumt. »Nennt eure Hunde ein einziges Mal *Fellbabys* …!«

Susan Close würde sich zweifellos gut mit Temple Grandin verstehen. Prof. Grandin ist aus vielerlei Gründen bekannt: Zum einen
wegen ihres Autismus und der erhellenden Art, in der sie darüber
schreibt, zum anderen wegen ihres emphatischen und engagierten

Einsatzes für das Tierwohl und humane Schlachtmethoden und nicht zuletzt für ihre bahnbrechenden Bücher. Ein *Horizon*-Dokumentarfilm der BBC über Temple Grandin trägt den Titel »Die Frau, die wie eine Kuh denkt«, und Grandins Gedanken über die Beziehung zwischen Menschen und Hunden sind gleichermaßen überzeugend.

Grandin und Close halten beide wenig vom Konzept des Alphamännchens. Zwar sind sich beide ziemlich sicher, dass dieses Konzept beim Menschen Gültigkeit hat – in ihrem 2006 erschienenen Buch *Animals in Translation* (»Tiere in Übersetzung«) schreibt Grandin darüber, wie sie von einem damals sehr angesehenen Psychologen belästigt wurde –, stellen aber seine Umsetzung in der Hundeerziehung infrage. In ihrem gemeinsam mit Catherine Johnson geschriebenen Buch *Animals Make Us Human* (»Tiere machen uns menschlich«) schildert Grandin die innovative Arbeit von David Mech, der dank seiner jahrzehntelangen Beobachtungen von Wölfen in Kanada etliche Mythen über das Verhalten dieser Tiere in freier Wildbahn widerlegen konnte. Er betont ihre bemerkenswerte Freundlichkeit sowohl gegenüber Artgenossen wie auch gegenüber Menschen und erklärt, dass im Rudel nicht die Alphamännchen-Mentalität herrscht, die wir Wölfen gewöhnlich zuschreiben. Stattdessen stellte er fest, dass der die Jungen aufziehende Familienverband die wichtigste Rolle spielt und dass der Rüde in ihr seine Dominanz nicht erkämpfen muss. Unsere Vorstellung von der großen Bedeutung der männlich dominierten Hierarchie innerhalb des Rudels könnte durch Beobachtungen von in Gefangenschaft lebenden Wölfen geprägt sein, die meistens nicht in gewachsenen Familienverbänden leben, sondern in vom Menschen zusammengewürfelten Gruppen.

Temple Grandin fragt sich, ob wir daraus nicht auch ableiten sollten, wie Hunde in einer modernen Umwelt zu leben haben. Die Entwicklung des Hundes aus dem Wolf war nur aufgrund der Existenz des Menschen möglich. Aber muss die Beziehung in einer

Wohnung mit Zentralheizung wirklich anders sein als jene, die in einer Höhle oder einer frühen Bauernsiedlung entstand? Die in einer Wohnung lebenden Menschen brauchen nicht zu befürchten, dass der Hund das Kommando übernimmt, wenn sie sich nicht als Rudelführer durchsetzen. Stattdessen sollten sie dem Hund gegenüber eine Elternrolle übernehmen, so wie sie es bei ihren Kindern tun. Anders als Dominanz schafft diese Elternrolle den idealen Hintergrund für eine effektive Ausbildung. Aber: Hunde wie Kinder zu behandeln, ist das nicht genau das, was wir uns gar nicht erst angewöhnen sollen? Nein, wenn dadurch eine fürsorgliche Atmosphäre entsteht, die in erster Linie dem Hund zugutekommen soll.

Interessanterweise war Mechs Entdeckung seinerzeit gar nicht so neu. Adolph Murie schreibt in seinem 1944 erschienenen Buch *The Wolves of Mount McKinley* ebenfalls, dass Wölfe eher in Familienverbänden leben als in hierarchisch organisierten Rudeln. Diese alten und neuen Forschungsergebnisse ergänzen unser Wissen über die Domestikation. Kann es sein, dass sich Hunde nicht nur dazu entwickelten, mit Menschen zu leben, sondern gleichzeitig auch dazu, mit *Familien* zu leben?

Wer denkt da nicht an zwei Hunde namens Rico und Chaser? Die beiden sind sozusagen die Galionsfiguren der kognitiven Hundepsychologie, denn sie werden in Hunderten von wissenschaftlichen Texten erwähnt, in denen es darum geht, wie viel ein Hund wissen und sich vorstellen kann. Alle Hundeverhaltensforscherinnen und -forscher haben guten Grund, ihnen dankbar zu sein. Alle Hunde haben guten Grund, mit einer Mischung aus Bewunderung und tief empfundenem Hass an sie zu denken, denn Rico und Chaser haben die Latte ein gutes Stück höher gelegt. Um ihre Leistungen angemessen einschätzen zu können, müssen wir uns in eine Welt zurückversetzen, in der die höchste von einem Hund erwartete Intelligenzleistung darin bestand, auf Kommando »Sitz« zu machen oder sich tot zu stellen. Es war – so kommt es uns heute vor – eine Welt der billigen

Tricks und amüsanten Anekdoten. So schildert z. B. ein 1917 in der Zeitschrift *Country Life* abgedruckter Brief, wie Eleanor Peel eines Tages mit ihrem Scottish Terrier angeln war und es plötzlich zu regnen begann. Der Hund mochte keinen Regen, und als sein Frauchen ihm nach dem Angeln einen Spaziergang vorschlug, fing er an zu hinken. »Dieser Hund versteht jedes Wort. Er tut nur so!«, meinte Peels Freundin. Und tatsächlich: Als sie statt der Gassirunde den kürzesten Weg nach Hause einschlugen, befand der Hund, dass sein Hinken die gewünschte Wirkung erzielt hatte, und lief lahmfrei heim.

Das könnte ein Beweis für Intelligenz sein; oder aber der Hund hatte sich gar nicht verstellt, was wahrscheinlicher ist, und das Hinken hörte von selbst auf.

In dieselbe Kerbe schlägt die Zuschrift der Leserin Margaret A. White. Wenn sie morgens im Bett frühstückte, brachte ihr Foxterrier ihr immer die durch den Schlitz in der Haustür zugestellte Post und wurde dafür mit einem Stückchen Buttertoast belohnt. Als eines Morgens jedoch keine Briefe auf der Türmatte lagen und der Hund deshalb befürchten musste, leer auszugehen, warf er den Papierkorb um und brachte seinem Frauchen einen Umschlag von der Post des Vortags. Was tut man als Hund nicht alles für ein bisschen Toast!

Wiederum in *Country Life* erschien 35 Jahre später eine schier unglaubliche Geschichte. Stella, ebenfalls ein Terrier, diesmal ein irischer, liebte ihre Familie, aber ebenso liebte sie den Urlaub. Als ihre Familie einmal ohne sie von Nottingham nach Ingoldmells fuhr, einen Ort an der englischen Ostküste nahe Skegness, beschloss Stella, ihr auf eigene Faust zu folgen. Ihre Reise war sehr kompliziert und schlau organisiert: Nachdem sie zum nächstgelegenen Bahnhof getrottet war, schlich sie sich in den Zug nach Grantham. Dort stieg sie aus, lief über eine Brücke, einen langen Bahnsteig entlang und stieg in den nächsten Zug um. »Hier hätte sie viele Fehler machen können«, erinnert sich D. N. Stafford, eines der jüngsten Familienmitglieder. Doch Stella nahm genau den richtigen Zug nach Skegness, und der Bahnwärter ließ sie widerwillig durch die Fahrkartenkontrolle, da er keinen Erwachsenen ausfindig machen konnte, der ihr ein Ticket gekauft hatte. Sie spürte dann ihre Besitzer auf und sprang mit einer derartigen Freude an ihnen hoch, dass sie D. N. Stafford dabei umwarf.

Stella scheint sowohl extrem intelligent gewesen zu sein als auch extremes Glück gehabt zu haben. Wissenschaftlich belegt sind ihre Leistungen jedoch nicht. Bei Rico und Chaser war das ein bisschen anders. Im Jahr 2003 las eine Frau namens Julia Fischer in einem Leipziger Café Zeitung. Dabei entdeckte sie einen Artikel über eine Folge der beliebten Quizshow *Wetten, dass ...?*. In der Sendung sollte Rico auftreten, ein Border Collie mit der bemerkenswerten Fähigkeit, sich die Namen seiner Spielzeuge merken zu können. Seine Besitzerin Susanne Baus erklärte, Rico habe sich als Welpe an der Schulter verletzt, und weil er deshalb keine ausgedehnten Spaziergänge machen konnte, hätten sie und ihre Familie ihn viel in der Wohnung beschäftigt. Sie legte drei Dinge in verschiedenen Räumen ab, und Rico holte auf Kommando genau dasjenige, das sie genannt hatte. Bei der Fernsehshow lagen seine Spielzeuge in einem großen Kreis um Rico herum, und er apportierte 70 davon auf Kommando.

Julia Fischer erzählte ihren Kollegen am Leipziger Max-Planck-Institut für evolutionäre Anthropologie von dem Border Collie. Hund und Frauchen wurden eingeladen, und das Forschungsteam führte mit Rico eigens ausgearbeitete Experimente durch. Sie zweifelten nicht an seiner Begabung und verdächtigten Susanne Baus auch nicht, getrickst zu haben, doch sie wollten etwas anderes, als sich von dem Hund unterhalten zu lassen: In welchem Ausmaß konnte Ricos Fähigkeit, Namen mit Gegenständen zu assoziieren, mit den frühen Lernschritten eines Kleinkinds verglichen werden? Konnten anders gesagt die kognitiven Fähigkeiten eines Hundes näher bei denen eines jungen Menschen liegen, als es bisher für möglich gehalten worden war?

Zuerst mussten die Forscher den sogenannten »Kluger-Hans-Effekt« ausschalten. Der Effekt ist nach einem deutschen Pferd benannt, das im frühen 20. Jahrhundert dadurch berühmt wurde, dass es scheinbar rechnen konnte. Allerdings nur dann, wenn sein Besitzer das Ergebnis ebenfalls kannte: Teils bewusst, teils unabsichtlich gab er dem Pferd durch Haltung und andere körpersprachliche Elemente Hinweise. Seit dies bekannt ist, sorgen Psychologen bei ihren Tests für eine kontrollierte Umgebung und dafür, dass Besitzer oder Trainer bei den Versuchen nicht anwesend sind.

Im Fall von Rico wurden 200 ihm vertraute Dinge in einem Raum verteilt, seine Besitzerin saß in einem anderen Raum. Der Versuchsleiter wies die Besitzerin an, den Hund aufzufordern, zwei zufällig ausgewählte Objekte nacheinander aus dem Nachbarraum zu holen. Erstaunlicherweise apportierte er 37 von 40 angeforderten Gegenständen korrekt und, je nach Kommando, legte er diese auch in eine Kiste oder brachte sie einer bestimmten Person.

Doch das war nur der Anfang. Julia Fischer und ihre Kollegen Juliane Kaminski und Josep Call waren auch am »Fast Mapping« interessiert – an Ricos Fähigkeit, selbstständig zu denken. Das bedeutet, dass er nicht nur die Namen der Gegenstände auswendig kennen, sondern auch beweisen sollte, dass er durch Ausschluss lernt: Er sollte ein neues Spielzeug inmitten eines Haufens bekannter Gegenstände allein dadurch identifizieren, dass es ihm unbekannt war. Bei zehn Versuchen wurde er angewiesen, ein neues Objekt zu holen – z. B. ein Plüsch-Rentier, das er noch nie zuvor gesehen hatte –, und bei sieben davon zog er selbstständig den richtigen Schluss und brachte den unbekannten Gegenstand. Ein noch anspruchsvollerer Versuch wurde vier Wochen später durchgeführt. Rico hatte in der Zwischenzeit keinerlei Kontakt zu dem Rentier oder seinen anderen neuen Spielzeugen, konnte sich jedoch immer noch an die Hälfte ihrer Namen erinnern und holte sie aus einer Zusammenstellung alter und neuer Spielsachen hervor. »Folglich hatte Rico gelernt, dass ein Wort, das seine Besitzerin einmal zu ihm gesagt hatte, der Name eines Spielzeugs war, das er mittels Ausschluss identifiziert hatte«, fasst Julia Fischer die Ergebnisse zusammen und vergleicht Ricos Apportierquote »mit der Leistung eines dreijährigen Kleinkinds«.[*]

Als Julia Fischer und ihre Kolleginnen und Kollegen ihren Bericht über Rico 2004 in der Fachzeitschrift *Science* veröffentlichten und Rico dadurch zum Star machten, mussten sie bald darauf feststellen, dass die meisten Menschen weder an den wissenschaftlichen Ergebnissen noch an ihrer Vorgehensweise interessiert waren. Stattdessen wollten sie eine Anleitung für das eigene Hundetraining haben, um zu sehen, wie ihr Hund im Vergleich mit Rico abschnitt. Die Antwort auf diese Frage würde vermutlich »nicht besonders gut« sein. Sehr viele Hunde können zehn Spielzeuge identifizieren, doch Rico kannte nicht nur 200 Gegenständen beim Namen, sondern auch besondere Kommandos, die ihm sagten, wo er sie ablegen sollte. Allerdings gab es einen Mann namens John Pilley, der berechtigte Gründe hatte zu glauben, dass Rico eigentlich nichts Besonderes sei.

Pilley, ein emeritierter Professor des Wofford College in South Carolina, bekam von seiner Frau einen Border Collie namens Chaser geschenkt, damit er sich in seinem Ruhestand nicht langweilte. Chaser, eine Hündin mit viel Weiß und einigen schwarzen Flecken und Tupfen, hatte ihren Namen erhalten, weil sie so gern jagte (*to chase* = jagen). Nach ein paar Monaten in der neuen Familie hatte sich eine Alltagsroutine etabliert, in der es vor allem um eines ging: ums Spielen. »Spiel stellt die wichtigste Verstärkung von Chasers

---

[*] Interessanterweise enthält das kleine, 1891 von Thomas Wesley Mills veröffentlichte Handbuch *The Training of Dogs* einen ähnlichen Gedanken: »Zeitweise ist der Welpe wie ein Säugling, später wie ein zweijähriges Kind, und in den meisten Bereichen übertreffen Hunde niemals die Intelligenz eines jüngeren Kindes, wenn auch hinsichtlich mancher Fähigkeiten selbst der klügste Mensch hinter dem Hund zurücksteht.«

*Chaser und ihre Spielsachen: Sonnenblume, Kaktus,
der Professor – die Border-Collie-Dame kennt sie alle.*

Lernprozessen dar«, erklärt Pilley in einem kurzen Werbefilm für das
Buch über seinen Hund. »Nur allzu oft setzen Hundebesitzer Futter
als Verstärkung für ein bestimmtes Verhalten ein. Wir fanden heraus,
dass Spiel wesentlich wirksamer ist als Futter: Es lenkt weniger ab,
und Hunde bekommen vom Spielen nie genug.«

Warum tun sich Border Collies hierbei so stark hervor? In erster
Linie, weil sie dafür gezüchtet sich, beim Schafehüten Kommandos
auszuführen.* In einem Film über Chaser wird gezeigt, wie sie auf
einem Rasenstück die Kommandos ihres Herrchens ausführt: Sie
robbt über den Boden, geht rückwärts, macht einen einzigen Schritt
und bleibt dann sofort wie erstarrt stehen. Noch beeindruckender
aber ist, wie sie aus einer großen Ansammlung von Gegenständen
das genannte Objekt herausholt. Um ihr gesamtes Spielzeug unter-
zubringen, waren 16 große Plastiktonnen nötig. Es ist an sich schon

---

* Neben Rico und Chaser gibt es noch Betsy, ebenfalls ein Border Collie, die in
Österreich lebt. Ihr Rekord liegt bei 340 Wörtern, außerdem kann sie 15 Menschen
anhand des Namens identifizieren.

erstaunlich, dass es überhaupt so viele unterschiedliche Hundespiel-
sachen gibt: Jede einzelne Tierart scheint es in Stoff- und Plüschform
zu geben, vom Ameisenbär über das Walross bis hin zum Zebra,
dazu noch viele Fantasiewesen und andere Dinge wie ein Einhorn,
eine Sonnenblume und etwas Undefinierbares, das Pilley »Professor«
nennt und das Chaser zielstrebig holt, sobald sie dieses Wort hört.*

In einem Beispiel für Chasers Fähigkeiten, das Anfang 2009 am
psychologischen Institut des Wofford College gefilmt wurde – und
damit mehr als ein Jahr, bevor die Öffentlichkeit von Chasers Leistungen erfuhr –, wird gezeigt, wie die Versuchsleiter aus mehreren Hundert Spielsachen 50 heraussuchen. In der folgenden Szene kniet Pilley
am Boden, in der Hand eine Liste mit den Namen der Spielsachen, die
er hinter sich geworfen hat (um so visuelle Hinweise zu vermeiden).
Chaser fiebert sichtlich darauf, endlich anfangen zu dürfen. »Such
Sonnenblume!«, ordnet Pilley an. Chaser findet die Sonnenblume.
»Braves Mädchen!«, lobt Pilley. »Schüttle Sonnenblume!« Chaser
schüttelt sie und lässt die Sonnenblume fallen. »Such Kaktus!« Chaser
holt den Kaktus, der wie eine Ananas aussieht. »Da ist Kaktus! Leg ihn
in die Wanne!« Und so geht es weiter, mit Wurm (»Drück Wurm!«)
und »London Bridge«, die wie eine Riesenbiene aussieht, mit Poppy,
einer Mohnblume aus Filz, und Bamboozle, einem hundeähnlichen,
orangefarbenen Wesen. Es folgen Dussel, Süßkartoffel, Tau, Professor,
Giftfrosch, Gespenst, Dapper Duck und Gans.

Im Laufe von drei Jahren lernte Chaser nacheinander die Namen
von 1022 Objekten, und danach ging es weiter. Sie identifizierte nicht

---

* Wieder Anklänge an Darwin! In *Die Abstammung des Menschen* (1871) beschreibt
er ein Experiment, das er mit seinem Terrier Polly durchführte. Wenn er sie fragt:
»Hey, hey, wo ist es?«, »begreift sie dies sofort als Signal dafür, dass etwas gejagt werden soll, und schaut sich schnell überall um, flitzt dann ins nächstgelegene Dickicht,
um Wildfährten zu erschnüffeln, und wenn sie dort nichts findet, schaut sie an den
Bäumen hoch und sucht nach Eichhörnchen ab. Zeigen diese Handlungsweisen
nicht eindeutig, dass sie eine allgemeine Vorstellung oder ein Konzept im Kopf hat,
dass irgendein Tier aufgestöbert oder gejagt werden soll?«

nur individuelle Gegenstände, sondern konnte sie sogar drei Gruppen zuordnen. Diese Leistung stellt sowohl einen Triumph tierischer Intelligenz als auch menschlicher Geduld dar. Gemeinsam mit seinem Kollegen Alliston Reid, ebenfalls Professor für Psychologie am Wofford College, veröffentlichte Pilley 2010 die Forschungsergebnisse in der Fachzeitschrift *Behavioural Processes*, und aus aller Welt stürzten sich die Journalisten darauf. Auf die Frage, wo seiner Ansicht nach die Grenzen für die Lernfähigkeit von Hunden lägen, erwiderte John Pilley einigermaßen optimistisch, aber auch ein bisschen ermattet: »Wir glauben, dass wir gerade erst den vordersten Bereich erreicht haben.« Und er fügte hinzu: »Ich wäre lieber in einem Fass voller Hummeln als in der Gesellschaft eines pessimistischen Menschen. Chaser ist genau das Gegenteil davon: Sie ist immer glücklich, und das macht mich glücklich.«

Pilley starb im Sommer 2018 im Alter von 89 Jahren.[*] Als Chaser ein Jahr später mit 15 Jahren starb, hinterließ sie der Welt ein wichtiges Erbe. *Paris Match* bezeichnete sie als »den klügsten und schönsten Hund der Welt«. Brian Hare, Professor für Evolutionäre Anthropologie an der Duke University in North Carolina, sagte, dass Chaser nicht einfach nur »alberne Tricks« vorführte, »die man einem Hund beibringt, indem man ihn dazu zwingt, immer und immer wieder dasselbe zu wiederholen«. Er betrachtete sie als den wichtigsten Hund in der Geschichte der modernen Wissenschaft – eine gewagte Behauptung, denn dem Zeitalter der Raumfahrt verdanken wir eine weitere würdige Kandidatin für diesen Ehrentitel.

---

[*] Auf Chasers Facebook-Seite findet man darüber einen anrührenden Beitrag, verfasst von einer Tochter John Pilleys. »Viele von euch haben sich schon gefragt, ob Chaser weiß, dass mein Vater von uns gegangen ist. In seiner Zeit im Hospiz war sie jeden Tag bei ihm, sie wusste, dass es ihm nicht gut ging. In den Stunden vor seinem Tod saß sie auf eine für sie untypische Weise direkt vor seinem Bett, starrte ihn an, bellte einmal laut und scharf und starrte ihn dann weiter an. Wir erschraken alle darüber, es hörte sich nicht wie ›Wach auf!‹ an, sondern wie ein Abschied, und wir bekamen davon Gänsehaut.«

Laika kehrte nie wieder nach Hause zurück, und das war auch gar nicht vorgesehen. Sie umkreiste als erster Hund die Erde und war eine sowjetische Heldin, Weltraumheldin und Hundeheldin, in genau dieser Reihenfolge. Dennoch starb sie keinen Heldentod. In Wirklichkeit war sie eine tragische Heldin: Sputnik 2 blieb zwar mehr als fünf Monate im Weltraum, doch wegen des ineffektiven Kühlsystems der Kapsel überlebte Laika nur fünf Stunden. Sie wurde in ihrem Weltraumfahrzeug buchstäblich gebraten. Die wahren Umstände ihres Todes wurden 45 Jahre lang geheim gehalten – wohl nicht zuletzt aus Scham.

»Laika« war der Name, der in Erinnerung blieb; in Wahrheit hatte sie noch viele andere Namen. *Laika* bedeutet auf Russisch »Beller«, doch zu verschiedenen Zeiten war sie auch unter den Namen Little Curly, Little Beetle und Little Lemon bekannt (»Löckchen«, »Bienchen« und »Zitrönchen«). Die amerikanische Presse nannte sie Muttnik (von *mutt*, »Töle«, und Sputnik). Man hätte sie aber auch nach ihrem Weltraumfahrzeug benennen können: *sputnik* heißt »Gefährte«. Laikas Vorbereitung war streng und gründlich und nicht viel anders als die der Kosmonauten, die nach ihr kamen: Sie wurde mit Geräten verbunden, die ihr Herz überwachten, in Korsetts geschnallt, katheterisiert, in Luftdruck- und Isolationskammern gesperrt und in einem Schwerelosigkeitssimulator herumgewirbelt. Schließlich schnallte man die Hündin in einer Kapsel fest, in der es so eng war, dass sie kaum noch den Kopf bewegen konnte. Aufnahmen von Laika erinnern an die Fotos, die Pawlow bei seinen zahlreichen Experimenten mit aufgegriffenen Streunern machte: Mit einem Wirrwarr von Messinstrumenten verbunden, wirken sie alles andere als glücklich.

Um die Zeit des Starts herum bezeichnete die *New York Times* Laika als »den struppigsten, einsamsten und traurigsten Hund in der Geschichte«, wobei »struppig« keineswegs zutraf: Ihr Fell war glatt und ihre Silhouette schlank, denn schließlich musste sie ja in die enge Kapsel und zwischen all die Gurte und Instrumente passen. Sehr viele traurige und einsame Weltraumhunde waren ihr vorausgegangen. Wie alle frühen vierbeinigen Teilnehmer am Raumfahrtprogramm war Laika ein Streuner, der irgendwo in Moskau eingefangen und dann wegen der geringen Größe und des anpassungswilligen Charakters ausgewählt worden war. Vor ihr waren 44 Hunde, die meisten von ihnen Weibchen und immer paarweise, in Höhen von 100 Kilometern geschossen worden. 1951 wurde mit den Experimenten begonnen, und die meisten der Hunde wurden laut Aufzeichnungen »sicher geborgen«, wenn es auch gelegentlich zu Meldungen kam wie »Druckabfall in der Kabine, beide Hunde tot« oder »Fallschirmversagen, beide Hunde tot«. Kaum jemand kann sich noch an ihre Namen erinnern: Tsygan, Ryzhik, Knopka, Mishka, Kozyavka, Pestraya.

Nach Laika flogen 34 weitere Hunde ins All. Wahren Ruhm aber genossen nur Belka und Strelka, die 1960 in Sputnik 5 die Erde umrundeten, lebend mit allen Ehren empfangen und anschließend auf Briefmarken, Bonbondosen und Lampenschirmen verewigt wurden. Juri Gagarin, der im April 1961 als erster Mensch die Erde umrundete, soll sich gefragt haben: »Bin ich eigentlich der erste Mensch im Weltraum oder der letzte Hund?«

All diese Weltraumhunde wurden als die intelligentesten Helfer der Menschen beim wissenschaftlichen Fortschritt gefeiert, als wahre Weltraumpioniere, als treue Kameraden im Kalten Krieg. Wir dürfen jedoch nicht vergessen, dass sie an diesem Unternehmen nicht freiwillig teilnahmen. Andererseits hinterließen sie auf jeden Fall einen bleibenden Eindruck, einfach nur in ihrer Eigenschaft als Hunde: Aus den Interviews, die Jahrzehnte später mit führenden sowjetischen Weltraumforschern geführt wurden, hört man tief empfundene Zuneigung für diese Tiere und nicht wenig Reue heraus. Viele der überlebenden Weltraumhunde verbrachten den Rest ihres Lebens wie Ehrengäste in den Familien jener Menschen, die sie einst in den Himmel geschossen hatten.

Heißer Hund: ein goldbrauner Labradoodle beim Chillen zu Hause.

7. Wie wir zu Jackshi-tzu kamen

Die Geschichte der Designerhunde begann mit dem Labradoodle. Dieser nett-alberne Name tauchte seit den 1950er-Jahren auf, richtig bekannt aber wurde er erst, nachdem sich Mitte der 1980er-Jahre ein bestimmter Labrador in Victoria in Südostaustralien mit einem bestimmten Pudel traf. In den 1990er-Jahren wurde der Labradoodle dann beliebt und im folgenden Jahrzehnt noch viel beliebter. Heute, 30 Jahre nachdem das erste Lockenknäuel die Weltbühne betrat, gibt es vermutlich in jedem Park auf der Welt einen Labradoodle. Leider hat aber auch diese Geschichte ein nicht nur gutes Ende.

Der Labradoodle begann als Einzelprojekt mit einem bestimmten Ziel. Dass dieses Projekt rasch außer Kontrolle geriet, kann man auf eine Kombination allzu menschlicher Eigenschafen zurückführen: Gier, Ehrgeiz und die Sucht nach Neuem. Die betroffenen Hunde haben sich zu keinem Zeitpunkt etwas zuschulden kommen lassen, abgesehen vielleicht davon, dass sie einfach zu süß waren und ihren Besitzern gefallen wollten. Genau diese Eigenschaften machten sie so gefragt und hatten fürchterliche Folgen für die Zucht und den

Umgang mit diesen Hunden. Man könnte so weit gehen zu sagen, dass der Erfolg des Labradoodles den Glauben des Hundes an den Menschen erschüttert hat.

Das Zeitalter des Designerhundes – ein Begriff, der ebenso grauenerregend ist wie das dahintersteckende Konzept – brachte eine Reihe von Kreuzungen hervor, an die Charles Darwin und die Forscher von Bar Harbor nicht einmal im Albtraum gedacht hätten. Wir könnten die anfängliche Haltung des britischen Zuchtverbands teilen: Der Kennel Club hatte Designerhunde für eine vorübergehende Modeerscheinung gehalten; für etwas, was hoffentlich bald wieder vorbei sein würde. Doch das wäre ungefähr so, als würde man das Internet für eine vorübergehende Laune halten.

Selbst das jahrtausendealte Band, das Hund und Mensch verbindet, ist nicht immun gegen die Kräfte technischer Machbarkeit und menschlicher Sehnsucht. Vielleicht waren es ja gerade auch diese Kräfte, die dieses Band über einen so langen Zeitraum hinweg lebendig erhielten. Es ist noch nicht allzu lange her, da war die Vorstellung eines Designerhundes (auch als Hybridhund bekannt) irgendwie peinlich; der Begriff klang, als habe er etwas mit Eugenik zu tun oder mit dem Klonen von Hunden, mit den Launen also, mit denen die Superreichen und Supereitlen dieser Welt ihre armen vierbeinigen Lieblinge quälen. Inzwischen ist das anders geworden. Ein Designerhund ist heute ein gut eingeführtes Produkt und dank unseres digitalen Zeitalters innerhalb weniger Werktage lieferbar. Die Produktliste hört sich witzig, aber auch absurd an: Labradoodle, Cockapoo, Yorkiepoo, Springador, Cockador, Lhasapoo, Frug, Jackshi-tzu, Chorkie, Pomimo, Borkie, Bolonoodle, Pooton, Maltipoo, Maltichon, Malteagle, Chonzer und Schnoodle. Gelegentlich treffe ich im Londoner Park Hampstead Heath derartige Exemplare, und sie sind wirklich unwiderstehlich – was wohl in erster Linie daran liegt, dass sie wie Stofftiere aussehen.

Das überwältigend große Angebot existiert nur aufgrund der überwältigend großen Nachfrage. Während es durchaus erfahrene Züchter gibt, die sehr gesunde und schöne Hybridhunde anbieten, gibt es natürlich auch andere, die unter grausigen Bedingungen aufgezogene und mit Krankheiten belastete Welpen auf den Markt bringen. Ein Käufer, dem eine professionell gemachte Website Hunderte von Welpen anbietet, wählt in erster Linie nach den Kriterien Preis und Aussehen. Die Hunde werden mit schief gelegtem Kopf fotografiert, damit sie noch niedlicher und hilfloser aussehen (also nach: »Kauf mich sofort! Bitte!«). Im Endeffekt sind wir an einem Punkt angelangt, an dem die Anschaffung eines Hundes – der einen Menschen zehn Jahre und länger begleitet – dem Kauf einer Kinokarte gleicht.

Die bewusste Kreuzung von zwei Hunderassen sollte eigentlich so gestaltet werden, dass der gezüchtete Hund die besten Eigenschaften beider Seiten in sich vereint. Gelegentlich kommen Zuchtprogramme auf, die durch jahrelange Inzucht verstärkte Krankheiten eindämmen sollen, doch kann jede Manipulation eines Genpools wieder neue Probleme verursachen. Wenn ein Labrador und ein Pudel Träger rassetypischer, vererbbarer Hüft- und Augenerkrankungen sind, kann eine unbedachte Verpaarung zur Katastrophe führen.

In gewisser Weise sind Kreuzungen nichts Neues, sondern etwas, was schon praktiziert wurde, als wir noch in Höhlen lebten – denn was ist ein Hund anderes als ein manipulierter Wolf? So gesehen sind sowohl die Dänische Dogge als auch der Chihuahua das Ergebnis von Kreuzungen (oder, wie es Mark Twain 1895 auf einer Lesereise formulierte, als er einen Hund namens Jasper beschreiben wollte: »Er war kein gewöhnlicher Hund, und er war auch keine Promenadenmischung, sondern ein Komposit. Ein Komposithund ist ein Hund, der alle Tugenden sämtlicher Hunderassen auf sich vereint, also so etwas wie ein Syndikat; eine Promenadenmischung dagegen besteht aus all dem Kroppzeug, das übrig geblieben ist«).

Vielleicht haben sich einzig unser Geschmack und das höhere Zuchttempo geändert, denn bis vor Kurzem bestand der Hauptzweck eines Hundes noch nicht darin, einfach nur hübsch auszusehen. Hunde jagen, wachen, hüten und treiben, führen, fährten, begleiten, kämpfen und trösten seit sehr langer Zeit; die Aufgabe, für Instagram zu posieren, ist dagegen relativ neu.

Der Kennel Club bestimmt nach sehr genauen Vorgaben, was eine Rasse ist und was nicht. Den Jack Russel Terrier nahm er erst 2016 in seine Bücher auf. Und weil der britische Zuchtverband die neuen Designerkreuzungen nicht als Rassehunde anerkennen will (sondern sie stattdessen mitunter als *Schläge* bezeichnet) und sich weigert, ihnen Abstammungszertifikate auszustellen, fühlten sich die stolzen Designerhundebesitzer genötigt, sich ihre offizielle Anerkennung anderswo zu holen.

So entstand das International Designer Canine Registry (IDCR, »Internationales Verzeichnis der Designerhunde«). Die ellenlange Liste beginnt mit den Affenchon (Kreuzung zwischen Affenpinscher und Bichon Frisé) und endet über 600 Hunde später mit dem Ewoak (Yorkshire Terrier mal Zuchon Teddy Bear).* Aufgeführt werden u. a. 32 Beagle-Kombinationen, angefangen von Beagle mal Schnauzer (Schneagle) und Beagle mal Shih-tzu (Bea-tzu) bis hin zu Beagle mal Zwergpinscher (Meagle) und Beagle mal Französische Bulldogge (Frengle). Der Pudel (englisch: *poodle*) wurde 54-mal gekreuzt, was so beliebte Mischungen wie mit dem Drahthaar-Foxterrier (Wire Foodle) und dem Catahoula Leopard Dog ergab (Poohoula).

Mit dem armen Basset Hound wurde nur 13-mal gekreuzt, doch findet sich auf der Liste sogar die monströse Kombination aus Basset und Dackel, was den geradezu unaussprechlichen Basschshund ergibt.

---

* Der Zuchon Teddy Bear ist selbst eine Kreuzung, nämlich zwischen dem Bichon Frisé und dem Shih-tzu. Wo soll das alles enden?

Vermutlich wollen Sie gar nicht wissen, was dabei herauskommt, wenn man einen chinesischen Shar Pei und einen Basset kreuzt oder aber einen Basset und einen Chow-Chow. Ich könnte diese Aufzählung hier noch weiterführen, doch mir graut zu sehr davor.*

Neben Abstammungszertifikaten gibt das IDCR auch kurze Beschreibungen des Charakters aller bei ihm registrierten Kreuzungsmöglichkeiten heraus. Diese Texte lesen sich wie ein Verschnitt aus TripAdvisor und den Erläuterungen auf Quartettkarten und werden von Bewertungen in Form von Sternchen begleitet. In diesem System erhält der Cavamo (American Eskimo Dog mal Cavalier King Charles Spaniel, erstmals 2009 registriert) vier von fünf möglichen Sternen für Verträglichkeit mit anderen Haustieren, drei von fünf für Lebhaftigkeit, Pflegebedarf, Freundlichkeit gegenüber Menschen und Trainierbarkeit, zwei Sterne für die Menge an Haaren, die er in der Wohnung verliert, sowie für sein Lärmniveau (was bedeuten soll, dass er nicht allzu oft bellt oder jault). Wer einen ruhigen Hund sucht, sollte sich ganz bestimmt keinen Jackapoo (Pudel mal Jack Russel) zulegen, denn der bekommt für sein Lärmniveau fünf Sterne. Weil er aber fünf Sterne für Trainierbarkeit erhält, könnte man ihn ja eventuell dazu ausbilden, weniger zu bellen. Es scheint durch, dass die Beurteilung von Designerhunden keine exakte Wissenschaft ist. Derzeit ist der IDCR weniger aktiv als früher, doch im Internet findet man viele ähnliche Websites mit sogar noch mehr und neueren Kreuzungsideen. Designerbreedregistry.com bietet Abstammungsurkunden für den Muggin (Zwergpinscher mal Mops) und den riesigen Bolonauzer (Bologneser mal Riesenschnauzer) und nutzt auf der Website ein Zitat, bei dem einem übel werden kann: »Für all

---

* Mittlerweile bietet der Kennel Club eine Alternative zu diesem Wildwuchs an: Zwar erteilt er diesen neuen Hunden immer noch keine Abstammungszertifikate, doch nimmt er sie in ein eigenes Register auf, damit sie an Wettbewerben und anderen Aktivitäten teilnehmen können, die der Kennel Club unterstützt.

jene, die sich nicht davon abhalten lassen, zu träumen … Für all jene, die die Leidenschaft verspüren, etwas zu schaffen … Für alle Pioniere mit Visionen … Der Schöpfungsinstinkt schenkte der Menschheit eine sehr vielfältige Sammlung von besten Freunden des Menschen, die uns auf Schritt und Tritt begleiten wollen.«

Fans dieser absurden Kreationen können nun sagen, dass ja nichts Schlimmes dabei sei, Hauptsache, die Tiere finden ein liebevolles Zuhause. Geht man in den Parks vornehmer Stadtviertel spazieren, so stößt man auf zahlreiche dieser neuen Hunde, die wirklich ganz reizend anzuschauen sind. Besitzer, denen das noch nicht reicht, legen ihren vierbeinigen Freund gern auch noch irgendwelche Kleidungs-stücke an, etwa einen Wollmantel oder ein Halstuch, oder sie stecken sie in ein im Internet erworbenes Kostüm, in dem ihr Bolonoodle oder Malteagle wie ein Dinosaurier mit Rückenplatten aussieht. Diese Dinosaurierhunde werden nicht in absehbarer Zeit aussterben, sondern haben ein langes Leben vor sich. Im Endeffekt werden sie zu Tode verhätschelt.

Leider gibt es auch bei den verhätscheltsten Hunden eine andere Seite. Es gibt unzählige Geschichten über Grausamkeiten. So wird in Großbritannien offensichtlich oft ein Gesetz umgangen, dem zufolge Zwinger, in denen drei oder mehr Würfe pro Jahr für den Verkauf fallen, von den lokalen Behörden kontrolliert und zugelassen werden müssen. (Ähnliche Gesetze gibt es auch in anderen Ländern, doch ist ihre Durchsetzung schwierig. Ganz offensichtlich schüchtern sie Menschen, die mit Hunden viel Geld machen wollen, nicht wirklich ein. Ganz besonders gilt dies für osteuropäische Länder.) Es häufen sich die schrecklichen Berichte über Vermehrer, die wie am Fließ-band blinde, missgestaltete und kranke Welpen produzieren, und von sedierten jungen Hunden, die eng zusammengepfercht quer durch Europa gekarrt werden. Jeder einzelne Kauf eines solchen Hundes stärkt und verlängert dieses Elend.

Und dann sind da noch die Teacup-Hunde, die so klein und leicht sind (unter zwei Kilogramm), dass sie auf der Handfläche sitzen oder in einer Handtasche herumgetragen werden können. Häufig werden sie als »Wohnungshunde« verkauft, die angeblich kein Bedürfnis haben rauszugehen – was sie auf eine Stufe mit Wohnungskatzen stellt. Sie stammen von für ihre Rasse sehr kleinen Hunden ab, bei denen es sich jedoch oft um die Kümmerlinge eines Wurfs handelt, die an Geburtsfehlern leiden. Solche Tiere neigen zu Herzfehlern, Leberproblemen, Hypoglykämie, Atemproblemen, Blindheit und Patellaluxation, d. h., dass sie sich beim Sprung aus der Handtasche auf den Boden sehr wahrscheinlich die Kniescheibe ausrenken. Die Frage »Was stimmt mit diesem Hund nicht?« lässt sich leichter beantworten als: »Was stimmt mit diesen Züchtern und Besitzern nicht?«˙

Und so begann der Designerhund: Anfang der 1980er-Jahre erhielt ein Mann namens Wally Conron, der für die Royal Guide Dog Association of Australia in Victoria arbeitete, eine Anfrage. Eine auf Hawaii lebende Frau brauchte einen Blindenhund; das Problem dabei war, einen Hund zu finden, mit dem auch ihr Partner zusammenleben konnte, der eine Hundehaarallergie hatte.

»Ein Kinderspiel, dachte ich«, erinnert sich Conron 20 Jahre später. »Ein Großpudel ist ein gut ausbildbarer Arbeitshund und

---

* Wer sich einen Hund zulegen will, hat viele Möglichkeiten. In Deutschland gibt es lokale Tierheime und verschiedenste überregionale Organisationen. Über Kleinanzeigenportale sollte man besser keine Tiere kaufen. Sicherlich inserieren dort auch seriöse Züchter, leider aber auch viele unseriöse – und es ist nicht immer einfach, die einen von den anderen zu unterscheiden. Sinnvolle Ratschläge für den Kauf eines Rassewelpen oder eines Mischlings bieten der Verband für das Deutsche Hundewesen (www.vdh.de), die jeweiligen Zuchtverbände und Tierschutzorganisationen. Bei erfahrenen Experten, hier den Züchtern, kauft man teurer als beim Laien. In Deutschland müssen Hunde in manchen Bundesländern gechippt sein. Der reiskorngroße Chip enthält eine 15-stellige Ziffernfolge; durch eine Registrierung wird sie mit den Kontaktdaten des Besitzers und einem gewählten Haustierregister verknüpft, sodass Halter oder Halterin eines entlaufenen Hundes ermittelt werden kann.

aufgrund seines lockigen Fells wohl die erste Wahl ... Doch es stellte sich heraus, dass ich mich irrte.« Conron war damals in seinen Sechzigern und hatte langjährige Erfahrung. Er verbrachte zwei Jahre damit, in über 30 Tests Pudel zu prüfen, ohne einen zu finden, der als Blindenhund geeignet war. In seiner »Verzweiflung« beschloss er, einen Pudelrüden mit einer seiner bewährten Labradorhündinnen zu kreuzen. Das Ergebnis waren drei Welpen, von denen einer beim Partner der Hawaiianerin keine Niesanfälle auslöste. Und so begann ein neues Programm. Der nicht allergene Hund wurde »Sultan« getauft und löste wenig später eine wahre Revolution aus.

Um aus den Welpen Blindenhunde zu machen, mussten sie zunächst für ein Jahr zur Sozialisierung bei Familien untergebracht werden. Und wieder musste Conron sich eingestehen, dass er sich alles zu einfach vorgestellt hatte. »Niemand schien einen Mischlingswelpen haben zu wollen. Alle auf unserer Liste wollten lieber auf einen reinrassigen Hund warten.« Außerdem hatte noch niemand zuvor so einen Hund gesehen. Die Leute fanden, er sähe irgendwie »falsch« aus.

Als die drei Welpen nach acht Wochen noch immer keine Familie hatten, hatte Conron eine Eingebung. »Ich beschloss, das Wort ›Kreuzung‹ nicht mehr zu erwähnen, und führte stattdessen den Begriff ›Labradoodle‹ ein.« Plötzlich wurde alles anders. »In den folgenden Wochen war unsere Telefonvermittlung überlastet. Ständig riefen Leute von anderen Blindenhundevermittlungen an, außerdem Sehbehinderte und Hundeallergiker, und alle erkundigten sich nach diesem ›Wunderhund‹. Auch wenn meine drei Welpen in Wirklichkeit Mischlinge waren – auf einmal waren sie sehr gefragt.«

Wie zu erwarten war, zeigten die traditionellen Rassehundezüchter wenig Interesse. Als Conron versuchte, sie mit ins Boot zu holen, um mehr Pudel in sein Zuchtprogramm einzubinden, reagierte der oberste australische Hundezuchtverband Kennel Control Council of Australia (KCC) mit der Mitteilung, dass alle Züchter, die sich an

Identitätskrise um 1922: Die Geschichte geht nicht immer gut aus.

Conrons Programm beteiligten, aus dem Verband ausgeschlossen würden. Der KCC lenkte auch nicht ein, als Conron versicherte, dass die aus den Kreuzungen hervorgehenden Hunde nicht für den gewerbsmäßigen Verkauf bestimmt seien, sondern nach entsprechender Ausbildung Blinden zur Verfügung gestellt werden sollten.

Allerdings gab es auch Züchter, die den Wert von Conrons Anliegen erkannten und ihm ihre Pudelrüden zur Verfügung stellten. Doch gleich ergaben sich neue Probleme: Im nächsten Labradoodle-Wurf waren es von den zehn Welpen nur drei, die Allergiker nicht reizten. Dennoch lief das Programm weiter und wurde laufend verbessert, und auch die Nachfrage wuchs. Es schadete sicherlich nicht, dachte man, dass Labradoodles auf Fotos so attraktiv aussehen, und anfangs freute sich Conron über die Aufmerksamkeit, die seiner Neuschöpfung zuteilwurde. Er hatte Freude an seiner Arbeit und gönnte sich das eine oder andere Späßchen: Er kreuzte einen Labradoodle mit einem zweiten Labradoodle und nannte das Ergebnis Doubledoodle und die folgende Generation Tripledoodle.

Bald darauf aber geschah das Unvermeidliche: Von Conron als »Hinterhofzüchter« bezeichnete Leute begannen, ihm Konkurrenz zu machen. »Testeten diese Züchter ihre Rüden und Hündinnen auf Erbkrankheiten?«, fragte er sich 2007 in seinem Artikel im australischen *Reader's Digest*. »Oder waren sie einfach nur darauf aus, gierigen Kunden das allerneueste Statussymbol zu liefern?«

Was unterscheidet eine Kreuzung von dem, was wir früher als Promenadenmischung bezeichneten? Die Antwort lautet: Absicht. Und sie lautet: Semantik. Viele sagen, dass der aus einer Verpaarung von zwei Hunden unterschiedlicher Rassen hervorgegangene Hund eine Kreuzung ist und ein Hund, der von drei Rassen abstammt (z. B. weil seine Mutter eine Kreuzung ist) einem Mischling entspricht. Doch trifft diese Definition nicht immer zu, denn ein Lurcher z. B. gilt nicht als reinrassig, sondern als Kreuzung zwischen einem Windhund und einem Jagdhund wie etwa einem Schweißhund oder Terrier.[*]

Der 1911 in Belgien gegründete internationale kynologische Dachverband, die Fédération Cynologique Internationale (FCI), erkennt über 337 Rassen an, der Kennel Club of Great Britain 212, der American Kennel Club 192. Interessant ist, dass etliche offiziell anerkannte Rassen heutzutage weitaus weniger bekannt – und gefragt – sind als Wally Conrons Labradoodle. Wir machen uns über die fantasie- und klangvollen Namen der Designerhunde lustig, doch ändert das nichts an der Tatsache, dass der Cavachon, der Cavapoo und der Golden-

---

[*] Die Windhunde stellen eine sehr alte und sehr edle Gruppe von Hunderassen dar, zu der Irischer Wolfshund, Afghane, Greyhound und Whippet zählen. Unter »Lauf- und Schweißhunden« versteht man traditionelle Jagdhunde wie Beagle, Bloodhound oder Foxhound.

doodle inzwischen einen höheren Wiedererkennungswert haben als die offiziell anerkannten Rassen Schweizer Laufhund (ein Schweizer Jagdhund mit hervorragender Nase, der wie ein größerer, schlankerer Beagle aussieht), Treeing Walker Coonhound (ein Abkömmling des English Foxhound, spezialisiert auf das Verfolgen von Wild sogar auf Bäume hinauf; eine sehr bellfreudige Rasse), Lancashire Heeler (kleiner, lang gestrecker, einem Corgi ähnlicher Hund, aber mit dunklerem Fell, spitzen Stehohren; ein ausgezeichneter Rattenjäger, der früher das Vieh zum Markt trieb und jetzt als liebevoller, dickköpfiger Familienhund gilt), Slowakische Schwarzwildbracke (ein Schweißhund und mutiger Jäger mit schwarz-lohfarbenem Fell, einer Schnauze wie der eines schlanken Labradors und großen Ohren) und Porcelaine (weißes, kurzes, glattes und glänzendes Fell mit grauen Flecken und hellbraune Schlappohren; ein stolzer Jagdhund mit elegantem, langem Hals).

Die heutigen, durch den technischen Fortschritt und die unstillbare Sucht nach Einzigartigem entstandenen Extreme sind eben nicht mehr als Extreme. Diesen Trend gab es bereits am Beginn des 19. Jahrhunderts – zumindest bei einer Gelegenheit auch bei Hunden. Das 1801 veröffentlichte und angeblich von einem Terrier namens Bob verfasste Buch *The Dog of Knowledge* (»Der wissende Hund«) erklärt in seinem ersten Kapitel auf brillant ironische Weise die Umstände, denen der Autor seine Existenz verdankt.

Der Terrier ist eine alte Rasse, zu deren hervorstechendsten Merkmalen Ausdauer und Härte zählen. Das drahtige Fell war ursprünglich von blassbrauner Farbe. Doch alles hat sich geändert, und Bob macht dafür in erster Linie die »für unsere heutige Zeit so typische Verweichlichung« verantwortlich.

Die Menschheit gibt sich nicht damit zufrieden, sämtliche nur denkbaren Künste auszuüben, die zu ihrer eigenen

Degenerierung beitragen, sondern muss nun auch die Tiere verweichlichen. Sie geht davon aus, dass eine Kreuzung zwischen dem echten Terrier und dem kleinen Beagle eine sehr zarte Version ergeben würde, begabt mit den angenehmen Eigenschaften beider Rassen ... Die Mischrasse gilt nun als wesentlich eleganter geformt, wesentlich angenehmer im Umgang und wesentlich hübscher in ihrer Farbvielfalt als die reinrassigen Eltern.

Die Frage, warum jemand lieber den einen Hund haben will als den anderen, lässt sich mit wissenschaftlichen Mitteln und Methoden nicht beantworten. Doch gibt es natürlich eine Vermutung, und die könnte durchaus zutreffen: Menschen suchen sich Hunde aus, die ihnen in Aussehen und Temperament ähneln oder sie auf gewisse Weise »vervollständigen«. Es könnte aber auch sein, dass Menschen Hunde haben wollen, die so aussehen wie Babys. Oder vielleicht Hunde, die eine Eigenschaft besitzen, die diesen Menschen fehlt oder die sie in der Öffentlichkeit präsentieren wollen – und deshalb legen sich Menschen aggressive Hunde, riesige Hunde oder freundliche, gesellige Hunde zu. Man sollte meinen, dass Hunde, die ein schlechtes Image genießen, weil sie zu Verhaltensauffälligkeiten oder bestimmten Krankheiten neigen, mit der Zeit an Beliebtheit einbüßen und allmählich aus dem Genpool verschwinden. Man sollte auch davon ausgehen – und sicherlich hoffen –, dass besonders langlebige Hunde auch besonders beliebt sind, denn eigentlich sollte man sich ja wünschen, dass ein Hund, der zum treuesten Gefährten und unentbehrlichsten Helfer geworden ist, einen möglichst lange begleitet. Aber offenbar ist das gar nicht der Fall.

Bis vor Kurzem beruhten derartige Annahmen auf Anekdoten und waren wissenschaftlich nicht nachprüfbar. 2013 dann veröffentlichten vier Sozialwissenschaftler aus Brooklyn, Stockholm, North

Carolina und Pennsylvania einen Artikel, dem zufolge Hundebesitzer ihre Hunde auf der Grundlage von seltsamen, zufallsbedingten und oft falschen Entscheidungen auswählen.

Die Forscher setzten bei einem Fragenkomplex an, den sie nicht unmittelbar beantworten konnte: Warum stieg die Zahl der beim American Kennel Club (AKC) eingetragenen Irish-Setter-Welpen von ungefähr 2500 im Jahr 1961 auf über 60.000 im Jahr 1974? Und warum waren 1986 nur noch ungefähr 3000 Welpen dieser Rasse gemeldet worden? Konnte ein Film oder eine beliebte Fernsehserie dafür verantwortlich sein? Hatte es zeitweise einen Star aus der Welt der Musik oder des Sports gegeben, der mit Irish Settern posierte? (Die Antwort auf diese beiden letzten Fragen lautete: »Vermutlich.«) Und wie konnte man sich die wechselvolle Beliebtheit anderer beim AKC eingetragener Rassen erklären, wie etwa den steten Aufstieg des Labrador Retrievers und des Yorkshire Terriers einerseits und den bedauerlichen Niedergang des Boston Terriers, des American Water Spaniels und des Greyhounds andererseits? Einen gewissen Einfluss hatte wohl die sich wandelnde Rolle des Hundes in der Gesellschaft vom Helfer des Bauern und Jägers hin zum Begleiter bei sportlichen Aktivitäten und schließlich zum Gesellschaftshund. Doch es sind noch andere Faktoren im Spiel, wie etwa Lebenserwartung, Gesundheit und Verhalten des Hundes.*

---

* Beim AKC waren in diesem achtjährigen Zeitraum über 50 Millionen Hunde aus 150 Rassen eingetragen. Man ging davon aus, dass Verhaltensmerkmale wie Aggressivität oder Trainierbarkeit sich in dieser Zeitspanne nicht signifikant veränderten. Die Daten von C-BARQ gaben Aufschluss über Verhalten und Temperament von über 9000 Hunden aus 92 Rassen; aufgeführt wurden 14 Eigenschaften, darunter Trainierbarkeit, Angst vor Fremden, Abneigung gegen ungewohnte Geräusche und Objekte, Trennungsangst, übermäßiges Aufmerksamkeitsbedürfnis und Aggressivität gegenüber Menschen und anderen Hunden. Wie zu erwarten war, erzielte der Golden Retriever nur in einer Sparte eine hohe Punktzahl, nämlich bei der Trainierbarkeit. Der Chihuahua bekam in vielen Bereichen hohe Punktzahlen, außer bei der Trainierbarkeit, und der Dobermann tat sich in den Disziplinen »Hetzen«, »Energieüberschuss« und »Aufmerksamkeitsbedürfnis« besonders hervor.

Die Studie untersuchte die Zusammenhänge zwischen den Eigenschaften und der Popularität einer Rasse und wertete dazu aus: Beliebtheitsdaten vom AKC, Verhaltensdaten aus der Erhebung durch den Canine Behavioral Assessment und Research Questionnaire (C-BARQ) sowie Lebenserwartungs- und Gesundheitsdaten, die aus verschiedenen Quellen wie Tierarztpraxen, Hundekliniken und Zuchtdatenbanken aus den USA und Großbritannien stammen.

Die Forscher fanden keinerlei Hinweise darauf, dass Verhalten, Gesundheit oder Lebenserwartung Einfluss auf die Beliebtheit einer Rasse haben. Tatsächlich ist eher das Gegenteil der Fall: Die beliebtesten Rassen leiden unter beträchtlichen Gesundheitsproblemen (Erbkrankheiten wie Hüftdysplasie bei Labradoren, Harnsteine bei Zwergschnauzern, Von-Willebrand-Krankheit bei Corgis, Deutschen Schäferhunden und Großpudeln) und weisen möglicherweise auch Verhaltensprobleme auf. Andererseits deutet nichts darauf hin, dass Rassen mit angenehmerem Temperament, höherer Lebenserwartung und weniger Erbkrankheiten beliebter sind als andere Rassen. Gerade Hunde, die sich schwerer erziehen lassen und größere Probleme damit haben, alleine zu bleiben, sind zunehmend beliebter geworden. Was sagt das über Hundebesitzerinnen und -besitzer aus? Dass Überlegungen zur Gesundheit eines Tiers beim Hundekauf nur eine nachgeordnete Rolle spielen? Und sollten Hunde und ihre Herrchen und Frauchen sich Sorgen machen, weil die Forschung im Laufe der Zeit »große und anscheinend Launen unterworfene Strömungen« feststellte, die »gewöhnlich als Merkmal modischer Trends gelten«?

Wally Coron ist mittlerweile hoch in den Achtzigern. In Interviews äußert er vor allem Bedauern. Er erklärt, dass er die Gefahr bereits Anfang der 1990er erkannt habe, lange bevor die Designerhundemanie in der Form ausbrach, in der wir sie heute kennen. Andere, weniger erfahrene Züchter produzieren Labradoodles ohne die nötige Sorgfalt und das Wissen, um brauchbare Assistenzhunde hervorzubringen, und ohne dafür Sorge zu tragen, dass Erbkrankheiten und Verhaltensprobleme aus dem Genpool herausgezüchtet werden. Sie verkaufen Welpen, die träge, nervös oder unberechenbar sind. Aus Conrons eigener Zucht gingen 31 Labradoodles hervor, doch als er sich zur Ruhe setzte, lebten Tausende dieser Hunde über den Erdball verstreut.

Auf die Frage hin, ob er stolz auf seine Leistungen ist, runzelte er die Stirn. »Ich habe der Rassehundezucht großes Unheil zugefügt und viele Scharlatane reich gemacht«, sagte er 2014 einem Reporter der Associated Press im Interview. »Nun, da ich im Ruhestand bin, frage ich mich, ob wir damals einen Designerhund oder eine Katastrophe gezüchtet haben. Anstatt Probleme herauszuzüchten, züchten sie sie herein. Auf jeden perfekten Hund kommt eine Schar von irren.« Die Vorstellung einer Kreuzung zwischen Pudel und Rottweiler entsetzte ihn. »Warum in aller Welt sollte man so etwas tun?«, fragte er. Eine vernünftige Frage, auf die es möglicherweise eine einfache Antwort gibt: Wir Menschen streben seit jeher sowohl nach Neuem als auch nach Perfektion. Wenn wir glauben, einen Hund optimieren zu können, werden wir das tun. Wenn wir glauben, beurteilen zu können, dass ein Hund einem anderen überlegen ist, werden wir für den Wettkampf Eintritt verlangen.

Bereit für den Ring: ein stolzer English Springer Spaniel und sein noch stolzeres Frauchen bei der Rassehundeschau Crufts.

8. Schleifensammler

Als ich am frühen Abend des 7. März 2019 die berühmte Hunde-ausstellung Crufts verließ, lagen meine Nerven blank. Wenn man Birminghams National Exhibition Centre (NEC) betritt, ist man noch relativ davon überzeugt, dass der eigene Hund der beste Hund der Welt ist. Verlässt man die Messehallen wieder, ist das eigene Ego auf die Größe einer Ameise geschrumpft – denn dort findet ein Wettkampf der Weltmeister statt, an dem nur die edelsten und wohlfrisiertesten Exemplare der Spezies teilnehmen. So gut wie alle Rassen sind vertreten, und zwar jeweils ausschließlich die vornehms-ten Exemplare, die *crème de la crème*. Hier gibt es keine Hunde mit Mundgeruch und auch keine, deren Namen aus weniger als vier Elementen besteht. Selbst in den verborgensten Ecken und Winkeln ist es so sauber wie in einer Einbauküchenausstellung, und viele der vorgestellten Hunde tragen die Nase so hoch, als würden sie lieber nach Leben auf anderen Planeten Ausschau halten, als sich für normalsterbliche Artgenossen zu interessieren. Diese Elitehunde sind hergekommen, um zu siegen.

Trotzdem macht so eine Hundeausstellung wahnsinnig viel Spaß. In den vier Tagen im März 2019 lockte die Crufts 160.000 zweibeinige Besucher und 21.000 Hunde an. Die beiden Gruppen unterschieden sich vor allem dadurch, dass es die Menschen waren, die sabberten: Hier gab es alles zu kaufen, was ein Hundeleben dem Menschenleben so ähnlich wie nur möglich macht, und auch nur die Hälfte der Artikel aufzulisten würde ein dickes Buch füllen. Dennoch möchte ich gern auf einige von ihnen näher eingehen und fange mit den nutzlosesten an.

Da wäre das Hundelaufband für übergewichtige Hund, das je nach Größe 870 bis 2520 Pfund kostet. Oder das Angebot einer Firma, die die Haare Ihres Hundes zu einem Stoffhund oder einem Kissen verarbeitet. Ich hätte eine Tweedfliege für den Hund kaufen können und jede Menge Abendkleider und Smokings. Falls der eigene Hund mal nass wird, gab es alles zum Abtrocknen, sofern ein normales Handtuch dafür nicht gut genug ist, so z. B. eine spezielle Tasche mit dem Werbeversprechen: »Nasser schlammiger Hund rein, trockener sauberer Hund raus.«

Seit dem 19. Jahrhundert gibt es Hundeschauen, auf denen Hundeprodukte verkauft werden, und ebenso wie heute war auch damals der Großteil der angepriesenen Artikel entweder ziemlich überflüssig oder von zweifelhafter Wirksamkeit. 1889 besuchte ein Reporter der Landwirtschaftszeitschrift *Stock-keeper and Fancier's Chronicle* die Windsor St Bernard Show und entdeckte dort eine Pille, die als »zuverlässiges Heilmittel gegen alles, sogar Staupe« wirken sollte. Ein Bob Martin bot »aphrodisiakische Pillen« an, möglicherweise für ältere Hundesemester gedacht, die unter Libidoverlust litten. Man konnte sich auch eine patentierte Hundekette kaufen, die sich nicht verhedderte oder, falls doch, dann selbst entwirrte.

Die größte Veränderung fand beim Nahrungsangebot statt. Den Menschen bietet die Crufts vor allem Baguettes und Schweinebraten am Spieß, während Hunde geradezu die Qual der Wahl haben. Für

Traditionalisten gibt es Fleischgerichte: Premium Natural Pet Food offeriert Tütchen mit 70 Prozent Rindfleischgehalt, garniert mit Kartoffeln, Gemüse, Früchten, Kräutern und kalt gepressten Ölen. Benyfit Natural wirbt für sein »Fasanenfestmahl«: 80 Prozent Knochen von wild lebenden britischen Fasanen, 5 Prozent Ochsenniere und 5 Prozent Ochsenleber. Das Ganze soll die Ernährung im oder am Wald lebender wilder Hunde nachahmen. Dieselbe Firma bietet auch »Festmahle« auf der Basis von Ziege, Kaninchen und Wild an sowie als Saisonware Weihnachtsessen mit Truthahnkamm, Steckrüben, Rosenkohl und Cranberrys. An den umliegenden Ständen gibt es Hundefuttersorten, in deren Namen immer wieder die Wörter *meat* für »Fleisch« und *love* für »Liebe« vorkommen.

Natürlich werden auch fleischlose Alternativen angepriesen, von denen viele auf Glutenunverträglichkeit und Zöliakie ausgerichtet sind. Hier findet man u. a. Snacks aus Himalaja-Yakmilch, »Kalt gepresstes Fisch-Dinner« mit Kurkuma, Leinsamenöl, Yucca und Apfelweinessig sowie hypoallergener Lachs mit Reis, angereichert mit Kupfer. Die Übertragung neuer menschlicher Essgewohnheiten auf den Hund findet heute schnell und mühelos statt: Wir sind auf etwas allergisch oder vertragen es schlecht, oder wir glauben, dass etwas besonders gesund ist? Dann gilt das auch für unsere Hunde! Kurkuma für Hunde? Wahnsinn, dass wir früher glaubten, Knochen und Tischabfälle würden ihnen genügen.

Wenn schließlich der Geldbeutel leer ist, kann man ja noch einen Blick auf die Hunde werfen. In Fleisch und Blut betrachtet wirken sie ganz anders als in den Fernsehberichten aus der großen Showarena. Die eigentlichen Wettkämpfe finden in einem anderen Teil des Messezentrums statt. In jeder der sieben Gruppen (abweichend von der üblichen internationalen Klassifikation der Fédération Cynologique Internationale werden die Rassen in Vorsteh- und Apportierhunde, Brauchbarkeitshunde, Arbeitshunde, Zwerghunde, Hütehunde, Terrier

sowie Jagdhunde gruppiert) kann es nur einen Erstplatzierten geben,
doch auch ein dritter Platz bei der Crufts genießt hohes Prestige.
Natürlich gibt es dann abends sehr viele Hunde und Besitzer, die
ohne Schleife nach Hause zurückkehren und die sich auf der langen
Fahrt unweigerlich fragen, wofür das alles eigentlich gut sein soll.

Es ist für die Freude an den Hunden. Es ist dafür, dass man mit
anderen Hundeverrückten zusammenkommt. Es ist dafür, dass man
irgendetwas kauft, von dem man bisher nicht einmal ahnte, dass man
es brauchen könnte. Und auch dafür, dass man weiß, dass nach der
Crufts bald die Easter Classic im National Show Centre in Cloghran
kommen wird (nahe Dublin in Irland), dann die 195th Benched
General Championship Show auf dem Royal Highland Showground
im schottischen Edinburgh und die 91th Annual Championship Show
der Bath Canine Society in Bannerdown bei Bath in Südengland.*

Hier noch ein paar FAQs für Menschen und Hunde, die noch nie
bei der Crufts waren:

F: Stinkt es im NEC, und wo gehen die Hunde auf die Toilette?
A: Es riecht dort nicht besser oder schlechter als in jedem Haushalt,
in dem Hunde leben. An den Seiten der Hallen gibt es Sandausläufe
für die kleineren und größeren Geschäfte.

F: Ist Zuschauen beim Agility-Wettkampf – da, wo Hunde durch
PVC-Tunnel laufen, im Slalom zwischen Stangen hindurchrennen
und über Hindernisse springen – genauso albern und spannend, wie
es im Fernsehen den Anschein hat?

---

* Dies sind nur einige der größeren Schauen, doch gibt es auch sehr viele Spezial-
ausstellungen. Die Zeitung *Our Dogs* ist voll mit Fotos von glücklichen Hunden und
stolzen Besitzerinnen und Besitzern auf der West Lancs French Bulldog Club, der
Mid-Western Gundog Society Show auf dem Three Counties Showground in Mal-
vern, der Open Show der Matlock and District Canine Society Show, dem Midland
Basset Hound Club, der Manchu Shih-tzu Society und ungefähr 300 weiteren.

A: Ja, natürlich, aber am spannendsten ist es ja immer, wenn etwas schiefgeht. Es ist wie bei Formel-1-Rennen: Man will nicht Tempo sehen, sondern Action. Bei Agility gibt es zwar keine Unfälle, dafür aber lustige Hunde, die selbstbewusst verweigern und sich einen Spaß aus dem Parcours machen.

Bei der Crufts 2019 fiel diese Rolle Kratu zu. Kratu war ein zotteliger Tierheimhund aus Rumänien, der sich beim Agility so ungeschickt anstellte, dass ihn jeder Zuschauer am liebsten umarmt und mit nach Hause genommen hätte. Peter Purves, früherer Moderator der Kinder-Fernsehsendung *Blue Peter* und ständiger Moderator bei Crufts, stellte Kratu als »einen großen Hund aus Wood Green« vor, was natürlich keine vom Kennel Club anerkannte Rasse ist.[*] Purves verkündete, Kratu würde »versuchen, den Parcours zu bewältigen« – tatsächlich aber versuchte Kratu eher, die Lacher auf seine Seite zu bringen, was ihm ja dann auch gelang.

Den ersten Sprung bewältigte er gut, den zweiten ignorierte er komplett. Dann kam der Plastiktunnel; in diesen lief er zwar hinein, aber nicht mehr heraus. Er drehte sich im Tunnel um, tauchte am Eingang wieder auf und sah dabei unwiderstehlich aus.

Purves, der sich zunächst nicht entscheiden konnte, ob er weiter moderieren oder einfach nur lachen sollte, las dann doch weiter aus seinen Notizen vor: »Dieser Hund wurde in Rumänien aus furchtbaren Haltebedingungen gerettet …« Doch schließlich gab er auf und sprach mit verstellter Stimme für den Hund: »Es ist nett hier drinnen,

---

[*] In den 1960er- bis in die frühen 1970er-Jahre hinein kümmerte sich Peter Purves um einen der damals berühmtesten Hunde Großbritanniens: Sein Hundeschützling Petra wirkte in der Kindersendung *Blue Peter* mit. Die Hündin war für den Welpen eingesprungen, der eigentlich in der Sendung hätte aufwachsen sollen, aber kurz nach seinem ersten Auftritt an Staupe starb. Weil man den jungen Zuschauern die tragische Nachricht nicht zumuten wollte, war hektisch nach einem Doppelgänger gesucht worden. 2008 kam die wahre Geschichte ans Licht.

ich mag den Tunnel!« Nachdem Kratu einige weitere unorthodoxe Entscheidungen getroffen hatte, meinte Purves: »Der Parcours ist in einer bestimmten Hindernisreihenfolge zu bewältigen, doch Kratu macht das jetzt irgendwie anders.« Er erzählte auch, dass Kratu der erste rumänische Tierheimhund sei, der zum Assistenzhund ausgebildet werde, und dass er »wahnsinnig viel kann, außer … äh … Kommandos zu befolgen«. Was »wahnsinnig viel« sein sollte, blieb ein Geheimnis, aber vielleicht wäre es sicherer, sich von Kratu nicht über eine viel befahrene Kreuzung führen zu lassen.

F: Wie geschickt muss ein Hund sein, um bei einem Agility-Wettkampf gewinnen zu können?
A: Extrem geschickt. Ziel ist es, den Parcours schneller als die anderen und gleichzeitig fehlerfrei zu bewältigen. Wie macht man Fehler? Der Kennel Club urteilt da sehr streng. Fünf Fehlerpunkte gibt es,

Charles Cruft, der erste große Showman der Hundeschauen.

wenn ein Hindernis nicht korrekt bewältigt wird, fünf weitere, falls der zweibeinige Begleiter absichtlich entweder ein Hindernis oder den Hund berührt. Berührt er beide, kostet das zehn Punkte. Hilft er dem Hund bei einem Hindernis, wird das Team unmittelbar disqualifiziert. Das Verweigern eines Hindernisses bringt fünf Fehlerpunkte ein, auf dreimaliges Verweigern folgt ebenfalls die Disqualifikation. Das Scheitern an einem Hindernis nach einer Verweigerung führt auch zur Disqualifikation, ebenso wie das Einschlagen der falschen Richtung, brutaler Umgang mit dem Hund, das falsche Halsband und übermütiges Herumspringen oder Pipi machen im Parcours.

F: Welches sind die exzentrischsten Namen von Crufts Champions der letzten Zeit, die Ihnen spontan einfallen?
A: Bumblecorn Cats Nightmare
   You Can Choose if Love or Fame
   Plumhollow Top Hat
   Roughshoot Fire and Ice with Baratom
   Kiswahili Quantum of Solace
   I Believe in Angels Oasis of Peace

F: Ist die Crufts bei allen beliebt?
A: Nein. Über die Crufts und alles, was diese Schau bietet, wird geschimpft, seit es die Crufts gibt. In viktorianischer Zeit kritisierten die Leute sowohl die Bestechlichkeit der Richter als auch die »Monstrositäten«, die sie richteten. Heute sind viele mit den Auswüchsen der Zurechtmachens nicht einverstanden und sagen, dass die Hunde verdinglicht werden. Tierrechtler und besonders die Mitglieder von People for the Ethical Treatment of Animals (PETA) mögen Ausstellungen nicht, weil Tiere im Grunde überzüchtet sein müssen, um zu siegen oder auch nur zugelassen zu werden. »Entgegen der Propaganda der Tierzuchtindustrie«, steht in der Broschüre von

PETA, würden die Verantwortlichen der Crufts und aller anderen ambitionierten Hundeschauen »Hunden schmerzhafte und lebensbedrohende Gendefekte aufzwingen. Eine von der RSPCA in Auftrag gegebene unabhängige wissenschaftliche Studie ergab, dass alle von der Zuchtindustrie unternommenen Veränderungen zu langsam vonstattengehen und das Wohlbefinden der Hunde nicht signifikant verbessern. Bei den Zuchtstandards geht es weiterhin vornehmlich um physische Eigenschaften, die Gesundheit der Tiere spielt nur eine sekundäre Rolle.« PETA geht auch davon aus, dass die Crufts die britische Tierheimkrise verschlimmert: Auf jeden gefeierten reinrassigen Champion, der im Fernsehen bewundert werden kann, kommt ein neuer Wurf Rassehunde – und eine entsprechende Anzahl von Tierheimhunden, die nicht adoptiert werden.[*]

Der Kennel Club ist sich der Gefahr der Zucht auf extreme körperliche Merkmale bewusst, reagiert durch die Entwicklung einer eigenen Gesundheitspolitik und hat außerdem eine Reihe neuer Initiativen ins Leben gerufen. Er fordert die Züchter auf, sich an den 2006 erlassenen Animal Welfare Act zu halten, und zukünftige Besitzer, sich über ihre Wunschrasse gründlich zu informieren und nur von verantwortungsvollen Züchtern zu kaufen. Der vom RSPCA in Auftrag gegebene und von PETA zitierte Bericht wurde von Dr. Nicola Rooney und Dr. David Sargan verfasst und 2009

---

[*] 2012 brachte PETA ein satirisches Poster heraus. Abgebildet war ein viktorianischer Zirkus, der Text lautete: »Jährliche Parade der von Krankheiten und Behinderungen bedrohten genetischen Missgeburten. Ein Cavalier King Charles Spaniel kam mit einem Schädel zur Welt, der für sein Gehirn zu klein ist!« 2018 störten PETA-Aktivisten das im Fernsehen übertragene Finale des Schauwettkampfs Best in Show, um ihre Ziele publik zu machen. Crufts behauptete, PETAs Aktion hätte die Sicherheit von Tieren gefährdet. Die Organisation konterte: »Die Hunde befanden sich in einer Arena mit Tausenden von Zuschauern, grellem Scheinwerferlicht, Musik und Lautsprecherdurchsagen. Sie mussten im Ring herumstolzieren, und einige von ihnen trugen Würgehalsbänder. Sie waren mit Styling-Produkten besprüht worden, wurden geschubst und mit dem Finger gepikt. Die beiden jungen Leute mit ihren Schildern werden den Stress, unter dem die Hunde litten, wohl kaum verschlimmert haben.«

veröffentlicht. Er schließt mit den Worten: »Tierwohlorganisationen, Veterinärverbände, Hundezüchter und alle anderen Interessenvertreter müssen gemeinsam mithilfe der neuesten Erkenntnisse der Genetik und der Epidemiologie ein neues Hundezuchtmodell entwickeln. Die Aussage, dass es nicht einfach sein wird, gesunde Hunde auszuwählen, um gesunde Welpen zu erzielen, ist noch untertrieben.«[*]

F: Gibt es irgendwo eine ironischere Zurschaustellung dessen, was typisch englisch ist, als bei der Crufts?
A: Nein. Es ist wohl weder die größte Hundeschau der Welt (das ist die in Leipzig, bei der viermal so viele Hunde ausgestellt werden) noch die älteste (das ist vermutlich die 1877 erstmals veranstaltete New Yorker Westminster Dog Show). Doch 2019 ist die Crufts sicher die einzige, die sich rühmen kann, dass Mrs. Renée Sporre-Willes an ihr mitwirkt. Sie ist die Richterin der Terriergruppe. Sporre-Willes hat erstmals 1966 an der Crufts teilgenommen, als der Titel des Best in Show an einen »kleinen Apricot-Pudel« ging, wie sie ihn nannte. Als man sie fragte, was heute das Besondere an einem Crufts-Hund sei, antwortete sie: »Ein wirklich typischer Kopf.«

1937 besuchte der irische Dichter (und Barsoi-Besitzer) Louis MacNeice die damals im Olympia stattfindende Hundeausstellung Crufts, um darüber für die Zeitschrift *Night and Day* zu schreiben. Er stellte betrübt fest, dass an der damals zum 76. Mal veranstalteten Schau Hundebesitzerinnen und -besitzer ausstellten, die besser erzogen und weniger exzentrisch waren als jene, die er bei einer früheren Crufts im Crystal Palace erlebt hatte. Er war anderer Meinung als die Leute, die sich beklagten, dass die auf Ausstellungen ausgerichtete Zucht

---

[*] https://www.rspca.org.uk/webContent/staticImages/Downloads/PedigreeDogs
Report.pdf

einen »künstlichen Hundetyp« hervorbringe. »Hunde führen ein derart künstliches Leben«, argumentierte er, »dass es nicht stört, wenn sie auch noch künstlich aussehen.« Er bewunderte die Afghanischen Windhunde, die ihn an Scheichs erinnerten, und die 21 Neufundländer, die er als »wandelnde Sofas« bezeichnete. Weniger gut gefielen ihm die Hunde, die seiner Ansicht nach ihre traditionellen Merkmale verloren hatten (die Dänischen Doggen waren ihm zu »schlaksig« geworden und die Pekinesen »auf eine vulgäre Art überheblich«). Doch was machte seiner Ansicht nach die Crufts zur Crufts? »Die alten Damen überall, die Sandwiches aus der Handtasche holten, ganz zu schweigen von kleinen, aber feinen Knochen. England ist sich treu geblieben, dachte ich, als ich das sah …«

Absolut unenglisch an der Crufts ist, dass man dort immer wieder beobachten kann, wie sich Leute, die sich überhaupt nicht kennen, angeregt miteinander unterhalten. »Ach, Sie haben einen Hund? Ich habe auch einen Hund! Was für ein Hund ist sie denn? Sie ist ein wirklich guter Hund, und ich wette, dass Sie auch einen tollen Hund haben …«

F: Wie kann ein Hund die Ausstellung gewinnen, also »Best in Show« werden?

A: Theoretisch ein einfacher Vorgang, den man sich plastisch als Pyramide vorstellen kann. Er muss zuerst in einer lokalen Ausstellung zum Sieger gekürt werden, dann in einer regionalen, dann bei dem Crufts-Wettbewerb, bei dem der Rassenbeste ermittelt wird, und anschließend in einer Konkurrenz zwischen den Rassebesten der jeweiligen Rassen einer Gruppe (Jagdhunde, Zwerghunde usw.). Danach treten die Gruppensieger gegeneinander an. Der ganze Prozess zieht sich über mehrere Monate hin, die geballte Wettkampfphase bei der Crufts dauert vier Tage.

Bei der Crufts wird ein Hund allerdings nicht nach denselben Kriterien wie zu Hause in der Familie beurteilt, etwa nach Kuscheligkeit und Eigengeruch. Ein Champion muss gut gezogen sein und in allen Punkten dem Rassestandard entsprechen, er muss lebhaft, aber zugleich gelassen sein und außerdem über jenes gewisse Etwas verfügen, das die Richter nicht klar definieren können, aber auf jeden Fall erwarten. Er muss von innen heraus strahlen, Präsenz zeigen und perfekt mit seinem Vorführer harmonieren. Einfach nur ein guter Hund zu sein genügt nicht.

Vor nicht allzu langer Zeit aber war es durchaus möglich, einfach nur ein guter Hund *und* Sieger bei der Crufts zu sein. Bis 1967, als die »Cruft's« noch im Olympia in London stattfand und ein Apostroph hatte, bekam jeder Hund eine echte Chance. Alle möglichen Hunde traten an, mit allen möglichen Fehlern, inklusive unerklärlicher Beulen und Staupe. Heutzutage kann man die Champions, die zwar alle Hürden genommen haben, aber trotzdem nicht zum Best in Show gekürt wurden, dennoch als Champions ansehen.

Dennoch wirkten viele Züchterinnen und Züchter, mit denen ich mich unterhielt, ziemlich resigniert. Teresa Barker z. B. züchtet seit über 30 Jahren kurzhaarige und langhaarige Chihuahuas und stellt aus. Sie sagte, dass ihre Hunde, die in ihrer Klasse bisweilen über 20 andere Chihuahuas triumphierten, dennoch niemals die höchste Auszeichnung ergattern könnten. Bei der Crufts werden über 200 Chihuahuas gezeigt, »doch die größten Züchter behalten ihre besten Hunde und verkaufen einem ihre Welpen nicht. Ich stehe schon sehr lange auf ihren Wartelisten.«

Neulich glaubte Barker, von einem Züchter auf dem Kontinent eine potenzielle Championesse erworben zu haben, doch als die kurzhaarige Hündin bei ihr eintraf, entdeckte sie an ihr einen Fehler, der auf dem Verkaufsvideo nicht zu sehen gewesen war. »Sie hatten es gut versteckt. Chihuahuas sollen sehr gerade Vorderbeine haben, sodass sie sich auf einer geraden Linie bewegen, doch bei dieser Hündin sind die Vorderbeine leicht gebogen. Das lässt sich gut verbergen, wenn man den Hund herumhüpfen oder auf einem Tisch stehen lässt.« Barker, die im Norden Londons lebt, fährt zu Ausstellungen im ganzen Land und hat dann meist vier Hunde dabei. Allerdings beginnen sie und ihre Freundinnen sich angesichts des erbitterten Konkurrenzkampfs und der hohen Kosten zu fragen, warum sie sich das eigentlich antun. Außerdem ist Mrs. Barkers zweiter Ehemann kein besonders großer Fan von Chihuahuas, und die Tatsache, dass sie zehn dieser Hündchen besitzt, stellt seine Liebe zu ihr mitunter auf eine harte Probe. (Ihr erster Ehemann dagegen liebte Hunde und hatte einen Deutschen Schäferhund mit in die Ehe gebracht.)

Um sich eine Vorstellung davon zu machen, was die Richter heutzutage erwarten, kann man sich in der Zeitschrift *Our Dogs* Berichte über regionale Ausstellungen durchlesen. Dies sind die Ausstellungen, die man gewinnen muss, um bei der Crufts antreten zu können. In der Schau der Maidenhead & District Canine Society im Februar 2019 etwa siegte ein vierjähriger Papillon (ein kleiner, langhaariger, spanielartiger Schoßhund mit großen Ohren), der bereits slowenischer Champion geworden war und den klangvollen Namen Whip Honey Double Smash trug. Ein Zuschauer, der diese Rasse nicht kennt, könnte seine Schönheit bewundern und denken, dass er mit den schwarzen Flecken um die lebhaften schwarzen Augen herum und den schwarzen Ohren aussah, als trüge er eine Superheldenmaske.

Richter Toni Jackson aber, der ihn zum Best of Show erklärte, begründete sein Urteil so: »Ein herrlicher Showman, der sehr aufmerksam auf seinen Hundeführer reagiert und sich fantastisch präsentiert. Haar und Körper in hervorragender Ausstellungskondition. Schöner Ausdruck, mit korrektem Kopf und breit

Distinguierte Hundefreundinnen: Una Troubridge und Radclyffe Hall 1923 mit ihren Dackeln bei der Crufts 1923.

angesetzten, befransten Ohren, mit dunklem, mittelgroßem Auge. Gut gebaut, bewegte sich korrekt in alle Richtungen, mit lebhaftem Gangwerk.«

Ganz eindeutig ist dies kein »großer Hund aus Wood Green«. Reservesieger von Maidenhead wurde eine zweijährige Siberian-Husky-Hündin namens Jacalous Catch Me if You Can for Vukasin. Der Richter begeisterte sich dafür, dass die junge Husky-Dame »sehr ausgewogen und in keiner Hinsicht überzogen« sei. Außerdem verfüge sie über ein angenehmes Temperament und »einen typischen fuchsartigen Kopf mit hübschen Mandelaugen und lebhaftem Ausdruck«. Sie habe einen »guten Knochenbau und gutes Fell, nicht übertrieben«, mit »gut gelagerter Schulter und einer durch die Kniewinkelung ergänzten Winkelung«. Also, gut hinbekommen, Jacalous Catch Me if You Can for Vukasin, und das ohne Übertreibungen!

Man liest aus den Beschreibungen klar heraus, dass es Spaß gemacht hat, sie zu formulieren. »Ich hatte Freude daran, diese herrliche Rasse zu richten«, erklärte Toni Jackson. Richterin Bridget Harris, die ihr Ehrenamt bei der Ausstellung der London Cocker Spaniel Society ausübte, empfand es als Ehre, eingeladen worden zu sein. Sie »hatte viel Spaß dabei, erstklassige Hunde zu begutachten«, obgleich ihr auch auffiel, dass »einige der Ausstellungshunde mehr Zahnpflege benötigt hätten«. Diese Richter und auch die Leute, die ihnen ihre Hunde vorführen, wurden einst als *the dog fancy* bezeichnet, »die Hundespinner«. Heute sagt man dazu auch gern *doggy*. »Sie sind nicht wirklich *doggy*, oder?«, fragt ein *Doggy*-Mensch vielleicht jemanden, der keinen Leckerlibeutel am Gürtel trägt und nicht voller Hundehaare ist.

F: Kann man bei der Crufts einen Hund kaufen?
A: Nein. Doch nach einem Besuch hat man eine wesentlich klarere Vorstellung davon, welche Art von Hund man haben will. Das Hilfreichste sind nicht die Obedience- oder Agility-Wettkämpfe, sondern die Stände ringsherum in den Hallen, an denen man ein oder zwei Exemplare so gut wie aller Rassen anschauen kann, die es gibt (insgesamt ungefähr 200). Falls irgendeine furchtbare Katastrophe die gesamte Welt um das Messezentrum NEC vernichten würde, könnte man zumindest fast die gesamte Rassehundewelt erhalten.

Die Hunde werden in alphabetischer Reihenfolge ihrer Rassen ausgestellt. Das kann dazu führen, dass man ganz plötzlich einen neuen Traumhund findet, weil man z. B. eigentlich vorhatte, sich einen Langhaardackel zuzulegen, sich dann aber in einen Cirneco dell'Etna verliebt, der etwas mehr Bewegung und ein größeres Sofa benötigen würde. Oder Sie halten nach einem riesigen Neufundländer Ausschau (so groß, dass er die Fläche von zwei Ständen braucht), und begeistern sich dann für den mittelgroßen Portugiesischen Wasserhund im kleinen Nachbarstand. In den Ständen findet man dann auch eine Rassebeschreibung, die Auskunft gibt über das Bewegungsbedürfnis (von einer knappen halben Stunde am Tag für den Japan Chin bis zu über zwei Stunden täglich für den Riesenschnauzer), über die Lebenserwartung (von weniger als zehn Jahren für den Mastiff bis über zwölf Jahre für den Riesenschnauzer) und darüber, ob sich die jeweiligen Hunde eher für ein Leben in der Stadt oder auf dem Land eignen. Der Riesenschnauzer fühlt sich überall wohl und ist damit ausgezeichnet für Städter mit Ferienwohnung auf dem Land geeignet.

Um zu beweisen, dass er nicht ganz humorlos ist, lancierte der Kennel Club 2012 die Scruffts, eine parallel zur Crufts stattfindende Veranstaltung für Mischlinge. Hier werden »der schönste« Mischlingsrüde und die »hübscheste« Mischlingshündin, der »Golden Oldie« Mischlingsveteran (acht Jahre und älter), der beste Mischlings-Rettungshund sowie ein »bester Freund des Kindes« prämiert. Diese Schau steht auch für ein neues Zeitalter. In einer Ausgabe von *Country Life* aus dem Jahr 1937 konnte man in einer Annonce noch lesen: »Kaufen Sie niemals einen Mischlingshund – besorgen Sie sich einen *guten* Hund. Züchter sind vernünftige Leute. Informieren Sie sich über Ihre Wunschrasse bei der kommende Woche stattfindenden Crufts Dog Show.«

Charles Alfred Cruft war nicht *der* Erfinder der Hundeausstellung, aber konnte gut Ausstellungen organisieren – also rief er seine eigene ins Leben. 1891 veranstaltete er die erste von vielen Hundeausstellungen, die sogar für die Menschen ein Begriff wurden, die keine Hunde hatten. Er garnierte die Veranstaltungen mit Zirkusglamour und Varietéwirbel, und als seine erste Schau zu Ende war, veranstaltet in der Agricultural Hall in Islington, war aus der Hundeausstellung ein kommerzielles Event geworden.

Cruft war der Sohn eines Londoner Juweliers. Sein erklärtes Lebensziel war es, erfolgreich zu sein. Die ersten beruflichen Kontakte zu Hunden hatte er, als er mit 20 Jahren für die Firma James Spratt arbeitete, die als eine der ersten speziell zusammengesetzte Tiernahrung herstellte. Spratts Hundekuchen bestanden aus Getreide, Roter Bete und einer nicht näher spezifizierten Art »Rinderflüssigkeit«, bei der es sich um Blut gehandelt haben könnte. Das Ganze wurde anfangs als »Spratt's Patent Meat Fibrine Dog Cakes« (»Spratts Patenthundekuchen mit Faseranteil«) vermarktet. Statt weich wie Kuchen waren sie hart wie Schiffszwieback, und der Landadel fand rasch Gefallen daran, sie seinen Jagdhunden zu füttern. Kluges Marketing assoziierte schon damals die Hundekuchen mit erfolgreichen Ausstellungshunden, so wie viele Jahre später auch die Hersteller von Pedigree Chum und Eukanuba – der eine füttert sozusagen den anderen.

Crufts Talent lag im Bereich von Verkauf und Marketing. Seine Werbekampagnen für mehrere Zuchtverbände führten dazu, dass er bei der Pariser Weltausstellung 1878 mit dem Management der Hundesektion beauftragt wurde. In London organisierte er Ausstellungen für Spaniel und Terrier; an der Ausstellung im Old Royal Aquarium in Westminster 1886 nahmen knapp 600 Hunde teil. Diese Ausstellung wurde 1890 auf Zwergrassen (»Toy«) ausgeweitet, und im Jahr darauf konnten Hunde aller Rassen gemeldet werden, sodass die Besucher 2437 Hunde von 36 Rassen bestaunen konnten.[*]

Kurz vor Ausbruch des Ersten Weltkriegs 1914 nahmen über 4000 Hunde an der Ausstellung teil, und obgleich ältere Institutionen wie der Kennel Club die ausgestellten Hunde und die eingeladenen

---

[*] Heutzutage denkt man bei »Toy Dog« zuerst wohl an Handtaschen- oder Teacup-Hündchen. Ursprünglich stand der Begriff für kleine Hunde der Schoßhundkategorie, die von den Damen des 19. Jahrhunderts vielleicht ebenso verwöhnt wurden wie ihre Nachfahren von heutigen Promi-Ladys verwöhnt werden – oder auch nicht.

Richter als unzulänglich und unlauter ansahen, war die Cruft's mittlerweile weltweit bekannt.*

Cruft nahm sämtliche Kritik achselzuckend hin, wie es seine Art war. Er konnte jedoch nicht vermeiden, hereingelegt zu werden. Manipulationen beim Züchten durch Einkreuzungen hatten damals Hochkonjunktur, und auf seiner Jagd nach dem in sämtlichen Kategorien perfekten Hund heizte Cruft den Trend ungewollt noch an. Man geht davon aus, dass seine Schauen wesentlich dazu beitrugen, in Großbritannien importierte Exoten wie den Barsoi, den Saluki, den Basenji, den Rhodesian Ridgeback, den Pekinesen und den Norwegischen Lundehund beliebt zu machen. Beinahe wäre 1931 auch der Sibirische Aalhund zur Ausstellung zugelassen worden – hätte Cruft nicht kurz vorher erfahren, dass es sich um eine fiktive Rasse aus einem Roman von P. G. Wodehouse handelte.

Cruft hatte viele Vorgänger, darunter nicht zuletzt Charlie Aistrop und Jemmy Shaw, die Mitte der 1850er-Jahre Ausstellungen veranstalteten. Diese fanden oft im Hinterhof von Pubs statt und zeigten Hunde, die sich als gute Rattenfänger erwiesen hatten. (Die Sieger wurden an denjenigen verkauft, der am höchsten geboten und zu Hause die meisten Ratten hatte. Shaw handelte auch mit anderen Rattenjägern wie Katzen, Frettchen und Mungos.)

Die erste offizielle Ausstellung mit Kürung eines Rassebesten soll 1859 in Newcastle upon Tyne stattgefunden haben: Die Richter vergaben Preise (Jagdgewehre) für die »besten« Hunde, ohne deren Brauchbarkeit oder Fähigkeiten näher zu beurteilen. Zugelassen

---

* Der Kennel Club wurde 1873 nicht zuletzt deshalb gegründet, um das Ausstellen von Hunden zu kontrollieren und die viktorianische Begeisterung für neue Rassen einzudämmen. Ein Eintrag in seinem Reglement besagte: »An den Wettbewerben dürfen keine Hunde teilnehmen, die an Räude oder irgendeiner anderen ansteckenden Krankheit leiden.« Zur Zeit von Charles Crufts Tod 1938 nahmen alljährlich an die 10.000 Hunde an seiner Schau teil. 1942 kaufte der Kennel Club seiner Witwe Emma die Rechte für die Ausstellung ab.

waren allerdings nur Pointer und Setter, angemeldet waren auch lediglich 60 Hunde.*

Eine drei Jahre später in Islington angekündigte Ausstellung weckte das Interesse eines Reporters der von Charles Dickens† herausgegebenen Wochenzeitschrift *All the Year Round*. »Manche Preise werden für Größe vergeben, für die Breite der Brust, für klar gezeichnete Gliedmaßen und für Symmetrie der Punkte«, notierte dieser und bezog sich dabei in erster Linie auf die Klassen für Setter, Retriever, Windhunde und Pointer.

Der ganze Stolz der Bulldogge beruht darauf, o-beinig und mit rosafarbener Nase, mit Hängebacken und von einem zweifelhaften Ruf begleitet durchs Leben zu gehen. Die Haut des Bluthunds soll ihm in grässlichen Falten von Kinn und

---

* Einem in der Zeitschrift *Stud Book* des Kennel Clubs erschienenen Bericht zufolge war die Schau in Newcastle auf den Vorschlag von Richard Brailsford hin organisiert worden, einem Wildhüter und Hundetrainer (oder »Hundebändiger«). Brailsford hatte zuvor in *Field* geschrieben, dass zu viele Hunde »Kümmerlinge, Ausschuss und Mischlinge« seien und dass aus kommerziellen Gründen zu viel gekreuzt würde. Er empfahl, die Reinheit der Hunderassen durch Wettbewerbe zu erhalten. Nun fragt man sich natürlich, wer bei den Pointern dieser ersten Schau siegte. Es war ein Pointer namens Bang, der sich im Besitz von Mr. R. Brailsford befand. Wer gewann wohl bei den Pointer-Hündinnen, die ein paar Monate später von Mr. R. Brailsford in Birmingham veranstaltet wurde? Die Hündin eines Mr. J. Brailsford. Und was geschah 1861 in Leeds? Der Preis bei den Retrievern ging an einen Mr. H. R. Brailsford und dessen Rüden Windham und bei den Pointern an Mr. W. Brailsford und seine Hündin Moll. Gab es in dem Brailsford-Clan vielleicht auch einen Mr. F. Brailsford? Ja, es gab ihn tatsächlich, und er war unter den Gewinnern bei einer Ausstellung von Retrievern in Chelsea, wo neben seinem Shot auch Mr. J. Brailsfords Bell siegte. Erstaunlicherweise erreichte Mr. J. Brailsfords Jip bei der First Great International Dog Show 1863 in der Agricultural Hall in Islington keinen der drei ersten Plätze, und ein Aufruhr wurde nur abgewendet, weil er einen »Extrapreis« in der Kategorie Retriever erhielt.

† Lange Zeit nahm man an, dieser Reporter sei Charles Dickens selbst gewesen. Inzwischen jedoch halten Literaturforscher John Hollingshead für den Autor, der später erfolgreicher Theaterleiter wurde.

Kiefer hängen. Der King Charles Spaniel trägt an den Beinen Haarbüschel, so breit wie die Säume einer Seemannshose, und seine Stupsnase ist so weit nach oben gezogen, dass man den Hut daran aufhängen könnte, hätte der Hund nicht so schrecklich kurze Beine.

Weiter klagt er:

Ein Hund ist etwas furchtbar Lästiges: Er heult in der Nacht; es ist anstrengend, ihn zu füttern; er will spazieren geführt werden, wenn Sie gerade etwas Berufliches vorhaben und ihn nicht mitnehmen können; in diesem Fall schaut er Ihnen mit schief gelegtem Kopf nach und sieht dabei so traurig aus, dass es Ihnen das Herz bricht; Ihre Freunde mögen ihn nicht, weil er ihre Teppiche beschädigt und ihren Katzen Angst einjagt; er neigt dazu, gestohlen zu werden und an Staupe und anderen Übeln zu erkranken. Kurzum, er bedeutet nur Mühe und Plage, doch wenn mir jemand einen dieser wirklich altmodischen Spaniel anbieten würde, glaube ich nicht, dass ich die Kraft hätte, das Geschenk abzulehnen.

Der Artikel trug den Titel »Zwei Hundeschauen«. Die andere der beiden war nur ein paar Hundert Meter weiter nördlich gelegen und eine ständige Ausstellung. Sie entbehrte jeglichen Glamours und bestand aus einem von drei Mauern eingefassten Hof mit einem großen gemauerten Käfig mit Eisengittern. »Sobald man in Sichtweite dieses Käfigs kommt, flitzen 20 oder 30 Hunde von jeglicher vorstellbaren und unvorstellbaren Rasse nach vorn zum Gitter, drücken ihre Schnauzen daran platt und fragen in ihrer sehr eigenen und überzeugenden Sprache, ob nun endlich ihr Herr gekommen sei, um sie abzuholen.«

Es handelte sich um ein neuartiges Londoner Tierheim, das zu diesem Zeitpunkt erst seit 18 Monaten bestand und in diesem Zeitraum bereits über 1000 verlorene Seelen aufgenommen hatte, »die armen obdachlosen Streuner, die in der Gosse nach Essbarem suchen oder sich in einem Hauseingang zusammenrollen, um im Schlaf ihren Sorgen zu entfliehen.« Der Artikel schließt mit der für eine Dickens-Veröffentlichung typischen menschlichen Note:

> Dies ist jene Art von Anstalt, die sich ein einfühlsamer Mensch wünschte, der Zeuge des Leids hungernder Tiere wurde, ohne auch nur zu ahnen, dass es sie tatsächlich gibt. In diesem unserem praktisch denkenden Land aus Gefühlsgründen eine Anstalt ins Leben zu rufen ... beweist, dass es immer noch einen verborgenen Schatz an Gefühlen gibt, die in manchen Herzen trotz der harschen Gesetze des Londoner Lebens im 19. Jahrhundert überlebt haben.

Die einfühlsame Gründerin dieser Anstalt war Mary Tealby, die ihre Institution Temporary Home for Lost and Starving Dogs (Vorübergehende Unterbringung für entlaufene und hungernde Hunde) nannte. 1871 zog das Heim in den Westen Londons um und wurde in Battersea Dogs Home umbenannt.

Auf vielerlei Weise erlebte das 19. Jahrhundert die Entstehung eines vollkommen neuen Hundes, sowohl in Fleisch und Blut als auch in der Fantasie. Es war das Jahrhundert der Regulierung und Standardisierung, der Angst und der Festlichkeiten. Der Kennel Club wurde 1873 gegründet, um den Ablauf und die Finanzierung von Hundeausstellungen zu beaufsichtigen und die Reinrassigkeit zu kontrollieren. Viele Zeitungsnachrichten aus dieser Zeit bilden zwei gegenläufige Realitäten ab: Auf der einen Seite wurde über Tollwutausbrüche und die wachsende Zahl von Streunern auf

Londons Straßen berichtet, auf der anderen Seite über Hundeausstellungen und die allerneueste Schoßhundzüchtung. Hunde wurden zu Prestigeobjekten der viktorianischen Gesellschaft: Wer sich in seinen Mittelklassehaushalt einen Bluthund holte, rückte zumindest imaginär ein Stückchen weiter in die Nähe des Landadels.

Die Wissenschaftler Michael Warboys, Julie-Marie Strange und Neil Pemberton schreiben den Viktorianern die »Erfindung« des modernen Hundes zu. Als dessen Prototyp gilt ein großer Pointer namens Major. Ein Reporter und früherer Arzt beschrieb diesen Hund 1865 in seinem Artikel für *Field* außergewöhnlich detailliert. Noch nie war ein Hund so minutiös analysiert worden. Der Autor teilte den Hund in 16 Teile auf und vergab jedem Teil Punkte. In der Kategorie »Gebäude und allgemeine Ebenmäßigkeit« gab es Punkte für die Lendenpartie (bis zu sieben), Hinterhand (sechs), Schultern (fünf), Brustkorb (vier) und Ebenmäßigkeit (drei). Auch wurde genau geschildert, was man als wünschenswert erachtete: »Die Lefzen sollten gut entwickelt sein … die Schnauze lang, breit und in der Vorderansicht quadratisch, also mit gleichmäßig ausgebildetem Kiefer und nicht wie eine Schweinenase.«

Diese Typisierung und Kategorisierung, die sich auch in der viktorianischen Begeisterung für Briefmarken und Fossilien niederschlug, wurde bald auf andere Rassen ausgedehnt, die in den Zuchtbüchern des Kennel Club erfasst waren. Von diesem Punkt an war es keinem Rassehund und schon gar keinem Crufts-Champion mehr gestattet, so wie früher einfach nur Hund zu sein. Das Zuchtbuch des Kennel Club, das *Stud Book*, wurde zur Bibel der Züchter und gab genau vor, wie ein Hund auszusehen und bei den Ausstellungen aufzutreten hatte. Und so ist es bis heute geblieben: Die Ausgabe von 2019 hat über 1000 Seiten. Doch gab und gibt es auch noch andere Bücher, und aus ihnen erfahren wir, warum wir unsere Hunde seit vielen Jahrhunderten so sehr schätzen.

So viele Bücher, so wenig Zeit: Cocker Spaniel Susi befasst sich mit Literatur.

9. Hundegeschichten

Hundeliteratur – also das Schreiben über Hunde, von Hunden und für Hundebesitzerinnen und -besitzer – ist beinahe so alt wie das Schreiben selbst. Vielleicht sogar noch älter, denn wir wissen, dass Hunde in den Mythen und Lagerfeuergeschichten unserer fernen Vorfahren eine wichtige Rolle spielten. Wenn wir schon nicht alleine gehen oder jagen, gibt es auch keinen Grund, unsere vierbeinigen Freunde aus unseren Geschichten auszuschließen. Ganz im Gegenteil, denn wie die folgenden Seiten zeigen, *sind* unsere Freunde oft unsere Geschichten. Das erste Buch, in dem es ausschließlich um Hunde ging, entstand vor 500 Jahren und war der erste Tropfen, der bald zum gewaltigen Strom anschwoll. Hunde wurden rasch zu Protagonisten von Kindergeschichten; bei englischsprachigen Kindern zählt das Wort *dog* oft schon zum allerersten Wortschatz.

Womit also beginnen? So viele Autoren haben den Hund zum Kern einiger ihrer besten Arbeiten gemacht und uns dadurch ein neues Tier vorgestellt oder ein vertrautes Tier in ein neues Licht gerückt. Es sind allesamt Texte, die Einsicht in die Komplexität unserer

Beziehung zum Hund geben. Wir denken dabei an Jack London, Charles Dickens, P. G. Wodehouse, J. R. Ackerley, P. D. Eastman und Plutarch; beginnen sollten wir aber unbedingt mit … Woolf.

Gab es irgendetwas, das Virginia Woolf nicht über Hunde wusste? Sie umgab sich mit Hunden, sie schrieb einen ganzen Roman über einen Hund, Hunde spielten in einer geheimen Liebesbeziehung wichtige Nebenrollen, und einer der ersten von ihr veröffentlichten Artikel war ein Nachruf auf einen Hund.

Dabei hatte ihre Beziehung zu Hunden alles andere als gut angefangen. Im Alter von neun Jahren berichtete Virginia Woolf in der familieninternen Zeitung *Hyde Park Gate News*, wie sie von einem »Big Dog« genannten Tier angegriffen worden war. Das Tier hatte in ihren Umhang gebissen und sie gegen eine Mauer geschubst. Ihr nächster Artikel mit Hundebezug war der liebevolle und bewegende, wenn auch erstaunlich objektive Nachruf auf Familienhund Shag.[*] Darin beschreibt sie ihn als kleinen Beißer, der angesichts der allseits drohenden Tollwut oft mit Maulkorb ausgeführt wurde.[†] Shag war auch ein Snob, der unterwegs »nur selten versäumte, die Frechheit von Mittelklassehunden zu bestrafen, die ihm die seinem Rang geschuldete Ehrerbietung verweigerten«. Woolf schreibt, dass Shag immer mehr zum Alleinherrscher wurde, sodass der Gedanke, er könne Herrchen und Frauchen haben, unhaltbar wurde und sich alle nur noch als seine Onkel und Tanten bezeichneten. Innerhalb seiner sozialen Klasse aber war Shag durchaus gesellig: »Ich kann ihn

---

[*] Der Nachruf auf Shag zählt zu Virginia Woolfs frühesten Veröffentlichungen und erschien 1904 in *Guardian*, einer von einem Freund herausgegebenen Zeitung für Pastoren. Woolf war damals 22 Jahre alt und bemüht, sich durch Honorare finanzielle Unabhängigkeit aufzubauen.

[†] Bis 1895 waren in England 672 Tollwutfälle erfasst worden, und es wurde heiß über Maulkörbe diskutiert: Tierärzte und Rechtsanwälte waren dafür, während Hundebesitzerinnen und -besitzer protestierten, dass der Maulkorb ihre persönliche Freiheit einschränke. Die Regierung führte die Maulkorbpflicht dennoch ein.

mir Zigarre rauchend vorstellen, an einem Fenster in seinem Club, die Beine lässig ausgestreckt, während er mit einem Freund über die neuesten Entwicklungen an der Börse plaudert.«

Was wissen wir sonst noch über Shag? Er war grau und zottelig und war den Hündinnen zugetan. Er hatte den Kopf eines Collies und die Beine eines Skye Terriers, war aber definitiv nicht der reinrassige Terrier, der in dem Glauben angeschafft worden war, er könne das Sommerhaus der Familie in St. Ives von Ratten befreien. Leider besaß er auch ein Temperament, durch das er sich selbst das Leben schwer machte, und biss einmal sogar einen Besucher, der – so Woolf – Shag als einen Schoßhund betrachtet hatte.

Shag hatte jene Art von Standesdünkel, die wir oft bei alten Hunderassen beobachten, und seine Unfähigkeit, sich an eine sich wandelnde Welt anzupassen, führte schließlich zu seiner Verbannung. Woolf beschreibt, wie ihre Familie eines Tages einen Welpen namens Gurth willkommen hieß, einen Bobtail im üblichen Grau-Weiß. Der alte Shag war alles andere als erfreut und von Eifersucht zerfressen. Als er sah, dass der neue Hund Menschen gern seine Pfote anbot, rang sich Shag denselben Trick ab, doch bei ihm wirkte er steif und erzwungen, und nur wenige fanden die Geste niedlich. Daraufhin probierte Shag etwas anderes aus: Er ging dem neuen Hund an die Gurgel. Die beiden kämpften erbittert gegeneinander. »Als wir sie endlich trennen konnten«, schreibt Woolf, »war Blut geflossen, Haarbüschel waren geflogen, und beide Hunde behielten Narben zurück.«

Also wurde Shag abgeschoben und sollte seine letzten Jahre im Haus eines Dienstboten in Parsons Green verbringen. Der arme alte Shag! Gurth eroberte in Virginia Woolfs Herz einen besonderen Platz und wurde zu einem zwar nicht beitragenden, aber dennoch wertvollen Mitglied der Literatenclique Bloomsbury Group. Er begleitete Virginia Woolf auf Ausflüge in die London Library und sogar zu Konzerten, bis er einmal seine eigene Bassbegleitung zu einem Lied heulte und »hastig« hinausgebracht werden musste. Gurths Treue beeindruckte Virginia Woolf so stark, dass sie sich angewöhnte, den Begriff *sheepdog* als Kosewort zu verwenden, zunächst nur für ihre Schwester und später auch für enge Freunde.

Dann aber, in einer Winternacht, geschah ein Wunder. Vor dem Haus der Familie Woolf ertönte Gebell, und als die Haustür geöffnet wurde, »trat Shag ein, inzwischen so gut wie blind und stocktaub … und ohne weder nach links noch nach rechts zu schauen, ging er zu seiner alten Ecke am offenen Kamin, wo er sich zusammenrollte und sofort einschlief.« Er war schon ziemlich am Ende und starb kurz darauf, als ein Kutschrad ihn überrollte – ein dramatischer Tod, der ihn aber von den Leiden des hohen Alters erlöste. Doch er war nach Hause zurückgekehrt, um sich, loyal bis zum Ende, zu verabschieden.

Vielleicht war es alles andere als überraschend, dass 30 Jahre nach Shag die inzwischen etablierte Schriftstellerin einen ergreifenden Roman über einen anderen verstorbenen Hund schrieb: über *Flush*, den vierbeinigen Begleiter der viktorianischen Dichterin Elizabeth Barrett. Bevor Hollywood Rin Tin Tin und Lassie zu Filmstars machte, war Flush einer der berühmtesten Hunde der Welt – ein Seelenretter, eine Muse der Einsamen. Barrett schrieb über ihn blumige Verse (»Den braunen Locken einer Dame gleich / fließen deine seidenen Ohren hinab so weich«), wirklich unsterblich aber machte ihn Woolfs Roman. Dieser basierte auf einer Idee, die entgegen zahlreicher Unkenrufe funktionierte: Die erfundene Biografie eines Hundes, teilweise anhand nachprüfbarer Fakten rekonstruiert, teilweise einfühlsam und fantasievoll aus einer Perspektive fabuliert, die die des Hundes sein sollte.

Der Roman wurde nicht *vom* Hund geschrieben, wie manche Leute annehmen, die ihn noch nicht gelesen haben, sondern es wurde die Sichtweise des Hundes berücksichtigt, was jedoch nicht allen gefiel: In der Kritik fiel das Projekt teils als frivol auf, und zeitweise schien Woolf sich für dieses Buch sogar geschämt zu haben. Tatsächlich aber ist es eine lohnende Lektüre, die besonders all denen gefällt, die Hunde lieben. Der Roman beschreibt sehr anschaulich, wie ein Hund das Leben eines Menschen zu verwandeln vermag.

Woolf bedient sich des Hundes, um das Liebeswerben zwischen Barrett und ihrem späteren Ehemann, dem Dichter Robert Browning, zu schildern und zu beschreiben, wie sich durch eine neue Beziehung Eifersucht in eine ältere Beziehung einschleichen kann (hier macht sich Shags Einfluss spürbar). Flush beobachtet die heimliche Flucht des Paares nach Italien und liefert, als der Hund in Wimpole Street entführt und nach Whitechapel verschleppt wird, der Autorin die Gelegenheit, Klassenschranken und soziale Ungleichheit zu reflektieren. In ihrer Einführung zur Penguin-Classics-Ausgabe bezeichnet die Literaturwissenschaftlerin Alison Light den Roman als »einen Woolf im Hundepelz«, was nicht nur witzig, sondern auch wahr ist.

Flush entstand nicht lange, nachdem Woolf *Die Wellen* vollendet hatte, und ist so bezaubernd, wie sein Vorgänger schwer verdaulich war. Der Roman steckt voller Beispiele für die Liebe, die von Hunden auf den Menschen abstrahlt und wieder auf sie zurück, und hatte

für seine Verfasserin sicher auch einen therapeutischen Zweck. Als
Flush 1933 in dem von Virginia Woolf und ihrem Ehemann Leonard
gegründeten Verlag Hogarth's Press erschien, hatte sie schon viele
Tragödien und viel Verzweiflung erlebt und empfand für dieses Buch
viel, wie sie auch für Hunde viel empfand. Für Virginia Woolf stellte
ein Hund »die private Seite des Lebens« dar, die »verspielte Seite«.

Flush wurde aber auch als feministische Allegorie gelesen, mit
dem Spaniel in einer geschäftigen Stadt als starke, suchende Figur,
die besonders dann glücklich ist, wenn sie frei ist und sich der Welt
öffnen kann: »Die gesamte Breitseite einer Londoner Straße an einem
heißen Sommertag überflutete sein Nase«, schreibt Woolf. »Er roch
die Gerüche, die ohnmächtig machen und Eisengitter angreifen, die
schweren Dämpfe, die aus Kellern aufsteigen. Gerüche, die kom-
plexer, fauliger und brutaler waren als alles, was er in den Feldern
bei Reading jemals gerochen hatte. Gerüche, die weit jenseits der
menschlichen Nase lagen.« Und so wandelt Flush durch ein Paradies
der Gerüche, »bis ein Ruck am Halsband ihn weiterzerrte«. Das führt
unweigerlich zur Frage an alle gestressten Hundemenschen: Zerre ich
meinen Hund auch so weiter?

Im Privatleben nutzte Woolf ihre Hunde auch als erotische Symbole.
Als ihre Geliebte Vita Sackville-West 1926 zu ihrer Persienreise aufbrach,
flehte Woolf sie an, sowohl sie selbst als auch ihren Rassemix Grizzle
nicht zu vergessen (ein Nachfolger von Gurth). »Diese schäbigen
Mischlinge sind immer die liebevollsten, warmherzigsten Geschöpfe«,
schrieb Woolf. »Grizzle und Virginia werden sofort herbeieilen, um
dich willkommen zu heißen – sie werden dich von oben bis unten
ablecken.« Auf ihrem Rückweg nach London schrieb Sackville-West:
»Dies ist mein letzter Brief. Das Nächste, was du von mir mitbekommst,
wird sein, wie ich reinkomme und Grizzle knuddle.«

Dann gab es da noch die schöne Pinka, den reinrassigen Spaniel,
den Sackville-West der Geliebten auf dem Höhepunkt ihrer Affäre

schenkte. Virginia hielt Vita ständig auf dem Laufenden und berichtet auch von Pinkas Untaten: »Dein Welpe hat Löcher in meinen Rock gebissen und ihn so zerstört, sie hat L.s Druckfahnen gefressen und einen so großen Schaden am Teppich angerichtet, wie man nur kann. Aber sie ist eine Lichtgestalt. Leonard behauptet allen Ernstes, sie habe ihm den Glauben an Gott wiedergegeben – und das, nachdem sie ihm achtmal an einem Tag auf den Fußboden gepinkelt hat.«

Hunde, die Druckfahnen fressen, sind vielleicht nichts anderes als Hüter des literarischen Geschmacks. John Steinbeck erlebte im selben Jahrzehnt ein ähnliches Dilemma. Im Mai 1936 teilte er seiner Agentin Elizabeth Otis mit, dass sein mexikanischer Setterwelpe (den er, ebenso wie viele seiner anderen Hunde, Toby getauft hatte) eines Abends allein zu Hause geblieben war und »aus meinem halben Buchmanuskript Konfetti« gemacht hatte. Das betreffende Buch war der Roman *Von Mäusen und Menschen*. »Es wirft mich zurück«, klagte Steinbeck. »Es gab keine Kopie. Ich war furchtbar wütend, doch vielleicht handelte der arme kleine Kerl literaturkritisch.«*

Die kongenialsten literarischen Gedanken über Hunde wurden dort gedacht, wo man es ohnehin erwartet hätte, nämlich in den Tempeln und verschollenen Bibliotheken der Griechen.

Pythagoras wird von allen Hunden hoch geschätzt, seit er als er Xenophanes zufolge »an einem Hund vorbeikam, der geschlagen wurde, voller Mitleid sagte: ›Halt, schlagt ihn nicht; das Tier hat die Seele eines Freundes; das weiß ich, denn ich hörte es sprechen.‹«

Sein Zeitgenosse Xanthippos (Vater des Perikles) besaß tatsächlich einen Hund mit der Seele eines Freundes. Plutarch berichtet, dass,

---

* Steinbeck kannte seine Hunde wirklich gut. Über seinen französischen Pudel Charley schrieb er einmal, dass dieser in einem Pariser Vorort zur Welt gekommen sei und er, obgleich er ein wenig Pudel-Englisch verstehe, Befehle nur dann prompt ausführe, wenn sie auf Französisch gegeben würden. »Andernfalls muss er sie sich erst übersetzen, und das dauert länger.«

als die Griechen 480 v. Chr. in See stachen, um in der Schlacht von Salamis gegen die Perser zu kämpfen, ihre weinenden Verwandten und weinenden Tiere am Hafen von ihnen Abschied nahmen. Ihre Chancen, von der Seeschlacht lebend zurückzukehren, standen schlecht, und dieses Wissen quälte auch die zwei- und vierbeinigen Angehörigen. Und so, schreibt Plutarch, konnte der Hund des Xanthippos es »nicht ertragen, von seinem Herrn getrennt zu sein, sprang ins Meer, schwamm durch die Meerenge an die Seite der Triere [Galeerentyp mit drei Ruderreihen an jeder Seite] und ging auf der Insel Salamis an Land, wo er das Bewusstsein verlor und sogleich starb.«

Man nimmt an, dass das arme Tier unter einem Steinhaufen liegt, der noch heute als »Grab des Hundes« bezeichnet wird. Xanthippos überlebte die Schlacht und starb erst fünf Jahre später, doch müssen es – nach dem Verlust eines solchen Hundes – wohl einsame Jahre gewesen sein.

Zwangsläufig sagt jeder Text über Hunde, so liebevoll oder wütend, so lang oder kurz er auch sein mag, mindestens genauso viel über die Menschen aus wie über ihre Tiere. Hunde beeinflussen unsere Empathie: Leserinnen und Leser können eine Figur, die einen Hund tritt, nicht lieben, dafür wächst ihnen sofort ein Charakter ans Herz, der einen Hund rettet oder mit ihm seine Ration teilt. Und in der Handlung geht es oft um die Loyalität eines Hundes.

Wir können die Griechen nicht hinter uns lassen, ohne Argos zumindest kurz zu erwähnen, jenen Hund, der den nach zehnjähriger Reise von Troja nach Ithaka zurückkehrenden, getarnten Odysseus beinahe verraten hätte. Homer versah Argos mit einer langen Liste von Leiden: Er war müde, voller Flöhe, lag mitten in Kuhmist … und dennoch erkannte er auf Anhieb seinen Herrn wieder – wahrscheinlich am Geruch. Erst nach diesem letzten Akt der Liebe gestattete Homer dem armen alten Hund, »in die Dunkelheit des Todes« hinüberzugleiten.

Das erste ganz den Hunden gewidmete Werk erschien 1575. Es war von Johannes Caius auf Lateinisch verfasst worden. Caius war der Leibarzt von Eduard VI., Königin Maria I. und Königin Elisabeth I. und hatte viele der ältesten domestizierten aristokratischen Hunde aus nächster Nähe und auch viele Jagdhunde in Aktion erlebt. Seine Abhandlung liest sich wie der Bericht eines Ethnologen über exotische Völker auf fernen Inseln.

In dem von Abraham Fleming als *Of English Dogges, the Diversities, the Names, the Natures and the Properties* (»Von Englischen Hunden, die Unterschiede, die Namen, das Wesen und die Eigenschaften«) übersetzten, weit verbreiteten Buch werden die Hunde in drei Kategorien eingeordnet. Caius unterscheidet einen schlecht gelaunten und aggressiven Typ, einen freundlichen Jagdhundtyp und einen häuslichen Typ, »geeignet für verschiedene wichtige Zwecke«. Mit dem freundlichen Typ ließen sich Hirsche, Wiesel, Hummer und Iltisse jagen.

Caius teilte ihn in Unterkategorien ein und versah jede mit einem besonderen Attribut: »Der erste verfügt über einen perfekten Geruchssinn, der zweite ist schnell in der Wahrnehmung, der dritte sticht hervor durch Flinkheit und Geschwindigkeit, der vierte durch Gelenkigkeit, der fünfte ist listenreich.« Sodann befasste sich Caius mit bestimmten Rassen. Setter, Hütehunde, Terrier und Windhunde kommen in seinem Buch ebenso vor wie Spaniel; bei Letzteren gibt er seiner Verwunderung darüber Ausdruck, in welchem Maße sie ihre Besitzer zu bezaubern vermögen. »Es ist eine Art von Hunden, die bei dem Edelvolk beliebt ist, bei Adeligen, Lords und Ladys, die sie sehr schätzen … So sehr, dass diese sie nicht nur auf ihrem Schoß einschlafen lassen, sondern sie auch mit ihren Lippen küssen und sie zu ihren hübschen Gespielen machen.«

In dem halben Jahrtausend seit Johannes Caius ist die Flut von Hundebüchern nicht abgeebbt. Es gibt Handbücher für die

Hundezucht, den Hundekauf, die Ausbildung, es gibt wissenschaftliche Studien, fiktive Hundehelden, sentimentale Reisen ... es gibt so viele, dass man sich erst einmal fragt, ob man wirklich noch ein eigenes hinzufügen will. Doch die Freude an Hunden, ihrer Vielfalt, ihren Eigenheiten, an dem Trost, den sie uns schenken, und an dem nie versiegenden Quell ihrer Liebe ist so groß, dass es einem unnatürlich vorkäme, diese Flut eindämmen zu wollen. Das wäre beinahe so, als würde plötzlich niemand mehr über die Liebe schreiben.

Natürlich hat jeder seine Lieblingsautoren. Meiner ist John Galsworthy, aber nicht wegen der *Forsythe-Saga*, sondern wegen seiner Hundeliebe, die in vielen seiner Schriften durchscheint. In seinem Essay »Memories« (»Erinnerungen«) fragte er 1912: »Wenn ein Mann nicht den Gedanken: ›Wodurch nutzt mir dieser Hund?‹ bald hinter sich lässt, um nur noch schlicht und einfach glücklich über das Zusammensein mit diesem Hund zu sein, wird er niemals die Essenz dieser Freundschaft kennenlernen, die nicht auf besonderen Fertigkeiten des Hundes beruht, sondern auf einer eigenartigen und subtilen Vermischung stummer Seelen.«

In einem anderen Text erzählt Galsworthy, wie er einmal zusammen mit seiner Frau Ada vom Bahnhof Waterloo Station einen schwarzen Spaniel abholte, den Freunde aus Salisbury geschickt hatten. Das Paar brachte den Hund nach Hause. »Wenn er einfach nur dasitzt und voller Liebe ist und weiß, dass er geliebt wird, dann ist das einer der Momente, die dem Hund, wie ich glaube, wichtig sind; wenn er mit seiner von Liebe erfüllten Seele, die aus seinem Blick spricht, fühlt, dass man gerade wirklich an ihn denkt.«

Im folgenden Jahr greift er dieses Thema in einem Brief an *The Times* wieder auf, in dem er das Gefühl, das Menschen Hunden entgegenbringen, mit dem vergleicht, das wir für Kinder empfinden. Mit anderen Worten: Wir räumen ihnen in unserem Leben den Platz ein, den sie verdienen, denn sie »sind bei Weitem das dem

Menschen auf der Erde Naheste … das eine schlichte Geschöpf, in dessen Augen wir ziemlich klar erkennen können, welche Gefühle, ja sogar welche Gedanken im Inneren wirken; das eine schlichte Geschöpf, das nicht nur gelegentlich, sondern beinahe ständig Liebe und Loyalität empfindet.«

Vielleicht nicht so ganz schlicht, denn könnte ein Geschöpf von schlichten Geistesgaben tatsächlich ein Buch schreiben wie *Thy Servant a Dog* (1930), in dem ein schwarzer Aberdeen Terrier namens Boots (und Rudyard Kipling) von unartigen Hunden, einer Ratte und einer Katze erzählen? Oder *Leben und Ansichten von Maf dem Hund und seiner Freundin Marilyn Monroe*, geschrieben von einem Malteser, der ursprünglich Virginia Woolfs Schwester Vanessa Bell gehörte (und Andrew O'Hagan)? Oder den Roman *Für immer, euer Prince*, in dem ein gebildeter Labrador lernt, eine Problemfamilie zusammenzuhalten, und darüber berichtet (zusammen mit Matt Haig)? Oder *Timbuktu*, den von dem Hundewunder Mr. Bones (unter Mithilfe von Paul Auster, der sich von einem Hund namens Ollie inspirieren ließ, den er beim Gebrauch einer Schreibmaschine beobachtet hatte) verfassten Roman. Oder die ironische Parabel *Hundeherz*, in der ein Streuner halb zum Menschen wird und lernt, wie Michail Bulgakow zu schreiben. Und nicht zuletzt die vom Hund Chet gemeinsam mit seinem Ghostwriter Spencer Quinn verfasste Krimiserie mit Titeln wie *Auf sie mit Gebell*, *Ein Elefant macht die Mücke* und viele andere mehr.

Dann wäre da noch mein Lieblingsbuch aus der Kindheit, *Go, Dog. Go!* von P. D. Eastman, einem Freund von Dr. Seuss. Die Freude, die ich daran hatte, rührte nicht nur von der eigenartigen Interpunktion des Titels, sondern von den grellbunten Illustrationen und dem rhythmischen Aufbau des Textes. In klarem, knappem Stil werden eine Reihe von Unterhaltungen zwischen einem modebewussten Pudel und einem liebenswerten, aber eigensinnigen bluthundartigen Straßenköter wiedergegeben. Die Story ist weniger tief als vielmehr surreal, doch einem Kind mag die in diesem Buch dargestellte Welt als die einzig lebenswerte vorkommen. Wer würde die originelle Weise nicht lustig finden, in der die beiden Hunde einander begrüßen?

Pudel: Hallo.
Straßenköter: Hallo.
Pudel: Gefällt dir mein Hut?
Straßenköter: Nein. [Pause] Auf Wiedersehen!
Pudel: Auf Wiedersehen!*

Das bemerkenswerteste Hundebuch von allen aber ist Jack Londons zähnefletschender allegorischer Bestseller *Ruf der Wildnis*. Jack London kam 1876 in Kalifornien zur Welt. In seinen Vierzigern beschloss er, seine Abenteuerlust auszuleben: Er brach auf, um zur See zu fahren, nach Gold zu schürfen und sich generell in einem Umfeld zu bewegen, das wir heute als »Outdoor« bezeichnen. Zwischendrin fand er immer wieder Zeit, um beeindruckende Romane zu schreiben.

Der *Ruf der Wildnis* (1903) wurde zu seinem Durchbruch, und das trotz der eigenartig anmutenden Story: Es ist die Geschichte eines Bernhardiner-Langhaarcollie-Mischlings namens Buck, die als chronologischer Bericht beginnt und in den magischen Realismus mündet. Buck beginnt sein Leben als verwöhnter Haushund eines Richters, doch der Richter hat Feinde, und Buck wird entführt, verkauft und mehrmals weiterverkauft, bis er als Schlittenhund in Yukon zur Zeit des Goldrauschs landet – und endlich bei einem Menschen, der ihm Vertrauen und Fürsorge schenkt.

Die Geschichte selbst hat nichts Außergewöhnliches an sich, doch durch seine Art zu schreiben bringt London den Leser dazu,

---

* Der Pudel probiert einen Hut nach dem anderen auf, bis er endlich einen sehr kunstvollen Hut findet, der beim Straßenköter auf Zustimmung stößt. Gemeinsam gehen sie auf eine Hundeparty.

sich nicht nur für Buck zu begeistern, sondern auch für alles, wofür er steht: die Suche nach Authentizität, die Befreiung von Fesseln, den Ausbruch aus dem Alltag, der einen zurück zur Natur führt. Nach dem Tod seines letzten Besitzers macht Buck eine letzte Verwandlung durch – eine Umkehrung der darwinschen Entwicklung, indem er zum Anführer eines Wolfsrudels und schließlich zu einem mythischen Geisterhund wird.

Hier war ein Hund, der so war, wie Hunde früher waren, argumentiert London, bevor all dieses Herumkreuzen und Verwöhnen begann, und außerdem ein Hund, der sich selbst treu sein konnte und über eine feindliche Umgebung triumphierte. Man mag sich fragen: Ist das tatsächlich so? Waren unsere Haustiere damals, als sie noch frei waren, wirklich glücklicher? Der Umstand, dass das Buch über ein Jahrhundert nach seinem Erscheinen immer noch viel gelesen wird, sagt eigentlich nur aus, dass London sehr überzeugend zu schreiben verstand. Und der Nachfolgetitel *Wolfsblut* schlägt tiefer in dieselbe Kerbe, denn die Titelfigur ist hier näher am Wolf als am Hund und ausschließlich sich selbst gegenüber loyal. Die Unbarmherzigkeit beider Romane ist auffallend, und wenn man sie in jungen Jahren liest, vergisst man sie ein Leben lang nicht mehr.

Doch wer ist der unvergesslichste Hund in der Literatur? Für die einen ist es der Hund in J. R. Ackerleys *My Dog Tulip*. Im Mittelpunkt der Autobiografie steht das Zusammenleben des Autors mit Schäferhündin Queenie. Der Romanschriftsteller und Redakteur entdeckte erst spät im Leben den besonderen Charme des Hundes; davor war er eher der Ansicht gewesen, dass »man der britischen Vernarrtheit in Hunde kritisch gegenüberstehen sollte, denn es sind schmutzige und laute Geschöpfe«. Seine Einstellung änderte sich, nachdem er sich in Queenie verliebt hatte, die ihm jene »unbestechliche, unkritische Verehrung« entgegenbrachte, von der er sein ganzes bisheriges Leben lang geträumt hatte. »Ein Hund hat im Leben nur ein einziges Ziel«,

meinte Ackerley später, »nämlich das, sein Herz zu verschenken.« Als
Queenie starb, war er vor Trauer außer sich, denn er begriff, dass »kein
Mensch mir jemals so viel bedeutet hatte«.

Andere würden als den bedeutendsten Hund in der Literatur die
Hündin Karenin ansehen, eine vierbeinige Figur in Milan Kunderas
Die unerträgliche Leichtigkeit des Seins. Karenin ist halb Babyersatz,
halb Symbol des Bleibenden in revolutionären Zeiten. Ihr Krebstod
veranlasst die Icherzählerin, darüber nachzudenken, ob man eine
Gesellschaft danach beurteilen kann, wie sie ihre Tiere behandelt;
sie kommt zu dem Schluss, dass wir an dieser Klippe nur allzu oft
scheitern. Gegen Ende des Lebens ihrer Hündin kommen der weib-
lichen Hauptfigur Teresa frevelhafte Gedanken: »Die Liebe, die sie
mit Karenin verband, war besser als die Liebe zwischen ihr und
[ihrem Ehemann] Tomas. Besser, nicht größer … Angesichts der
Natur der Beziehung zwischen einem Menschenpaar ist die Liebe

Ein Hund hat ein Ziel im Leben: J. R. Ackerley mit Queenie.

zwischen Mann und Frau grundsätzlich als niedriger einzustufen als die, die es (zumindest in den besten Fällen) zwischen Mensch und Hund geben kann. Eine Kuriosität in der Menschheitsgeschichte, die vom Schöpfer vermutlich nicht eingeplant war.«*

Ich kann alle diese Hunde und ihre spannenden fiktiven Leben nur empfehlen. Der einprägsamste aller literarischen Hunden aber ist meiner Meinung nach leider Bullauge, der Hund in *Oliver Twist*. Warum leider? Weil der Hund ein angekettetes Monster ist und sein Besitzer Bill Sykes ihn quält, wo er nur kann. Als Dickens den Roman 1837 schrieb, besaß er noch keinen Hund. Später hatte er noch viele Hunde, doch dieses Hundeporträt gelang ihm auch ohne eigene Hundehaltererfahrung – eigene traurige Beobachtungen genügten vollauf. Als der struppige weiße Hund in die Handlung eingeführt wird, weist er am ganzen Körper Schnittwunden auf und hat sich schon längst in sein grausames Schicksal gefügt. Seine Treue zu dem brutalen Ganoven Sykes bricht dem Leser das Herz. Als der Hund nach Sykes' Hinrichtung am Galgen in den Tod springt, ist klar, dass er als Versinnbildlichung des Bösen nicht ohne seinen Herrn existieren kann.

Die Vorstellung von Hunden als Bedrohung war in Dickens' London nicht weit hergeholt. Hunde verbreiteten die Tollwut (wenn auch in einem geringeren Maße, als die Bewohner damals annahmen) und streiften verwildert durch die Straßen. Auch die Straßenhunde selbst lebten gefährlich: Wer nicht überfahren wurde, konnte durchaus in einer Arena für Kämpfe gegen andere Hunde oder Bären landen.

---

* Der Tod der Hündin brachte eine weitere mühsam errungene Erkenntnis mit sich: »Teresa akzeptierte Karenin als das, was sie war, sie versuchte nicht, sie nach ihren Wünschen umzugestalten. Sie war von Anfang an mit ihrem Hundeleben einverstanden, sie hatte nie vor, es ihr zu nehmen, sie beneidete sie nicht um ihre Geheimnisse. Sie erzog die Hündin nicht, um sie zu ändern (so, wie ein Ehemann versucht, seine Frau zu ändern und eine Ehefrau ihren Mann), sondern um ihr eine einfache Sprache mitzugeben, die ihnen beiden ermöglichte, sich miteinander zu verständigen und zusammenzuleben.«

Die Gründung des englischen Tierschutzvereins Society for the
Prevention of Cruelty to Animals im Jahr 1824 war eine Reaktion
auf den Umgang mit Hunden in dieser Zeit.

Böse Hunde konnten durchaus zu bösen Gedanken anregen –
durchaus auch einen Autor, der versuchte, einen Roman fertig zu
schreiben. An seinem Schreibtisch am Tavistock Square im Londoner
Viertel Bloomsbury schrieb Dickens im Dezember 1852 an seinen
Kollegen W. H. Wills, dass »Hunde ihn wahnsinnig« machten. Ein
großes Rudel hatte »es sich in ihre verfluchten Köpfe gesetzt«, sich

Dickens mit Hund: Der Schriftsteller war Hunden gegenüber nicht immer wohlgesonnen.

jeden Morgen an einer Stelle gegenüber seinem Fenster zu versammeln: »Heute Morgen haben sie *fünf Stunden lang ununterbrochen gebellt*, sodass sie es mir vollkommen unmöglich machten, zu arbeiten.« Als Lösung für dieses Problem fiel Dickens ein, dass er seinen Diener beauftragte, ein Gewehr und Munition zu beschaffen. »Falls ich diese Dinge heute Abend hierhabe, wird es einige von ihnen morgen früh das Leben kosten.«

Doch wir sollten diese literarische Reise lieber auf einer heitereren Note abschließen und vielleicht in die Nähe unseres Ausgangspunkts zurückkehren. Vita Sackville-West, stolze Besitzerin der Salukis Edith und Zurcba, veröffentlichte 1961 eine Sammlung von kurzen, liebevoll ausgeführten Hundeporträts.*

Dieses Buch ist immer noch aktuell, denn in den letzten 60 Jahren hat sich am Charakter der Hunde kaum etwas geändert. Allerdings hat sich dank der kognitiven Psychologie und forensischer wissenschaftlicher Analysen unser Verständnis dafür geändert, warum sie diesen Charakter haben. Sackville-West zeichnet 44 Rasseporträts, die hervorragend zu den herrlichen Schwarz-Weiß-Fotos von Laelia Goehr passen, und gesteht in ihrer Einleitung, dass ihr große, edel wirkende Rassen stets lieber waren als die zarten Schoßhunde. Außerdem entschuldigt sie sich schon im Voraus bei den Lesern, die ihre Hundebeschreibungen vermenschlichend finden werden: »Wenn man Hunde liebt, fällt es schwer, ihnen keine menschlichen Eigenschaften zuzuschreiben, und man wird auch beinahe automatisch immer ›er‹ oder ›sie‹ statt ›es‹ schreiben.«

---

* Zurcba wurde von ihrer Besitzerin mitunter auch Zurcha genannt, was wohl eine gewisse Gleichgültigkeit widerspiegelt. In ihrem Buch *Gesichter: Potraits einiger Hunde* beschreibt Sackville-West Zurcba/Zurcha, die sie von Gertrude Bell geschenkt bekommen hatte, als »ausnahmslos den langweiligsten Hund, den ich jemals besessen habe … Sie war vollkommen geistlos, und was Treue betrifft, war sie nur dem bequemsten Sessel gegenüber treu.«

Die Besitzerinnen und Besitzer von Labrador Retrievern werden ihre Beschreibung des Labradors als »treuen Hundeklumpen« vielleicht kritisieren, doch wird ihnen gefallen, dass die Autorin diese Hunde als loyal und liebevoll schätzt. Auch werden sie nicht leugnen können, dass Labradore, wenn sie erst einmal in die Jahre kommen und fülliger werden, für die Lebhaftigkeit jüngerer Generationen nur Verachtung übrig haben. Ihre Gedanken kann man den Labradoren ohnehin meist vom Gesicht ablesen: »Wo bleibt denn mein Abendessen? Hoffentlich wurde ich nicht vergessen! Ach, nichts ist mehr, wie es mal war!« Beim Kerry Blue Terrier bedauert Sackville-West, dass »seine Farbe so ziemlich das einzig Hübsche an ihm ist. Wie würden Sie sich mit einem derartigen Bart fühlen, der beinahe bis in die Augen hineinwächst?« Der Bedlington Terrier, der fast wie ein Lämmchen aussieht, hat ihrer Ansicht nach so gar nichts Verspieltes: »ein Northumbrier mit nordischer Widerstandsfähigkeit … sein hölzerne Ausstrahlung spricht mich nicht allzu sehr an, so fusselig sein Fell auch sein mag.«

Über den Pekinesen schreibt Sackville-West, dass er seiner äußeren Erscheinung zum Trotz »kein Luxusobjekt ist«, doch dass sie trotzdem selbst keinen haben wolle. Die Augen von Pekinesen erinnerten sie immer an Autoscheinwerfer.

Natürlich sind die Geschmäcker verschieden, und wenn das nicht so wäre, hätten wir alle einfach einen Labrador. P. G. Wodehouse war der Ansicht, der Pekinese gehöre »einer anderen Rasse und Klasse an«, womit er meinte, diese Hunde seien allen anderen weitaus überlegen. »Sie versuchen vielleicht mitunter, sich demokratisch zu geben, doch in Wahrheit sehen sie andere Hunde nicht als sozial ebenbürtig an.«

Wodehouse war von seinen Pekinesen besessen. Er besaß viele von ihnen. Sie hatten alberne Namen und Charaktere, schienen ihm aber eine Hilfe zu sein, wenn er sich mit seiner eigenen Gesellschaft und seiner Schriftstellerei zu langweilen begann. Wodehouse merkte auch, dass man, wenn man viel Zeit mit einer bestimmten Hunderasse verbringt, allmählich hinter ihre Geheimnisse kommt und dass einem dann vieles auffällt, was ein zufälliger Beobachter übersieht.

So schrieb Wodehouse am 20. Januar 1936 an seinen Freund und Schriftstellerkollegen William Townend: »Winks und Boo machen derzeit nichts anderes, als gegeneinander zu kämpfen«, und berichtete außerdem, dass Pekes in der Lage sei, den »fiesen Blick« weiterzugeben. Der »fiese Blick« sei eine Version des bösen Blicks und es erfordere einige Übung, ihn zu erkennen. »Winks und Boo schlafen friedlich in entgegengesetzten Ecken des Raums«, erklärte Wodehouse, »und plötzlich hebt eine der beiden Hündinnen den Kopf und starrt die andere an. Die starrt zurück. Das dauert ungefähr zehn Sekunden, und dann gehen sie aufeinander los.« Was könnte der Grund für diese Kämpfe sein? P. G. Wodehouse glaubte, ihn zu kennen: »Hunde sagen Dinge, die das menschliche Ohr nicht hören kann.«

Gibt es auf der Welt einen Hundemenschen, der dem nicht zustimmen würde? Gibt es Menschen, die nicht der Meinung sind, dass ihr Hund nicht nur der intelligenteste und begabteste Vierbeiner ist, der jemals einen Baum angepinkelt hat, sondern dass er ferner über wissenschaftlich noch nicht erklärbare Kräfte verfügt? Und über unbegrenzte Talente? Und warum sollte man bei Hunden haltmachen, die einfach nur etwas sagen? Wie das folgende Kapitel zeigt, bilden Menschen seit Jahrhunderten Hunde für Vorführungen aus, um sie einem Publikum zu präsentieren, und diese Vorführungen sind nicht immer moralisch einwandfrei.

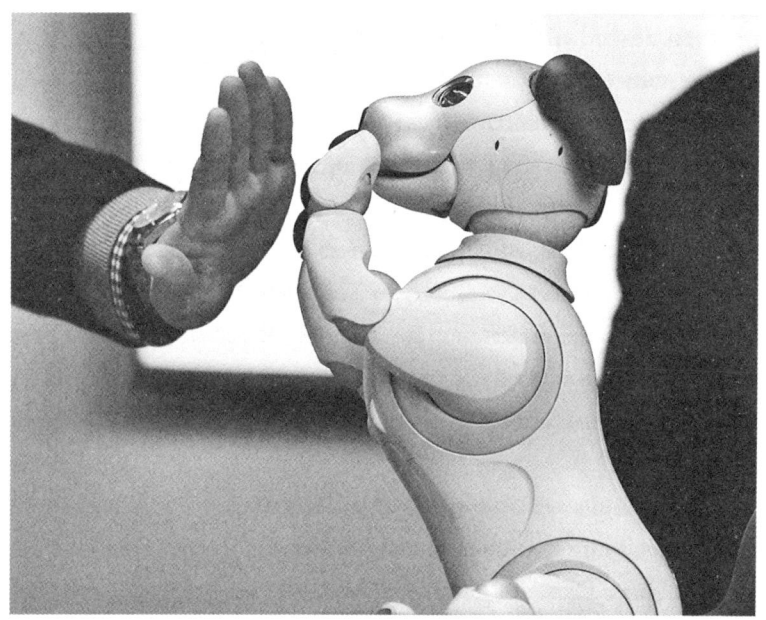

»Bei Idioten sehr beliebt«: Sonys Roboterhund AIBO.

10. Showtime!

Was erwarten wir von unseren Hunden? Warum erwarten wir von ihnen, mehr zu sein, als sie sind? Die Antwort auf diese Frage ist einfach: Wir wollen, dass sie mehr so sind wie wir, damit sie unsere Beziehung auf amüsante Weise stärken. Wir lassen einen Hund nicht einfach nur einen Hund sein, wenn er auch etwas machen kann.

Seit mindestens 200 Jahren fragen wir uns, ob wir es nicht gern sehen würden, wenn ein Hund Domino oder Karten spielt. Oder ob wir etwas davon hätten, wenn ein Hund, angezogen wie Carmen Miranda, einem anderen Hund, der einen Sombrero trägt, eine Serenade vorträgt. Die Fähigkeit besitzen, die Gedanken eines Hundes zu lesen, um herauszufinden, was er weiß und was er braucht – egal, wie wäre es mit einem aufgebrezelten Show-Hund, der angeblich *unsere* Gedanken lesen kann.

Als dieses Buch im September 2019 beinahe fertig war, nahm ich am Milton Keynes Literary Festival teil. In einer netten Runde mit Jack Monroe, Carrie Gracie, Paul Mason und Lissa Evans sollte ich über das Buch sprechen, an dem ich gerade schrieb. Wir diskutierten einiges von dem, was Sie gerade gelesen haben, und auch das Publikum war mir offenbar wohlgesinnt. Doch was die Leute wirklich interessierte, war eine leicht surreale Sammlung erfundener Unterhaltungen zwischen meinem Labrador Ludo und anderen Hunden, die er im Park Hampstead Heath getroffen hatte. Meine Vorstellung war, dass nur triviale Hunde triviale Unterhaltungen haben, und ich wollte den Gedanken vermitteln, dass unsere Hunde wesentlich mehr über uns und die sie umgebende Welt wissen, als wir ihnen zutrauen. Eine dieser Unterhaltungen könnte an einem sonnigen Frühlingstag zwischen Ludo und einem etwas grobmotorischen Collie namens Aperol stattgefunden haben.

Ludo: Hallo.

Aperol: Hallo.

Ludo: Hast du jemals einen Intelligenztest gemacht?

Aperol: Ja.

L: Und?

A: Und er ging schief. Da standen ein Snack und ein Getränk für den Testleiter herum, und ich hatte gedacht, die seien für mich. Also fing es schon nicht gut an.

L: Du hast den Snack des Testleiters gefressen?

A: Und das Getränk getrunken.

L: Oh. Und wie lief es dann beim Test?

A: Ich möchte nicht darüber reden.

L: Verstanden. Ha ha!

A: Ha ha!

L: Was für ein Getränk war es denn?

A: Ich weiß es nicht mehr. Kraftbrühe.

L: Oh. Gestern habe ich mir im Fernsehen zwei Stunden lang Cesar Millan angeschaut, den Hundeflüsterer.

A: Ich hasse es, wenn sie flüstern. Ich habe dann Angst, dass sie plötzlich ganz laut schreien, und dann sind die Ohren kaputt.

L: Cesar hatte mit einem sehr, sehr aggressiven Dobermann geflüstert, der gern in die Beine von Besuchern biss. Cesar sagte immer wieder: »Sch-hh!« und schaffte es, innerhalb von zwei Wochen den Dobermann von Besucherbeinen auf Möbelbeine umzustellen.

A: Ha ha! *Chippendale-Möbel!*

L: Ha ha! All unsere Türen sind von Chippendale.

A: Chippendale ist nur ein anderer Name für Holz.

L: Hast du von Ogden Ganache gehört?

A: Ja!

L: Wirklich?

A: Nein.

L: Ogden Ganache hat gesagt, eine Tür sei erklärtermaßen etwas, auf dessen anderer Seite Hunde stets sein wollen.

A: Man braucht nur zu wimmern, dann machen sie einem die Tür auf. Gestern kam jemand zu uns, der früher Rachel Carson gekannt hatte.

L: Die Frau, die 1962 ein Buch mit dem Titel *Der stumme Frühling* veröffentlichte? Das Buch, das die Diskussion darüber auslöste, wie wir unseren Planeten durch Schädlingsbekämpfungsmittel zerstören, und letztlich zur Entstehung der Umweltbewegung führte?

A: Ja.

L: Unglaublich. Sie war *sehr* inspirierend. Aber natürlich hat niemand auf sie gehört. Und nun steht uns die Katastrophe unmittelbar bevor. Ich merke es auf jedem Spaziergang.

---

* Engl. *(to) chip* = Splitter, Span, Hackschnitzel; abschlagen, schnitzen, abraspeln, hacken.

A: Mir geht es genauso.

L: Das Gras ist nicht mehr wie früher. Der Schlamm riecht anders. Es kommt mir vor, als gäbe es von allen Tieren und Pflanzen weniger.

A: Uns fällt das auf.

L: Wir Hunde sind auch so etwas wie Umweltexperten.

Natürlich war dies eine sehr vermenschlichte Inszenierung. Wie kam ich darauf, dass Hunde Englisch sprechen und einen für uns verständlichen Satzbau verwenden? Warum sollten sie Rachel Carson kennen? (In anderen Unterhaltungen sprachen Ludo und seine Freunde über Jeremy Irons, die Kinks, George Orwell, Motörhead und die Fernsehserie *Chernobyl* des US-Senders HBO.) Teilweise wohl, weil wir es nicht besser wissen: Da es keine alternative einheitliche Hundesprache gibt, können wir uns nur vorstellen, dass sie reden wie wir. (Wie bereits gesagt interpretieren wir Bellen, Knurren und das schnaubende Ausstoßen von Luft durch die Nasenlöcher als Warnsignale, von denen jedes je nach Kontext, Hund und anwesenden Menschen ein unterschiedliches Bedürfnis oder eine unterschiedliche Emotion ausdrückt.)

Eine Unterhaltung dieser Art ist aber auch ein Akt der Liebe: Seit jeher gehen Hundebesitzer davon aus, dass ihre vierbeinigen Lieblinge ein Innenleben besitzen, und natürlich sprechen wir so zu ihnen, als könnten sie uns verstehen. Von hier aus ist es nur ein kleiner Sprung zu der Vorstellung, dass der Hund auch antworten kann. In Shakespeares *Zwei Herren aus Verona* wird ein Hund von seinem melodramatischen Herrchen Lanz ausgeschimpft, weil er der »trübsinnigste Hund« sei, der jemals auf Erden lebte, und weil er weder etwas sage noch Tränen vergieße, wenn eine emotionale Situationen das erfordere. Ganz offensichtlich steht dahinter die Vorstellung, dass der Hund sprechen *könnte*, wenn er es nur wollte.

Heutzutage ist der sprechende Hund ein allseits beliebter Gag, und wir müssen uns fragen, warum er erst so spät aufkam. Das erste bekannte sprechende Tier war eine Schlange. Eine ganze Reihe sprechender Tiere finden wir zu Äsops Zeiten, bei *Alice im Wunderland* werden es schon wesentlich mehr, und die Filme *Dschungelbuch*, *Das Zauberkarussell*, *Toy Story* und *Zoomania* stellen sprechende Tiere als etwas Selbstverständliches dar. (Und selbst stumme Tiere vermögen zu denen zu sprechen, die ihnen gut zuhören: »Was ist denn, Lassie? Ist die alte Maggie Finnegan etwa schon wieder in den Brunnenschacht gefallen?«) Heute regt sich niemand mehr über sprechende Hunde auf, und die Akzeptanz geht weit über die »Disneyfizierung« hinaus.

Im Herbst 2019 druckte die Zeitschrift *The New Yorker* eine Kurzgeschichte von Joy Williams, die den Titel »The Fellow« (»Der Gefährte«) trägt. Darin geht es um einen Hund, der sein Fell als »schokotortenfarbig« beschrieben wissen will. Es ist ein melancholischer Hund, der schon so gut wie alles erlebt hat. Er scheint die Fähigkeit zu besitzen, in die Seele des Erzählers zu schauen, interessiert sich für Gedichte von Craig Arnold, aber auch fürs Schnüffeln und Fressen. Gegen Ende der Geschichte verrät der Hund, dass er (oder sie) schon viele Male gestorben ist und vielleicht stellvertretend für alle Hunde steht. Zwei weitere Bemerkungen dieses Hundes: Er (oder sie) ist »kein Freund von elektronischen Geräten«, und er (oder sie) bedauert, »aus unserem Zuhause gerissen« worden zu sein und sich nun irgendwo anders wohlfühlen zu sollen.

In Milton Keynes fühlte sich Ludo pudelwohl. Nicht nur das, er stahl mir auch die Show. Dem Publikum gefiel an Ludos Unterhaltungen am besten, dass ich ihn mit auf die Bühne gebracht hatte. Er lag manchmal in seinem Körbchen und manchmal daneben und war mit seinen zwölf Jahren immer noch imstande, einen Raum zu dominieren. Ich hätte da oben irgendeinen Blödsinn von mir geben können, und das Publikum hätte es nicht gestört. Ludos Blick aber wanderte von Zeit zu Zeit forschend an den Sitzreihen entlang, denn vielleicht hatte ja jemand Essbares dabei und würde ihm etwas davon abgeben. Plötzlich sprang Ludo von der Bühne herunter und wanderte umher, und das Publikum freute sich über diese improvisierte Einlage und störte sich nicht an seinem Fischatem. Als ich ihn zurückrief und ihm bedeutete, sich wieder in sein Körbchen neben mir zu legen, schaffte er es nur noch mit den Vorderpfoten auf den Bühnenrand. Ich musste hinunterklettern und ihn hinaufschieben. Auf der Bühne stahl er mir abermals die Show, als er gähnte, während ich die Geschichte der Domestikation erzählte.

Auf vielfachen Wunsch und in dem Wissen, dass dies sein wohl letzter Auftritt in der Stadt sein könnte – wer weiß schon, wann dieser Zwölfjährige wieder die Kraft oder den Enthusiasmus aufbringen würde, sich auf diese ungewöhnlich kultivierten Bretter zu begeben –, füge ich hier noch eine von Ludos Unterhaltungen ein. Es ist die mit Milo dem Lurcher, die eines frühen Frühlingsmorgens am Ufer des Herren-Badeteichs stattfand.

Ludo: Hallo.

Milo: Hallo.

L: Du errätst nie, wen ich gestern getroffen habe.

M: John, den Boxmas.

L: Richtig! Woher wusstest du das?

M: Weil ich ihn ebenfalls getroffen habe. Er ist eine Boxer-Mastiff-Kreuzung. Hier im Park gibt es nur zwei Boxmasse, aber der eine ist verreist. Sie haben ihn John genannt, in der Hoffnung, dass er dadurch normaler wirken würde. Tatsächlich aber ist er ein unberechenbares Temperamentsbündel.

L: Das ist typisch für diese Boxmasse.

M: Er sieht zwar furchterregend aus, aber wenn man ihn näher kennt, merkt man, was für ein netter Hund er ist. Kinder weinen, wenn sie ihn das erste Mal sehen, aber ihre Tränen trocknen schnell.

L: Ha ha!

M: Ha ha!

L: Magst du nicht allzu gewagte Erwachsenenthemen, kombiniert mit leichtem elterlichem Unbehagen?

M: Klar.

L: Gestern Abend haben meine Leute *Family Guy* angeschaut.

M: War das die Folge, in der Brian, der sprechende Hund, Maskottchen einer Brauerei wird und als Modell für einen riesigen Ballon für einen Festumzug dient, und Peter wird so eifersüchtig, dass er versucht, den Ballon mit einer Armbrust abzuschießen?

L: Nein.

M: Oder die Folge, wo Brian bei einem Autounfall stirbt und die Zuschauer daraufhin derartig entsetzt sind, dass er ein paar Folgen später mithilfe einer Zeitmaschine zurückgeholt wird?

L: Nein, es war eine andere Folge. Aber Brian ist der beste aller sprechenden Hunde, weil er so sarkastisch ist, dass man schnell vergisst, dass sprechende Hunde ungewöhnlich sind, und man ihn einfach als eine weitere Figur des Zeichentrickfilms ansieht. Und sich darauf freut, ihn wiederzusehen.

M: *Ein sprechender Hund!* Ha ha!

L: Ha ha!

M: Der neue AIBO ist gerade rausgekommen.

L: Wahnsinn!

M: Du weißt gar nicht, was das ist, oder?

L: Nein.

M: Es ist der neueste Roboterhund. Von Sony. Version 2.

L: Ist er aus Plastik und steckt voller Elektronik?

M: Leider ja, aber es ist das am besten domestizierte Modell auf dem Markt – abgesehen von den echten Hunden, natürlich. In der Betriebsanleitung wird den Menschen gesagt, wie sie mit ihm umgehen sollen, und je mehr sie mit ihm spielen, desto mehr lernt er.

L: Wie ein richtiger Hund.

M: Ja. Es handelt sich um eine sehr primitive künstliche Intelligenz oder AI oder AIBO. Das Intelligenteste an ihm ist, dass er keine Hautkrankheiten bekommen kann.

L: Pinkelt er?

M: Sie arbeiten daran, haben den Bogen aber noch nicht raus. Er hebt manchmal das Bein, aber es kommt kein Pipi. In der Hinsicht ist er also ein bisschen so wie du. Vielleicht kann das dann Version 3, die vielleicht auch mit einem Herzfrequenzmessgerät ausgestattet sein wird. Er ist ein niedlicher Kerl, der ständig mit dem Schwanz wedelt, wie ein Dorfhund, und das Lehrvideo zeigt erwachsene Menschen, die ihn streicheln, obwohl er gar kein Fell hat.

L: Woher willst du wissen, dass es ein Er ist?

M: Weil er in den Zimmerecken hängen bleibt und sich nicht umdreht. Version 3 wird ein Weibchen sein und sich umdrehen können. Version 2 kann singen, einen Plastikknochen ins Maul nehmen und sich über Nacht aufladen. In seiner Schnauze ist eine Kamera. Er hat auch ein Mikrofon und sendet Daten an Sony.

L: Die Menschen bekommen immer mehr Kontrolle über uns. Sie sollten ihn Snoopy (»Schnüffler«) nennen. Wird sich Version 3 in Version 2 verlieben können?

M: Klar, und bald ist es wie in *Gremlins*, überall werden AIBOs sein. Einer kostet 2900 Dollar, und offenbar sind sie bei Idioten sehr beliebt.

L: Ich bekomme wieder Hunger.

M: Ich auch.

[Stimmen aus der Ferne: Milo? Ludo?]

L: Ignorier sie einfach. Sie würden niemals ohne uns nach Hause gehen.

M: Meine Besitzer riechen nach Zuckermais, Kaffee, Erde und Staubmäusen.

L: Du hast »Besitzer« gesagt, das ist nicht politisch korrekt.

M: Ich weiß, aber was soll man denn sonst sagen?

L: Ich sage gern »erwachsene Fütterungs- und Gassivorrichtungen«.

M: Ha ha, *erwachsen*!

L: Meine Besitzer riechen nach Bananenkuchen, Staubmäusen, Ingwer und Lenor. Die Frau da drüben auf der Straße riecht nach Comfort-Weichspüler.

[Dringlicher: Ludo!? Milo!?]

L: Na gut, dann mal tschüss!

M: Ja, mach's gut, Ludo. *Au revoir!*

Sprechende Hunde? Aber klar! Durch Bücher und Filme haben wir uns an sie gewöhnt. Angefangen hat es mit Hundeauftritten im viktorianischen Salon – mit dem Hund, der Canasta und Domino spielt, und dem Hund, der auf den Vorderbeinen aus den Folies Bergères hinausspaziert. Wir haben uns an die unterschiedlichsten Amüsements gewöhnt, bei denen sich ein Hund fast wie ein Mensch verhält.

Dieser Hund war Munito, eine große weiße Promenadenmischung mit einem braunen Fleck über dem linken Auge. Munito war so eine Art Isaac Newton seiner Spezies. Es gab kaum etwas, was er nicht

konnte; allerdings erklärte er nie, wie er es hinbekam. Dem inzwischen verstorbenen Zauberkünstler und Zaubereihistoriker Ricky Jay
zufolge war Munito in Botanik, Geografie, Naturkunde und Hand-
lesekunst bewandert und konnte Additionen, Subtraktionen sowie
Multiplikationen ausführen und die Ergebnisse anzeigen, indem er
aus im Kreis angeordneten Spielkarten die mit dem richtigen Wert
heraussuchte. (Auf einem zeitgenössischen Porzellan-Gedächtnistel-
ler, auf dem Munito beim Dominospiel dargestellt ist, sieht er wie ein
kunstvoll geschorener Pudel aus. Zwar ist seine Rasse nirgends angegeben, doch wird vermutet, dass es sich um eine Kreuzung zwischen
Schottischem Hirschhund und Irischem Wasserhund handelte.) 1817
trat Munito zweimal täglich im Laxton's Room in der Londoner
Bond Street 23 als stolzer Begleiter eines Signor Castelli auf, der pro
Zuschauer einen Shilling verlangte (»Castelli« war vermutlich ein
Künstlername, und möglicherweise handelte es sich bei dem Herrn in
Wahrheit um einen niederländischen Hundeausbilder namens Nief).
Castelli/Nief und Munito steigerten ihre Berühmtheit noch weiter,
als Munito eine eher klassische Hundeheldentat vollbrachte und eine
ertrinkende Frau aus einem Teich im Londoner Green Park rettete
(wofür ihm die Royal Humane Society eine Tapferkeitsmedaille ver-
lieh, die eigentlich nur für Menschen gedacht war). Allerdings kann
die Heldentat auch eine inszenierte Werbemaßnahme gewesen sein.

Nachdem er in England große Erfolge gefeiert hatte, trat Munito
auch in Österreich und Finnland auf. Ricky Jay schreibt, dass ihm die
Auslandsaufenthalte halfen, »seine Ausbildung zu vervollkommnen«.
Zu Munitos Fans zählten der Prinzregent und der Herzog von York,
doch niemand zeigte sich von diesem Hund stärker beeindruckt als
Charles Dickens. Viele Jahre später, 1867, erinnerte sich Dickens in
einem Artikel für seine Zeitschrift *All the Year Round* daran, wie er
als junger Mann zweimal die Vorstellungen des berühmten Hundes
besuchte. Beim zweiten Mal erkannte Dickens, mit welchen Tricks

gearbeitet wurde: Castelli markierte die Karten, indem er mit dem Daumen etwas Anisöl darauf tupfte, und schon fand Munito die richtige. Für Munitos besondere Begabung gab es aber auch andere Erklärungen, darunter die Theorie, die Émile de Tarade ein Jahr vor dem Erscheinen von Dickens' Artikel in seiner Abhandlung *Éducation du chien* veröffentlichte. De Tarade war der Ansicht, dass ein Geräusch der Schlüssel war: Nähere sich Munito der richtigen Karte, klicke Castelli, der die Hand in der Tasche hatte, mit den Fingernägeln, und der Hund wisse, was er zu tun habe.

Der berühmte Munito hatte viele Nachahmer, darunter ein Hund namens Monetto, der die Uhrzeit angeben konnte. Auch auf etablierten Bühnen traten damals Hunde auf. Bereits um die Mitte des 18. Jahrhunderts gaben im New Theater am Londoner Haymarket die Animal Comedians Vorstellungen, bei denen Schwerter schwingende Hunde und Affen Schlachtszenen nachstellten und zum Abschluss gemeinsam *God Save the King* »sangen«. Rund 50 Jahre später kam in dem am Royal Theatre aufgeführten Stück *The Caravan* eine Szene vor, in der ein Neufundländer namens Carlo einen ertrinkenden Jungen aus einem Wasserbecken rettete.

Carlo wurde so beliebt, dass er 1809 seine eigene Biografie schrieb. Sein Buch war allerdings nichts das einzige dieses Genres, denn Hundememoiren waren zur damaligen Zeit groß in Mode. Wir sind bereits dem gefleckten Terrier namens Bob begegnet, der *The Dog of Knowledge* (»Der wissende Hund«) veröffentlichte – ein Buch, das von falscher Bescheidenheit nur so trieft. »Ich werde mich weder verstecken noch verkleiden«, beginnt Bob seine Ausführungen, »ich werde mich weder mit Taten brüsten, die ich nicht vollbrachte, noch versuchen, meinen Ruf auf den Ruinen des Namens eines anderen aufzubauen.« Bob befürchtete, dass nicht alle Menschen gleicherweise fair sein würden, denn da draußen, im frühen 19. Jahrhundert, herrschte die Mentalität des Fressens oder Gefressenwerdens. »Wie glücklich wäre die

Menschheit, wenn die zweibeinigen Welpen … ebenso unschuldig und langmütig wären. Anstatt zu versuchen, dem Nachbarn den Knochen vor der Schnauze wegzuschnappen oder einander bei jeder Begegnung anzuknurren, wäre es besser, wenn in ihr Handeln mehr Nächstenliebe einflösse und wenn die Starken und Mächtigen den Hilflosen und Schwachen bereitwillig ihre Hilfe angedeihen ließen.«

Philanthropie war nur eines jener Talente, die man nicht ohne Weiteres von einem Hund erwartet hätte. In den 1890er-Jahren führten ein Französischer Pudel namens Inimitable Dick, »Unnachahmlicher Dick«, (und seine zahlreichen Nachahmer) den durch die Tänzerin Loïe Fuller berühmt gewordenen Serpentinentanz vor. Dafür mussten Stelzen an Dick befestigt werden, mit denen er, in durchscheinende blaue Seide gehüllt, über die Bühne wirbelte. Im gleichen Jahrzehnt trat auch Mr. Louis Lavaters Dog Orchestra auf,

Munito, der Wunderhund: Kartentricks und mehr für ein modebewusstes Publikum (um 1815).

ein fantasievoll bekleidetes Mischlingshundesextett. Ein Foto in der Zeitschrift *Strand* aus dem Jahr 1897 zeigt einen Hund namens Jack, der auf einem kleinen Hocker sitzt und Posaune spielt. Der dazugehörige Artikel beschreibt einen Auftritt des Orchesters in Holland: Einem Hund war ein Stöckchen an die Pfote gebunden worden, mit dem er auf ein Tablett schlagen konnte, während ein anderer auf die Basstrommel eindrosch und Posaunen-Jack das Gleichgewicht verlor und in den Orchestergraben stürzte, wo das Menschen-Orchester saß.

Das war zum Glück für die Hunde der letzte Auftritt. Der Varieté-Hund, der nicht einfach nur ein Hund, sondern auch ein Produkt und ein Konzept war, erlebte in viktorianischer Zeit seine Blüte. Doch auch wenn wir aus heutiger moralischer Sicht diese Vorstellungen verurteilen, sollten wir den Viktorianern doch zugestehen, dass sie Humor hatten, der sich auch in diesen Darbietungen niederschlug. Boswell the Unusual Eater of Bern z. B. hatte übergroßen Appetit: Er fraß Bleistifte, Sandalen, Schlüssel (einzeln und im Bund) und Handtücher (Normalgröße und Badetücher) und brachte (dem Werbe-Handzettel zufolge) mit seiner »persönlichen Art« sogar die Herzen des unterkühlten Schweizer Publikums zum Schmelzen. Außerdem war er ein Kunstkenner: »Seine literarischen Ansprüche sind viel zu bekannt, um ignoriert zu werden.«

Vielleicht überrascht es nicht zu erfahren, dass Harry Houdini 1918 einen Terrier namens Bobby besaß, der ebenfalls Entfesselungskünstler war und sich von Handschellen und einer Zwangsjacke zu befreien vermochte. Ebenso wenig überraschend ist wohl, dass Bobby in Paris einen Konkurrenten hatte: einen Neufundländer namens Émile, der wiederum einen Rivalen namens Nelson hatte, welcher sich mit einem einzigen Sprung aus seinen Fesseln befreien konnte.

Warum ist es uns so wichtig, bei unseren engsten tierischen Freunden derartige Mätzchen zu fördern? Und warum lassen wir uns so gern von ihnen hereinlegen? Für die Beliebtheit der Varieté-

Hunde im 19. Jahrhundert können wir teilweise die Begeisterung für Spiritualismus, den Glauben an übernatürliche Kräfte, verantwortlich machen. Die Ägypter, die mit Anubis einen Gott in Hundegestalt verehrten, hätten das verstanden. Einen anderer Grund liegt in dem Unterhaltungswert, den wir unseren Hunden beimessen. In der historischen Betrachtung der Mensch-Hund-Beziehung wird die Rolle, die der Spaß dabei gespielt hat, mit Sicherheit unterschätzt. Die angeborene Neugier der Hunde amüsiert uns und lässt sich gut mit menschlicher Neugier kombinieren und verstärken. Wie sieht es aus, wenn wir einer Pudeldame eine Sonnenbrille aufsetzen und sie ans Lenkrad eines Autos setzen? Warum nicht eine Pfote auf eine Schreibmaschinentastatur legen und abwarten, wie viele Likes man dafür bekommt? Die Frage ist natürlich immer, wie weit man geht.

Im September 1992 flog ich nach Las Vegas, um als Journalist über das tragische Ende einer Hundenummer zu berichten, die alle, die sie gesehen hatten, für die beste der Welt hielten. Im Mittelpunkt der Geschichte steht Gerard Soules, der ungekrönte Pudel-König: ein Mann um die fünfzig, der seine Show »Les Poodles de Paree« nannte und Pudel wie Miniaturausgaben von Carmen Miranda, Marilyn Monroe und anderen Stars auftreten ließ.

Das, was es in Soules' zehnminütiger Show zu sehen gab, hatte man noch nie zuvor auf der Bühne gesehen: Ein Dutzend Hunde präsentierte sich, auf den Hinterbeinen laufend, mit Federboas, Hüten, paillettenbestickten Röckchen, Hula-Röcken und Sombreros. Einer von ihnen stellte Mae West dar und tanzte zu den Klängen von »Mimi«, »Thank Heaven for Little Girls« und »The Mexican Hat Dance«. Von einem feierlichen Hochzeitsmarsch begleitet, stand ein Pudel als nervöser Bräutigam vor dem Altar, während ein zweiter Pudel, als Braut gekleidet, mit Walzerschritten zu ihm tänzelte. Zum Schluss gab es das große Finale, bei dem alle zwölf Hunde mit hochschnellenden Beinchen Cancan tanzten. »Wer das einmal gesehen hat, vergisst es nie!«, tönte der Showmaster.

»Sie stahlen allen anderen die Show«, berichtete David Cousans, ein Jongleur auf Schlittschuhen, der Soules' Nummer bei der Veranstaltung Ice Capades in Mexiko gesehen hatte. »Gerard trug Schlittschuhe, die Hunde waren auf einer Matte, und er lief um die Matte herum und fing sie auf der anderen Seite auf. Es war sehr lustig, sehr nett anzusehen. Er machte alle Kostüme selbst.«

Die Hundenummer war nicht Soules' erste Artistennummer gewesen. Er stammte aus Livonia in Michigan und war schon als Kind von Shows und Varietés fasziniert, besonders von Hochseil- und Trapezartisten. »Es war wie im Märchen: Als er fünf Jahre alt war, packte er seine Tasche und erklärte seiner Mutter, dass er von zu Hause weg und zum Zirkus gehen werde. Nach zwei Stunden war er wieder zurück.« Colleen Anderson, Gerard Soules' zwei Jahre jüngere Schwester, erinnert sich an ihn als »den besten Bruder, den man nur haben kann«.

Besonders fesselnd fand Soules die Amateurfilme von einer Nummer der Akrobatin Betty Ruth, wie sie einen Salto über ein Trapez machte und sich dann am Trapez einhängte, indem sie mit den Händen ihre eigenen Fersen packte. Soules beschloss, diesen Trick zu kopieren. Mit der Zeit machte er sich einen Namen als passionierter, furchtloser Artist, bewundert von anderen Artistinnen und Artisten. »Sei mutig, aber niemals leichtsinnig«, sagte er ihnen. Er war ein extravaganter Schelm, der sich mit einem Umhang in Szene setzte, wenn er die Bühne betrat, und sich ungeniert herausputzte. Sein Freund Max Butler, der in London einen Zauberladen führte, erzählte mir von Soules' Einstellung zum Publikum: »Wenn ihr mich nicht mögt, müsst ihr verrückt sein.« Butler pflegte den Leuten zu sagen: »Oh, Gerry ist großartig – und wenn Sie es nicht glauben, fragen Sie ihn einfach.« Im europäischen Werbematerial für eine Ringlings/Barnum & Bailey-Show, in der er 1963 auftrat, hieß es über Soules, dass er »durch seine überragende Artistik zu neuen Höhen luftiger Kühnheit aufsteigt«.

Soules arbeitete ohne Netz, und er stürzte auch. 1964 hörte er völlig unvermittelt auf. Er nannte es seine *crise de nerfs*, seinen Nervenzusammenbruch: vom Trapez aus habe er nur noch den Boden unter seinen Füßen gesehen. Einige Jahre zuvor, als er sich im Krankenhaus von einem Unfall erholte, hatte ihm ein Freund einen Welpen geschenkt. »Weißt du«, vertraute Soules seinem Freund an, »ich wollte schon immer eine Hundenummer machen. Aber ich will nicht grausam sein und sie zwingen, durch Reifen zu springen. Es wird etwas ganz Besonderes sein!«

Soules brauchte ungefähr ein Jahr, um seine Pudeltruppe auf den ersten Auftritt vorzubereiten. Auf die Idee, die Hunde in fantasievolle Kostüme zu stecken, kam er, weil er Musicals liebte. Er glaubte, dass die Menschen von Unterhaltungskünstlern nicht die Gefahr sehen wollen, sondern vielmehr Glamour erwarten. »Ich beginne mit der Ausbildung, wenn die Hunde ein Jahr bis 14 Monate alt sind, und setze die Zuckerbrot-Methode ein«, verriet er in einer Pressemitteilung. »Damit meine ich, dass sehr viel belohnt wird, auch durch Liebe. Die Trainingseinheiten sind mehr Spielstunden als Arbeitsphasen.«

Soules' Methoden waren jedenfalls wesentlich humaner als die, die 100 Jahre zuvor üblich gewesen waren. In einem Leserbrief an die Zeitung *Observer* vom November 1913 hatte ein Mann namens Basil Tozer geschrieben, er habe im Laufe der vergangenen Jahre mehrere Hundenummern gesehen, viele davon von einfühlsamen Trainern, die ihre Tiere respektvoll behandelten. Nach der Vorführung von einem gewissen McCart mit Hunden und Vögeln konnte Tozer in Paris Tiere und Trainer kennenlernen und sah nur Gutes, auch wenn er zugeben musste, dass die Tiere »nichts wirklich Wunderbares« vorgeführt hatten.

Um »Wunder« zu erzielen, wurden leider nur allzu oft Schmerzen und Angst vor Bestrafung eingesetzt. Sozusagen undercover erforschte Tozer die Trainingsmethoden eines Kontinentaleuropäers, den er in seinem Brief nur »Z« nannte und in dessen Show, die in London sehr beliebt war, die Hunde mit hochgereckten Hinterbeinen auf den Vorderbeinen über die Bühne spazierten. »Er hängt den Hund an den Hinterbeinen an eine Stange und lässt ihn so hängen.« Die Beine waren mit einem Strick zusammengebunden, der an einem Haken befestigt war. »Wenn der Hund vollkommen erschöpft ist, geht Z zu ihm, redet freundlich mit ihm und hält seine Hand so hin, dass der Hund seine Vorderpfoten darauf abstützen kann, sodass der Schmerz in den Hinterbeinen vorübergehend nachlässt.« Die Prozedur wurde wiederholt, bis der Hund begriffen hatte, was Z von ihm wollte. »Stellt sich der Hund nicht auf die Vorderpfoten und balanciert sich aus … erhält er mehrere heftige Peitschenschläge auf den Bauch.«

Basil Tozer beschrieb einen weiteren Trick, bei dem sich einer von Zs Hunden auf die Seite fallen ließ, »wie ein Betrunkener – ein Trick, der beim Publikum unweigerlich brüllendes Gelächter auslöst«. Aber wie bringt man den Hund dazu, den Trick auszuführen? Indem man ihm um den Bauch einen Gürtel legt, in dessen Innenseite Nägel stecken, und ihn für Fehler zur Strafe mit einem Luftgewehr beschießt. Kollegen, die diese Ausbildungsmethoden mitbekamen, waren entrüstet. Tozer schilderte, wie eine mit Strumpfhose und Flügeln als Engel verkleidete Frau hinter der Bühne einem Hundetrainer eine schallende Ohrfeige verabreichte. Gerard Soules rief solche Racheengel nicht auf den Plan.

1992 traten Soules' »Poodles de Paree« unter der großen Kuppel des Circus Circus Hotels in Las Vegas fünfmal am Tag auf. Er wohnte mit seinen Hunden in einer wenige Kilometer entfernten Wohnwagensiedlung und hatte einen Mann namens Fred Steese als Helfer engagiert. Steese wurde Soules' Liebhaber. Allerdings war er vorbestraft, und als er die für die Anstellung notwendigen Papiere nicht beibringen konnte, musste Soules ihn wieder entlassen. Die Trennung verlief alles andere als freundschaftlich.

Einige Zeit später, in den frühen Morgenstunden des 4. Juli 1992, wurde Soules in seinem Wohnwagen tot aufgefunden. Er hatte mehrere Stichwunden, seine Hunde waren unverletzt. Zunächst gab es keine Verdächtigen, doch als Polizisten Hunderte von Kilometern von Las Vegas entfernt Steese aufgriffen und in seinen Unterlagen Soules' Namen fanden, beschuldigten sie ihn des Mordes an dem Artisten. Obwohl Steese seine Unschuld beteuerte und behauptete, sich zum fraglichen Zeitpunkt in einem weit entfernten US-Bundesstaat aufgehalten zu haben, wurde er 1995 zu einer lebenslänglichen Haftstrafe verurteilt. 2013 wurde das Urteil revidiert, Steese wurde freigesprochen und verlangte eine Entschädigung. Auch 2019 war der Mordfall immer noch ungelöst.[*]

Nach Soules' Tod wurden seine Pudel von dem kleinen Zirkus Corona aus dem Mittleren Westen der USA aufgenommen. Mittlerweile sind sie wohl schon seit Langem über die Regenbogenbrücke zur nie endenden Kostümparade im Himmel gegangen. Alle, die ihre Vorstellung auf Erden gesehen haben, schwören, dass sie nicht getoppt werden kann.

Genau das sagte man einst auch über einen Hund, der Mick the Miller genannt wurde. Ebenso wie Pudel im Varieté und das Züchten von Tauben sind auch Windhundrennen heutzutage aus der Mode gekommen. Die meisten Rennbahnen wurden aufgegeben, die Hundeleute gingen in den Ruhestand, und die großen Wetten

---

[*] Über die Beerdigung erzählte mir seine Schwester Colleen Anderson: »Nach der am Grab abgehaltenen Messe stand mein Bruder Jim auf und sagte: ›Gerry lebte für den Applaus – lasst uns mit einem letzten Applaus Abschied von ihm nehmen.‹ Wir standen alle auf und klatschten zehn Minuten lang.«

werden auf den Fußball gesetzt. Doch vor nicht allzu langer Zeit waren die Stars der Hunderennbahnen berühmt, sie machten harte Männer weich und weiche Männer hart und einige wenige reich, die meisten aber arm.

In Großbritannien werden samstagsabends immer noch im Perry Barr Stadium in Birmingham und im Belle Vue in Manchester Rennen veranstaltet, andernorts aber ist dieser Sport buchstäblich vor die Hunde gegangen.* Den West Ham Greyhound Track gibt es nicht mehr und auch nicht mehr die Hunderennbahn von Catford, die versucht hatte, sich durch ironisches postmodernes Marketing an die neuen Zeiten anzupassen. »The dogs«, wie Anhänger dieser Sportart die Hunderennen nannten, war einfach zu altmodisch geworden; wenn schon Tabakfirmen sie nicht mehr sponsern konnten, würde Google ganz sicher nicht einsteigen. Selbst den Fernsehsendern gelang es nicht, die Rennen attraktiv zu machen, denn aufgrund der Kürze der nur knapp 500 Meter messenden Strecke waren sie in null Komma nichts vorbei. Und die Tierschutzorganisationen prangerten die nicht artgerechten Bedingungen an, unter denen die Rennhunde leben mussten, und bemühten sich, sie in neue Zuhause zu vermitteln, wenn sie ausrangiert wurden. In weiten Teilen Australiens und der USA und auch in den meisten Ländern Kontinentaleuropas sind professionelle Hunderennen inzwischen verboten.

Zum Teil wurde der Hunderennsport aus dem gleichen Grund unmodern wie das Ringen in Großbritannien: Es gingen ihnen die Geschichten und Helden aus. Vielleicht lieben wir unsere Hunde

---

* Die Herkunft diese Redensart ist unklar, doch hat sie immer einen Niedergang oder sozialen Abstieg umschrieben. In Großbritannien wurde sie zunehmend in Zusammenhang mit Hunderennen verwendet, weil viele Fans durch Wetten verarmten. Im Englischen kann damit etwas gemeint sein, was verdirbt, wie etwa Nahrungsmittel, die für Menschen nicht mehr genießbar sind und deshalb den Hunden vorgesetzt werden. Vielleicht kam die Redensart auch erstmals im alten China auf, wo Kriminelle und andere unerwünschte Subjekte vor die Tore der Stadt verbannt wurden – zu den Hunden.

auch zu sehr, um sie diesem Sport auszusetzen. Auf der Rennbahn konnte die Beziehung zwischen Mensch und Hund, die schon unter der Stumpfsinnigkeit des ganzen Konzepts, den Misshandlungen wunderschöner Tiere und der Gier der Wetter gelitten hatte, nur so lange erhalten bleiben, wie dieser Sport noch von einem romantischen Glanz umgeben war. Heute fällt es uns schwer, diese romantische Aura nachzuvollziehen, und außer ein paar wenigen altgedienten Rennbesuchern erinnert sich niemand mehr an die Namen der Hunde.

Doch hatte es einmal einen Hund gegeben, dessen Name selbst denen geläufig war, die sich für diesen Sport überhaupt nicht interessierten – sozusagen der Red Rum oder Mick McManus seiner Zeit. Werden heute irgendwo die Top 100 Sporthelden aller Zeiten aufgelistet, ist dieser Hund immer dabei.

Mick the Miller steht ausgestopft in einer Vitrine des Natural History Museum von Tring in Hertfordshire. Er ist nicht der Schönste aller Hunde und auch nicht der eindrucksvollste Hund des Museums; die Dänische Dogge im Schaukasten nebenan sieht aus, als könne sie ihn als Häppchen verschlingen. Und doch ist stattdessen der Windhund der Liebling aller Besucher. Auch jetzt noch, 90 Jahre nach seinem letzten Rennen, sieht er so lebendig aus, als würde er jeden Augenblick durchstarten – und siegen. Wie kann das sein?

»Mick hatte dieses besondere Etwas, das ihn wirken ließ, als ob er und nur er allein das zu tun vermochte, was er tat«, schreibt die mit Windhunden aufgewachsene Laura Thompson. »Und wenn er es tat, riss er die Hundemenschen mit. Sie mochten ihn, weil er wie einer von ihnen aussah: eher unauffällig, ziemlich gewöhnlicher, feingliedriger Kopf, kompakter und definierter Körper, unverwundbar und mit alltagsklugem Blick.«

Mick the Miller war ein *working class hero*, ein Held der Arbeiterklasse in wirtschaftlich schwierigen Zeiten, und sein unglaubliches

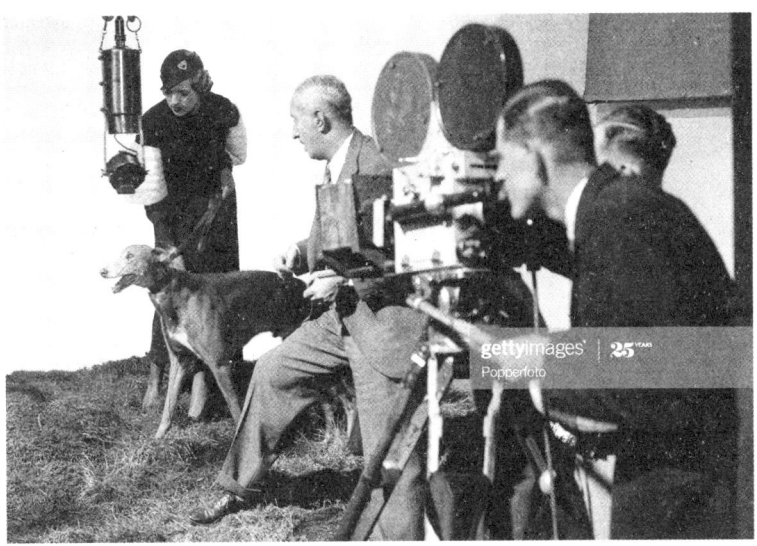

Hier ist der Hund der Star: Mick the Miller spielte 1933 in dem Kinofilm Wild Boy *mit.*

Beschleunigungsvermögen weckte die Assoziation, alldem zu entfliehen. (Eigenartig, dass all diese Eigenschaften nun einer Rasse zugeschrieben wurden, die einst der Inbegriff aristokratischer Vornehmheit war: Heinrich VII. führte einen Windhund in seinem Wappen, und Heinrich VIII. schätzte Windhunde als die besten aller Jagdgefährten.) Alle, die Mick in seinen besten Zeiten gesehen hatten – so auch die 70.000 Menschen in einer lau duftenden Sommernacht im Juni 1931 beim Rennen in White City –, verfolgten noch Jahre danach seine Karriere. Mick the Millers Rennen zu beobachten war in der Zeit der Weltwirtschaftskrise, als ließe man sich von einer Weltraumrakete zum Mond entführen.

Die modernen Windhundrennen, bei denen die Hunde auf einer ovalen Bahn mehrere Hundert Meter weit einen künstlichen Hasen verfolgen, stellen eine Weiterentwicklung der organisierten Hasenjagd des 18. Jahrhunderts dar und waren somit vom Blutsport zum »richtigen« Sport geworden. Ursprünglich traten bei den Rennen nur zwei Hunde gegeneinander an. Zum gewinnträchtigen Geschäft wurden Hunderennen 1926 in Manchester, nur vier Wochen nach der Geburt von Mick the Miller, und schon bald gab es kaum noch eine Brache, die nicht in eine Hunderennbahn umgewandelt worden war. Ihren Höhepunkt erlebten die Rennen in den 1940er-Jahren, als die 77 offiziellen und die über 250 nicht genehmigten Rennbahnen über 70 Millionen Besucher verzeichneten. Heute gibt es nur noch 25 Rennbahnen mit unter zwei Millionen Besuchern.

Der Windhund ist nach dem Gepard das zweitschnellste Säugetier und erreicht seinen Leistungshöhepunkt gewöhnlich im zweiten Lebensjahr. Bei Mick the Miller jedoch war Schnelligkeit nur ein Faktor seines Erfolges, denn er war auch ein brillanter Stratege, der immer Lücken fand und nutzte, um sich aus Schwierigkeiten mit den anderen Hunden herauszuhalten. Beim Rennen wirkte er immer so, als unterhalte er sich prächtig. Im Rückblick konnte sich niemand erinnern, jemals gesehen zu haben, wie er die Zähne fletscht oder dass seine Augen bei Anstrengung hervortraten wie bei den anderen Hunden. Als Entertainer war er der Fred Astaire unter den Hunden.

Seine Leistungen auf der Rennbahn blieben unübertroffen. Sein erstes Rennen gewann er 1929 im Alter von drei Jahren: das klassische Derby von White City. Im folgenden Jahr siegte er dort abermals und wurde damit zu einem der zwei einzigen Hunde, die in aufeinanderfolgenden Jahren den Sieg errangen. Als erster Hund gewann er 19 Rennen hintereinander – ein Rekord, der 40 Jahre Bestand hatte. Innerhalb von drei Jahren, der normalen aktiven Zeit von Rennhunden, gewann er 51 von 68 Rennen und landete nur fünfmal nicht auf einem der ersten zwei Plätze. Er brach sechs Weltrekorde über unterschiedlich lange Strecken, und seine 24 Pokale brachten ihm über 9000 Pfund an Preisgeldern ein. Er war der einzige Hund, der alle drei Klassiker gewann: das Derby, das St Leger und das Cesarewitch.

Über Micks zweites Rennen schrieb der *Greyhound Evening Mirror*
(der zu den Hochzeiten des Hunderennens täglich erschien), wie
Mick in der ersten Kurve beschleunigte. Seine »verblüffend kluge«
Art, sich an die Bande zu schmiegen, »löste Begeisterungsstürme
aus, und als der Favorit die Ziellinie mit drei Längen Vorsprung vor
seinem Rivalen Bradshaw Fold passierte, erreichten die Jubelrufe der
Zuschauer ein ekstatisches *Crescendo*.«

Anders als in so vielen anderen Sportlerleben endete die Karriere
nicht mit einer Enttäuschung, sondern mit einem Triumph: Mick
the Miller siegte auch in seinem letzten Rennen, und der Ruhm
verblasste selbst danach noch nicht. Mickys Trainer Sidney Orton
setzte den Wunderhund in der Zucht ein, mit einer Decktaxe von
50 Guineen (etwas über 50 Pfund), sodass Rennstallbesitzer Jack
Masters Einnahmen in Höhe von ungefähr 20.000 Pfund verzeich-
nete – eine Summe, die in der damaligen Zeit ausreichte, um sich
ein vornehmes Haus und einen Sportwagen zuzulegen.

Mick the Miller starb vier Monate vor Ausbruch des Zweiten Weltkriegs. Hätte man ihn bestattet, so wären wahrscheinlich Tausende
Fans gekommen, um ihm die letzte Ehre zu erweisen. Doch weil das
Natural History Museum noch nicht viele zeitgenössische Berühmtheiten ausstellen konnte, ließ es ihn rasch beschlagnahmen. Bei den
Vorbereitungen zum Ausstopfen stellte man fest, dass sein Herz fast
50 Gramm schwerer war als im Durchschnitt bei Rennhunden.

Die Augen des ausgestopften Hundes sind aus Glas. Den Besuchern kommt es vor, als würde er sie leise anlächeln, und seine lange
Rute mit der wohlbekannten weißen Spitze lässt die Leute noch
immer Vergleiche zur aerodynamischen Balance wie beim Heck-
spoiler eines Sportwagens ziehen. Seine Fans geben sich große Mühe,
dass er nicht vergessen wird. 2011 wohnten an die 400 Menschen –
darunter der damalige Premierminister Irlands, Brian Cowen – der
Enthüllung seiner lebensgroßen Bronzestatue auf dem Dorfanger

seines Geburtsorts im County Offaly in Irland bei. Dort steht er nun wie ein tapferer Kriegsheld.

Wie kein anderer Hund einte Mick the Miller eine ganze Nation. Wenn er an einem Rennen teilnahm, sollen ihm sogar die Besitzer seiner Konkurrenten den Sieg gegönnt haben. »Hunderennen sind Ausdruck der Liebe zum Leben«, erklärt Laura Thompson. »Sie feiern die Kräfte des Lebens: Erwartung, Hoffnung, Sehnsucht, Gier.« Mitte des letzten Jahrhunderts erschienen den Menschen keine Tiere geeigneter, diese Emotionen zu verkörpern, als ihre Hunde. Trotz aller Auswüchse – und vielleicht besonders zu der Zeit, als Mick seine Konkurrenz in Grund und Boden lief – waren Hunderennen zwischen 1930 und 1980 ein weiteres Symbol der Verbundenheit von Mensch und Hund. Doch der Umstand, dass sie nicht für beide gleich gut waren, beschleunigte ihren Untergang.

Heutzutage haben wir neue Wege gefunden, um unserer Bewunderung für auftretende Hunde Ausdruck zu verleihen. Manche Dinge ändern sich (Laxton's Rooms in der New Bond Street 23 gehören heute zu einem Flagship-Store von Burberry, und dort, wo die Hunderennbahn Catford lag, befindet sich inzwischen ein Luxus-Wohnbauprojekt), andere Dinge dagegen nicht so sehr: Auch uns gefallen lustige Haustiere. Hunde in Talentshows finden wir immer noch amüsant, und jahrelang zählten alberne Haustiertricks (*stupid pet tricks*) zu den beliebtesten Programmelementen der amerikanischen Fernsehshow *Late Night with David Letterman*: Hunde griffen Staubsauger an, apportierten Bier, kletterten Leitern hinauf, fuhren Skateboard und spielten Basketball.

Die lustigsten Haustierclips auf YouTube sind meistens diejenigen, für die a) am wenigsten trainiert wurde und bei denen der Hund ziemlich dumm wirkt, und bei denen b) der Hund die am stärksten menschlichen Züge zu tragen scheint. Falls Sie noch nie das Video

»Ultimate Dog Tease« gesehen haben, in dem ein Hund namens Clark Griswold zu sehen ist, eine aus dem Tierheim adoptierte Kreuzung zwischen Malinois und Holländischem Schäferhund, dann haben Sie wirklich etwas versäumt. Das Video wurde rund 200 Millionen Mal angeklickt (Stand 2019) und veranlasste zu Kommentaren wie »Der Hund sieht aus, als würde er tatsächlich sprechen« und »Ich wünschte mir, Hunden könnten wirklich reden«. Ein weiterer Betrachter kommentierte: »Was für ein großer historischer Moment.«

Clark ist ein enttäuschter Hund. Sein Herrchen neckt ihn mit den appetitlichen Speisen im Kühlschrank, darunter eine ganze Packung Schinken, und Clark antwortet aufgeregt: »Der mit Ahornsirup, ja?« Herrchen heizt ihn an: »Ich weiß, wer das gern mag!«, und Clark schöpft Hoffnung. Doch dann sagt sein Besitzer: »Ich. Und deshalb habe ich ihn gegessen!« Clark schaut weg und seufzt dramatisch: »Ooooooh!« Gleich darauf sagt er resigniert: »Nein, du machst dich über mich lustig.« Und das Spiel geht weiter. Im Kühlschrank waren auch Hühnchen und Käse, und bevor Herrchen sagt, dass er auf diese Kombination etwas gestrichen hat, nämlich ... wird er von Clark unterbrochen: »Mit was bestrichen?« Doch diesen Leckerbissen hat die Katze bekommen, und dieses Mal heult Clark vor Enttäuschung. Die Stimmen sind perfekt synchronisiert, die Situation wirkt sehr glaubhaft. Jeder Hund träumt von solchen Leckereien, und jeder Hund wäre ebenso verzweifelt wie Clark, wenn man ihm mit ihnen erst den Mund wässrig macht und sie dann von jemand anderem gegessen werden.

Doch die Stimme, die wir hören, gehört nicht Clarks Herrchen. Das Video ist das Werk von Andrew Grantham aus Halifax in Nova Scotia, der von zu Hause aus einen YouTube-Kanal namens Talking Animals betreibt, auf dem er verschiedene Artikel vertreibt, darunter T-Shirts und Tassen mit der Aufschrift *Covered with what?* (»Mit was bestrichen?«). Clarks echtes Herrchen schickte Grantham den

Videofilm mit dem Hund, und Grantham sprach den Text. Zu den weiteren Arbeiten von Grantham zählen Clips mit dem sprechenden Kater Jupiter und verschiedenen Hamstern, Mäusen und Fischen. Natürlich kann man sich darüber aufregen, dass diese Filme albern sind und Tiere auf eine absurde Weise vermenschlichen und dass Grantham und alle anderen, die Videos dieser Art drehen, Tiere als lächerlich darstellen und sie ausbeuten. Doch wer wäre so armselig, sie anzuklagen? Die schiere Absurdität dieser Clips zu leugnen und so zu tun, als wären sie nicht unglaublich liebenswert, wäre, als würde man uns das lustigste Miteinander versagen, das wir mit unseren Hunden haben. Immer wenn wir uns mit ihnen beschäftigen, sprechen wir mit ihnen, wenn auch nicht immer mit Worten. Natürlich hat der Mensch von dieser besonderen Art der Interaktion mehr als der Hund, doch Grantham beteiligt eine Tierwohlorganisation für Hunde an den Einkünften seiner Firma, und selbst wenn auch nur einige wenige Betrachter durch die Videos dazu angeregt werden, in einem Tierheim vorbeizuschauen, haben die Filmchen doch nebenbei auch noch etwas Gutes bewirkt.

Selbstverständlich hat Hund Clark eine eigene Facebook-Seite. Auf ihr finden sich eine Liste seiner Interessen (so ziemlich alles, was andere Hunde auch interessiert, aber mit extra Schinken) und sein Lieblingsgedicht. Es wurde von der kalifornischen Hundetrainerin Janine Allen verfasst und trägt den Titel: »Heute rettete ich einen Menschen«.[*] Es beginnt mit den Zeilen:

---

[*] »Verfasst von Janine Allen CPDT, professionelle Hundetrainerin bei Rescue Me Dog. Janine arbeitet leidenschaftlich gern mit Menschen und ihren Hunden. Sie gibt Kurse für Menschen, die Tierheimhunde adoptiert haben, unterstützt sie via E-Mail und hilft den Angestellten und Freiwilligen von Tierheimen, das Verhalten der Hunde zu verstehen und die Tiere fit für eine Vermittlung zu machen.«
© Rescue Me Dog; www.rescuemedog.org

Unsere Blicke trafen sich, als sie den Gang entlangging und
ängstlich in die Zwinger schaute.
Ich merkte gleich, was mit ihr los war, und wusste, dass ich
ihr helfen wollte.
Ich wedelte mit dem Schwanz, aber nicht allzu wild, damit
sie nicht Angst vor mir bekam.
Als sie vor meinem Zwinger stehen blieb, stellte ich mich so,
dass sie das kleine Malheur hinten auf dem Fußboden
nicht sehen konnte …

Und endet, nachdem der Hund ausführlich geschildert hat, wie er
sich um die Frau bemühte:

Ich hatte großes Glück, dass sie ausgerechnet meinen Gang
entlanggegangen war.
Draußen sind noch so viele, die diese Gänge niemals betreten
haben.
Noch so viele, die auf Rettung warten.
Wenigstens konnte ich einen retten.
Heute rettete ich einen Menschen.

Interessant an diesem Gedicht ist auch, dass es den Hund zum
Handelnden macht. Hundebesitzer kennen dieses Gefühl sehr gut:
das Gefühl, die freundlich behandelten Sklaven ihres Hundes zu
sein. Die Beziehung zwischen Mensch und Hund ist heute stärker
als jemals zuvor, doch haben sich die Machtverhältnisse an der Leine
geändert: Es ist der Hund, der uns rettet.

Niedlich oder nicht? Mosaik eines regennassen Weimaraners von William Wegman in der New Yorker U-Bahn.

11. Die Kunst, flauschig zu sein

Im Herbst 2018 wurde in Somerset House im Herzen Londons die Ausstellung *Good Grief, Charlie Brown!* eröffnet, die endlich einmal verständlich erklärte, wie ein Beagle, den es eigentlich gar nicht gab, zum beliebtesten Hund der Welt werden konnte.

Die Ausstellung wurde zu einem perfekten Zeitpunkt veranstaltet. Vor 50 Jahren, in der Blütezeit der *Peanuts*, war Snoopy ein globales Liebesobjekt. Er war ein Hund für alle Jahreszeiten und Zwecke, ein Hund, der sowohl weise als auch zynisch war, sowohl praktisch veranlagt als auch fantasievoll. Auch heute noch ist und bleibt er unübertroffen, und möglicherweise fand er in den Sozialen Netzwerken sein ideales Medium. Comics helfen uns, jene Dinge zu sagen, die im normalen menschlichen Diskurs allzu kompliziert oder unangebracht klingen würden. Snoopy war ein Hund, der wie ein Mensch dachte und der es verstand, diese Dinge unverblümt rüberzubringen.

Snoopy beziehungsweise eine frühe Ausgabe von ihm begann als kleine und vollkommen passive, aber niedliche Kreatur, die Ende der 1940er-Jahre in dem Comicstrip *Li'l Folks* auf einem Kissen saß. Seinen ersten Auftritt hatte Snoopy im dritten *Peanuts*-Comic am Mittwoch, dem 4. Oktober 1950: Er ging unter einem frisch gegossenen Blumenkasten vorbei und wurde nass. Zum ersten Mal bei seinem Namen gerufen wurde er einen Monat später, und nach zwei Jahren lief er auf zwei Beinen und drückte sich in Gedankenblasen aus. Sein erster Gedanke, der ihm am 27. Mai 1952 einfiel, bestimmte nicht nur für Snoopys weiteres Leben den Ton, sondern auch für das aller anderen Hunde. Nachdem Charlie Brown ihm gegenüber herablassend war, fragt sich Snoopy: »Warum muss ich mich so demütigen lassen?« Ja, warum eigentlich? Möglicherweise ahnte er zu diesem Zeitpunkt bereits, dass er zu dem allwissenden, etwas selbstsüchtigen, mit liebenswerten Schwächen ausgestatteten und am längsten vermarkteten Comic-Hund der Geschichte werden sollte (ohne sich allerdings aus der Abhängigkeit von den kleinen Menschen lösen zu können, mit denen er zusammenlebt).

Auf dem Höhepunkt der Beliebtheit der *Peanuts* in den 1960er- und 1970er-Jahren verfolgten jeden Morgen an die 355 Millionen Leser die Abenteuer von Snoopy und seinen Freunden, die in über 2500 Zeitungen abgedruckt wurden. Innerhalb von 50 Jahren trat er in 17.897 Comics auf. Sein Schöpfer Charles Monroe »Sparky« Schulz zeichnete bis zu seinem Tod im Jahr 2000 so gut wie jeden Tag seines Erwachsenenlebens und nahm damit etwas auf sich, was er als große Verantwortung empfand. Er glaubte, dass die Menschen, die sich morgens Zeitungen kauften, erwarteten, Anregungen für einen angenehmen und bedeutungsvollen Start in den Tag zu finden, und hoffte, dass der Anblick eines lebensfrohen kleinen Hundes diese Anregung bot. Und damit hatte er recht: »Allein schon der Gedanke an einen Freund bewirkt, dass man am liebsten vor Glück tanzen möchte«, schrieb er einmal, »denn ein Freund ist jemand, der einen trotz aller Fehler liebt.«

Auch heute ist noch immer Snoopy beliebt, wenn auch in leicht abgeschwächter Form, denn wer ihn als Kind kennenlernt, kann sich seinem Charme ein Leben lang nicht entziehen. Und wer würde das auch wollen, denn die *Peanuts* sind ein Teil der Kindheit, an den man gern zurückdenkt. Das ist wohl auch der Grund, warum die meisten Besucher der Ausstellung Erwachsene sind – und vollauf begeistert.

Natürlich liegt das nicht ausschließlich an Snoopy und Charlie Brown. Lucy, Linus und die übrigen *Peanuts* sind natürlich mit von der Partie in einem Gesamtkunstwerk, das die Zeitschrift *Vanity Fair* als »die am längsten laufende Meditation über Einsamkeit, Niederlagen und Entfremdung in der gesamten populären Kunst Amerikas« bezeichnet hat. Doch ist es Snoopy, der mit seinen hohen Freudentanzsprüngen Glück und Freude am anschaulichsten auszudrücken vermag, und er ist auch derjenige, der die Geheimnisse des Lebens besser zu verstehen scheint als all seine kleinen Freunde zusammen.

Charles M. Schulz beschreibt Snoopy als jemanden, der »eine besondere Art von Unschuld besitzt, kombiniert mit einem Quäntchen Egoismus. Kombiniert man diese beiden Eigenschaften, bekommt man Probleme.« Oder einen Hund, auf den man sich verlassen kann, wann immer man Trost und Rat braucht. Und einen Hund, der zum Symbol seiner Zeit wurde. Soldaten und Astronauten nahmen ihn als Aufkleber, Anstecker und Zeichnung auf Helmen und Weltraumanzügen mit nach Vietnam und auf den Mond. Er war und ist ein Symbol von Charakterstärke, Verbitterung, Verzweiflung, Hunger, Gier, Hoffnung und tief empfundener Liebe. In schwierigen Zeiten bringt er sich voll ein. Er verkörpert Charles M. Schulz' Vorstellung von Freundschaft: »Bei Freundschaft geht es nicht darum, wen man am längsten kennt, sondern darum, wer in schlechten Zeiten da ist und einem zur Seite steht.«

Die Kinder, mit denen Snoopy sein Leben teilt, haben Pech in Liebe und Sport, erleben eine Enttäuschung nach der anderen und machen immer wieder die Erfahrung, dass das Ersehnte (ein Homerun oder eine Valentinskarte) nur selten eintrifft. Inmitten dieses irdischen

Das wurde auch langsam Zeit: 2016 bekommt Snoopy in Tokio endlich ein eigenes Museum.

Jammertals lehrt Snoopy, wie wichtig die Kraft der Fantasie ist. Er ist das Fliegerass aus dem Ersten Weltkrieg, das die Welt vom Bösen befreit, und der afrikanische Großwildjäger, der sich seinen Weg durch den Urwald bahnt. Kann es wirklich Zufall sein, dass das Schiff, auf dem Darwin seiner Evolutionstheorie entgegensegelte, HMS *Beagle* hieß?

Offenbar wurde Snoopy nur deshalb ein Beagle, weil sein Schöpfer das Wort lustig fand. Der Name war eine Idee seiner Mutter, die viele Jahre bevor Schulz Comiczeichner wurde, einen neuen Familienhund so nennen wollte. Das ist eine Version der Ursprungsgeschichte. Einer anderen zufolge wollte Schulz seinen Comic-Hund eigentlich »Sniffy« nennen, erfuhr dann aber, dass bereits ein anderer Comic-Hund so hieß.

Snoopy besaß wesentlich mehr Talente. Er setzte sich eine Sonnenbrille auf und wurde zu Joe Cool, einem eingebildeten und betont lässigen College-Studenten, der viel an Wände gelehnt herumstand. Er konnte aber auch der Weltberühmte Anwalt sein, das Weltberühmte Mitglied des Rettungsteams, Dr. Beagle und Mr. Hyde, der Weltberühmte Volkszähler oder auch Blackjack Snoopy, der Weltberühmte Glücksspieler. Wenig überraschend, dass Snoopy auch schreiben konnte, sogar auf einer Schreibmaschine. Wann immer ihm die Nöte und Probleme des Alltags zu viel wurden, wandte er sich der Literatur zu und inspirierte dadurch mindestens einen Hund, der nach ihm kam. 1971 veröffentlichte Snoopy das bahnbrechende Werk *Snoopy and »It Was a Dark and Stormy Night«*. Nicht zuletzt dadurch, dass es sämtliche Genres zu einem verschmilzt, stellt es einen Meilenstein der Literatur dar. Wie der Kurator der Ausstellung in Somerset House erklärte, enthält es Elemente des Kriminalromans, des Arztromans und des Entwicklungsromans sowie Gewalt, Familiengeheimnisse, Piraten, Klassenkämpfe, den Wechsel der Jahreszeiten, Pathos, das Zusammenfließen von über längere Strecken hinweg separaten Erzählsträngen, romantische Liebe, eine Entführung, die

Geschichte einer Flucht und ein Happy End. Obgleich in dem Buch keine Zombies vorkommen, verkaufte es sich sehr gut.

Der Einzige, der Snoopy nicht mag, ist der Rote Baron, Snoopys Gegner im Luftkampf. Und möglicherweise auch Snoopys in der Wüste lebender Bruder Spike, der ihn heimlich um sein Städterleben beneidet. Alle anderen dagegen schätzen den Beagle als sensibel, verletzlich und authentisch. Aber wie authentisch? So authentisch, dass er sich nie an den Namen seines Besitzers erinnern kann. In einem Comic kehrt Charlie Brown nach einem Krankenhausaufenthalt heim. Er freut sich, wieder zu Hause zu sein, und ruft sogleich nach seinem vierbeinigen Gefährten. Er erzählt Snoopy, wie sehr er ihn vermisst hat und dass er nachts oft wach im Bett lag und an ihn dachte. Nach einer Pause fällt es Snoopy endlich ein: »Jetzt weiß ich es wieder! Er ist das rundköpfige Kind, das mich immer füttert …«

Eine clevere Story, die die Unabhängigkeit des Hundes feiert: Ein Hund, der den Namen seines Besitzers nicht kennt, kann nicht wirklich dessen Besitz sein. Im Grunde wussten Schulz und Snoopy ganz genau, dass Snoopy eigentlich den Lesern gehörte – das bedeutet, dass ihn alle gleichermaßen besaßen und liebten und dass diese Liebe jeden Morgen neu geboren wurde. Wer sich schon immer einen Hund gewünscht hatte, erkor Snoopy zu seinem Ideal. Wer bereits einen Hund besaß, wünschte sich, dass er Snoopy ähnlicher sei. Und als Hund wünschte man sich Snoopy in seinem Rudel.

Ich glaube nicht, dass sich sehr viele Hunde wünschten, wie »Fred Basset« zu sein. Im deutschsprachigen Raum als Wurzel bekannt, war er Großbritanniens Antwort auf Snoopy. Das bedeutete, dass es in den Comics häufiger regnete, die Autos eckiger aussahen und der Hund mitunter die Anrede *mate* (»Kumpel«) gebrauchte. Wurzel sah oft den Leser an, wenn er sich über seine Besitzer lustig machte. Er schmollte aber auch gern in einer Ecke neben dem offenen Kamin –

wohl deshalb, weil er zu einer gewissen Leibesfülle neigte. Anders als Snoopy suchte er nie Zuflucht in eine Fantasiewelt, und er war auch nie ein Quell der Inspiration: Snoopy flog mit zum Mond und nach Vietnam, Wurzel kam nur bis zum Gemüseladen. Mit anderen Worten: Er war und blieb ein Basset Hound.

Das Bemerkenswerteste an Wurzel aber ist, dass er sich weigerte, zusammen mit seinem Besitzer zu sterben. Er war wie einer dieser Hunde, die noch Jahre nach dem Tod des Herrchens auf ihn warten, jeden Abend zu seiner Bushaltestelle laufen oder treu vor dem Eingang seiner Firma ausharren. Der Schotte Alex Graham, der *Basset* von 1963 an 30 Jahre lang bis zu seinem Tod zeichnete, hatte einen Vorrat an Comics angelegt, die in den 18 Monaten nach seinem Tod veröffentlicht werden sollten. Den bassetbegeisterten Lesern der *Daily Mail* und der *Mail on Sunday* genügte das jedoch nicht, und sie forderten nachdrücklich mehr. Grahams Tochter Arran Keith und der Zeichner Michael Martin nahmen die Herausforderung an und aktualisierten die Comics behutsam, damit sie mit der modernen Welt Schritt halten konnten. In einem Comic von 2019 fotografieren Kinder den Hund mit ihren Smartphones; als seine Besitzer essen gehen, bestellen sie sich Calamari »mit knuspriger Panko-Panade und süßer Chili-Mayonnaise«. Das wäre so, als würde Snoopy auf dem Dach seiner Hundehütte liegen und Billie Eilish hören.

Doch auch wenn die Welt um ihn herum immer hektischer wird, bleibt Wurzel sich selbst und seiner Einstellung zum Leben treu. Heute, als Mittfünfziger, ist er weiterhin »beinahe menschlich«, ohne deshalb weniger Hund zu sein. Immer noch hat er mehr Gedankenblasen als Sprechblasen, und immer noch fühlt er sich in seinem Eckchen neben dem Kamin am wohlsten. Anders als Snoopy, der gleichzeitig ewig und unsterblich zu sein scheint, ist Wurzel im Grunde eine Anomalie. Er ist gar nicht so besonders witzig, manchmal sogar überhaupt nicht, doch er ruft die Erinnerung an eine Zeit wach, in der alles einfacher war. Sein besonderer Reiz besteht darin, dass er beruhigend auf uns wirkt und einen mitfühlenden Blick hat. Er ist ein echtes Haustier.

Dazu kommt, dass seine Darstellung konsistent bleibt. Anders verhält es sich bei Struppi (oder Milou, wie er im französischen Original heißt). Der treue Begleiter von Tim (französisch: Tintin) in Hergés Comicromanen kann in den ersten acht Heften sprechen. Sein Schöpfer macht ihn zu einer interessanten, mitunter zynischen Figur, die auf Tims Stimmungen eingeht, sich auch mit anderen Figuren unterhält und für die Geschichte unentbehrlich ist. Mitunter ist es nur ein innerer Monolog, den er mit dem Leser teilt. Dann wieder baut er eine Szene mit auf, wie am Anfang von *Der blaue Lotos*: »Seit er Kurzwellensender abhört, hab ich keine Ruhe mehr!«, beklagt er sich über das Geknister von Tims primitivem Funkgerät. Nach dem achten Abenteuer aber spricht Struppi nur noch selten, und wenn, dann nur mit Tim. Die meisten Experten schreiben dieses Verstummen der Einführung einer neuen Figur in Band neun zu (*Die Krabbe mit den goldenen Scheren*): Von nun an darf Kapitän Haddock die witzigen Sprüche klopfen. Was Struppi von dieser Entscheidung seines Schöpfers hält, werden wir nie erfahren, weil er – wie so viele andere Hunde – ein treuer, loyaler und geduldiger Gefährte seines Herrchens bleibt. Aber ich kann mir gut vorstellen, dass er über diese Veränderung nicht sehr glücklich war.

In gedruckten Comics *wissen Hunde einfach mehr*, und sie spiegeln auf kompakte Art die Weisheit der Hunde. In einige wenige Quadratzentimeter werden Wahrheiten über die Mensch-Hund-Beziehung gepackt, die man anders nur in seitenlangen Essays erläutern könnte. In erster Linie lachen wir mit dem Hund und über den Menschen. In einer Zeit, in der die Zeitungen immer mehr abnehmen, sind dies weitere Wahrheiten, die uns verloren gehen.

Nach einem zeitgenössischen allwissenden Hund sucht man vergeblich. Snoopy, Struppi und Wurzel finden wir auch heute noch lustig, doch wir lachen nicht mehr so laut und so lange wie früher. Ihre modernen Nachfolger sind anders: Es sind echte Hunde, die zunehmend wie Comic-Hunde *aussehen*. Man findet sie in den Werksammlungen berühmter Fotografen ebenso wie in der extrem liebevollen und extrem albernen Hundewelt der Sozialen Netzwerke.

Als ich nach dem Besuch der Charlie-Brown-Ausstellung aus Somerset House heraustrat, rieb ich mir verwundert die Augen. Gegenüber des Cafés hatten sich die Besitzer von zehn Hunden zu einer Schau der ganz besonderen Art versammelt. Was ich sah, waren Fleisch gewordene Comic-Hunde – Italienische Windspiele und Zwergpudel, alle trugen Kleider. Sie waren die Stars ihrer eigenen gerahmten Gemälde und alle weltberühmt.

»Die Hauptperson ist noch gar nicht da«, sagte ein Mann, der ein elegantes Italienisches Windspiel in einem rosa Dinosaurierkostüm an der Leine führte: einem rosafarbenen Bodysuit mit braunen Stacheln entlang des Rückens. Die Hauptperson war, wie es sich herausstellte, eine Frau namens Tess, die bald darauf mit ihren beiden Italienischen Windspielen Winston und Twiggy eintraf. Die Hunde trugen Mäntel, die wie Federboas aussahen, der eine in Pink, der andere in Blau. Tess selbst trug eine schwarze Lederjacke zu einer zerrissenen Jeans und dazu eine große schwarze Tasche mit der Aufschrift: »Liebling, wo ist all dein Geld geblieben?«, und darunter: »Meine Hunde tragen es.«

Ihre Ankunft brachte eine gewisse Unruhe in die Gruppe, denn Tess' Hunde sind Berühmtheiten. Die Instagram-Stars treten auf ihrem eigenen Kanal in den verschiedensten Kostümierungen und liebevoll arrangierten Szenen auf. Tess ist eine begabte Fotografin, und ihre gut komponierten Fotos mit hoher Tiefenschärfe erinnern an klassische Aufnahmen von Hollywood-Sternchen. Die Windspiele verfügen über einen großen Fundus an Mänteln und Hüten und verbringen viel Zeit auf Betten und Sofas. Auch lieben sie den verschneiten Park von Hampstead Heath. Auf den meisten Bildern schauen sie direkt in die Kamera, und keinem der beiden scheinen Kostümierung oder die vielen auf sie gerichteten Blicke etwas auszumachen. Im Gegenteil: Sie wirken, als seien sie für dieses Leben geboren oder zumindest daran gewöhnt.

Twiggy sieht aus wie eine Twiggy, ihr Anblick kann einen tatsächlich an das Fotomodell der 1960er-Jahre erinnern. Winston dagegen sieht entschieden anders aus als Winston Churchill (aber vielleicht ist er ja auch nach dem unterernährten Winston Smith aus George Orwells *1984* benannt). Wie auf Instagram üblich, hat Tess die Fotos von Winston und Twiggy (alle zu sehen unter @theiggyfamily) mit zahlreichen Hashtags versehen und so mit ähnlichen Fotos Gleichgesinnter verbunden – in der Hoffnung, mehr Follower und Likes zu bekommen. So haben wir #twiggythetroublemaker und #winnie theboss, aber auch #dogsinclothes, #adorabledogs und #longdoggo.

Es sind so viele Hunde, dass man beim Anschauen mit der Zeit meint, sie sähen vollkommen normal aus. Doch wir sollten trotzdem nie vergessen, dass Hunde nicht dazu geschaffen sind, Kleidung zu tragen (und, falls doch, müsste sie denn unbedingt menschliche Kleidung nachahmen oder die Hunde in Dinosaurier verwandeln?).

Eine Suche nach #dogsofinstagram liefert über 145 Millionen Fotos und Videos. Ein Großteil davon zeigt niedliche Welpen sowie Hunde, die ihr Leben genießen. Es gibt aber auch viele, die in lächerlichen Outfits stecken, und viele, die Tricks vorführen. Und es gibt einfach zu viele Videos von Hunden in Glaskästen in Tierhandlungen, von denen viele vermutlich aus großen Massenzuchtbetrieben stammen. Sie sind klein, hilflos und zeigen bereits unnatürliches Verhalten, indem sie z. B. gegen die Glaswände rennen. Viele der meistgesehenen Videos zeigen angeblich lächelnde Hunde, doch aus diesem »Lächeln« spricht Verzweiflung. Die Kommentare darunter lauten: »Dieser arme Hund sieht nicht glücklich aus« und »Das ist so bedrückend … nehmt es raus«.

@theiggyfamily wurde kürzlich durch die Ankunft eines neuen Mitglieds vergrößert: #cindythemilkdrop hat über 20.000 Follower und lebt in einem wesentlich ruhigeren Teil der Stadt als der Zwergspitz @Jiffpom (neun Millionen Follower), der Chiweenie @tunameltsmyheart (»der Underdog mit dem Überbiss«, eine winzige Kreuzung von Chihuahua und Dackel mit zwei Millionen Followern) und @marniethedog, eine ältere Shih-tzu-Dame, die auf allen Bildern ihre Zunge heraushängen lässt, als wäre sie betrunken (1,9 Millionen Follower).

Die beliebtesten Instagram-Kanäle zeigen Hunde nicht als Hunde, sondern als lustige, fotogene, bedauernswerte Babys. Auch diese Hunde sind Snoopy-ähnliche Objekte der Liebe, aber mehr Fantasieobjekte als die Comics: Oft handelt es sich um Tiere, die wie etwas aussehen, was sie nicht sind. Jiffpoms hat ein Gesicht, das aussieht, als würde sie ständig lächeln. Sie verfügt über eine gut bestückte Garderobe. Manchmal trägt sie eine Brille, um intellektuell zu wirken, manchmal Flügel und häufig Hüte und Schuhe. Sie wird auch in vielen Situationen des menschlichen Alltags gezeigt, z. B. beim Essen im Restaurant oder an einer Werkbank. Jiffpom muss also häufig auf den Hinterbeinen stehen und mit Promis posieren, die den kleinen Hund in den meisten Fällen nachahmen, indem sie die Zunge heraushängen lassen. Selbstverständlich hat Jiffpom auch ihre eigene Merchandising-Palette, zu der u. a. Puzzles und Stofftiere gehören. Mitunter fällt es gar nicht so leicht, Jiffpom von den Stofftieren zu unterscheiden.

Sie haben es sicher schon gemerkt, denn es zieht sich wie ein roter Faden durch dieses Buch: Nichts in unserer lebendigen Beziehung zu Hunden ist wirklich neu. In der emotionalen Verbindung ändert sich von Jahrhundert zu Jahrhundert nur wenig. Die liebevolle

Darstellung unserer Hunde zieht sich durchgehend von den Fels-
zeichnungen über die Landseer bis hin zu Charles M. Schulz, und
auf Instagram setzt sich diese Tradition fort. Nicht zu allen Zeiten
waren Hunde im Wohnzimmer willkommen, doch stets wurden sie
visuell als bereichernd, tröstlich, nützlich und amüsant dargestellt.
Und je mehr wir sie nach unserem eigenen Bild formen oder ihre
Darstellung auf unsere Ziele hin ausrichten, desto glücklicher scheint
uns das zu machen.

Sozusagen der Pate des Instagram-Looks für Hunde ist William
Wegman. Sicherlich haben Sie seine Arbeiten schon einmal gesehen.
Er fotografiert seine wunderschönen, silbrig-grau-braunen Weima-
raner in allen erdenklichen Szenarien des menschlichen Alltags,
ausgestattet mit den unterschiedlichsten Gewändern und Accessoires.
Mal tragen sie eine Perücke, mal einen Mantel oder einen Hut, dann
wieder sind sie als Hockeyspieler verkleidet, als George Washington
oder als *Star-Trek*-Charakter. Sie sitzen auf Stühlen, auf Würfeln, auf
altgriechischen Podesten, tragen Lampenschirme auf dem Kopf oder
Ringe über der Schnauze.

Das alles ist nicht grausam, sondern absurd, und es ist gerade das
Unnatürliche daran, das bei uns widerwillige Bewunderung hervor-
ruft. Widerwillig sollte sie auch bleiben, denn schließlich handelt es
sich um *Hunde*. Zwar machen sie offensichtlich alle Mätzchen willig
mit und scheinen davon auch nicht gestresst zu sein, doch letztlich
führen sie Tricks vor, die nicht ihnen, sondern ihrem fordernden
Besitzer zugutekommen. Es geht um Geld, und nur ein Hauch von
Kultur trennt diese Aufnahmen von der Freakshow und der Pudel-
nummer im Zirkus.

Wegman begann 1970 in Kalifornien, mit seiner ersten Wei-
maranermuse Man Ray zu arbeiten. Ihm fiel auf, dass der Hund
wimmerte, wann immer die Kamera nicht auf ihn gerichtet war.

»Er wollte mit drauf und machte mir das klar«, erklärt Wegman in seinem erfolgreichsten Buch *Being Human*. »Weil er so ruhig und konzentriert dasaß, konnte ich mit ihm genauso arbeiten wie mit jedem anderen Objekt oder einer Requisite. Ich konnte um ihn herum ein Bild aufbauen.« Wegman hatte zunächst Bedenken, Man Ray zu einem Objekt der »Niedlichkeit, Schönheit und Vermenschlichung« zu machen. Als er jedoch nach einigen Jahren anfing, mit einer großformatigen Polaroidkamera zu arbeiten, änderte sich das. »Besonders zwei Polaroidfotos – das unverschämt schöne *Double Portrait* [Man Ray, der auf einem Sofa sitzend unter einem Fotodruck mit seinem Porträt hervorschaut] und das gefährlich anthropomorphe *Man Ray and Mrs Lubner in Bed* [das genauso aussieht, wie es sich anhört: zwei postkoital wirkende Hunde in einem Doppelbett] … haben mich meine Vorbehalte aufgeben lassen.« Nach dem Tod von Man Ray übernahm Fay Ray seinen Platz im Fotoatelier, und mit der Geburt ihrer acht Welpen brach die Ära einer fotogenen Dynastie an.

Der sehr angesehene Fotografiekritiker und Museumskurator William A. Ewing ergreift entschieden für Wegman Partei beziehungsweise für die Hunde: Seiner Ansicht nach stammen die Ideen für die Posen von ihnen. Sie fänden Menschen äußerst amüsant und werden es nie müde, ihre Besitzer zu parodieren. Wegman spiele dabei nur die Rolle des »gewissenhaften Fotografen«. »Trotzdem möchte ich nicht den Eindruck erwecken, als würde William Wegmans Beitrag einzig darin bestehen, auf den Auslöser zu drücken«, erklärt Ewing. »Sie hören ihm respektvoll zu und übernehmen oft seine Ideen … Man muss sich diese Produktion wohl als in hohem Maße kooperativ vorstellen.« Aber was sagen die Hunde dazu? Auf den Fotos wirken sie gelassen und auch sehr gepflegt. Dennoch habe ich, wann immer ich die Bilder anschaue, ein komisches Gefühl. Ich bin mir nicht sicher, ob all das Posieren wirklich ihren eigenen Karrierevorstellungen entspricht.

Wenn ich ein Hund wäre, würde ich mich wohl am liebsten von Elliott Erwitt fotografieren lassen. Bestimmt haben Sie seine Fotos schon irgendwo gesehen: Ein Chihuahua mit Strickmütze schaut neugierig, neben ihm sieht man Frauenbeine in Stiefeln und die Vorderbeine einer Dänischen Dogge. Mit herausforderndem Blick hinterlässt ein Boxer auf einem breiten Bürgersteig sein Geschäft. In einer Pariser Allee macht ein kleiner Hund neben seinem platt-füßigen Herrchen im Regenmantel einen Freudensprung.

Um einen Hund zum Springen zu bringen, müsse man ihn anbel-len, erklärt Erwitt. »Man muss in ihrer Sprache zu ihnen sprechen.« Und kein Mensch spricht sie fließender als er. Erwitts Fotos zeigen Hunde mitten im Hundeleben und mit allen Emotionen, von Ekstase bis Verzweiflung. In den Fotos seiner Ausstellungen und Bildbände würde sich jeder Hund wiedererkennen, und vermutlich wäre er oder sie vor allem entzückt. Zwischen den vierbeinigen Aristokraten tummeln sich auch etliche struppige und vermutlich auch stinkende Köter, und nicht alle sind freundlich gestimmt. Doch vor Erwitts Linse sind sie alle gleich und zugleich besonders, und allen macht der Fotograf dasselbe Geschenk: Er verleiht ihnen Würde.

»Was für herrliche Fotografien das doch sind«, schreibt P. G. Wodehouse in einem 1974 gemeinsam mit Erwitt veröffentlichten Buch mit dem Titel *Son of a Bitch*. »Es tut gut, sie anzuschauen. Jedes Modell in dieser Galerie bringt das Herz zum Schmelzen.« In derselben Publikation philosophiert der Romancier über Hunde und Komödien und erklärt, dass manche Hunde einfach einen Sinn für Humor besäßen und andere nicht. »Dackel haben ihn, Bernhardiner und Dänische Doggen dagegen nicht. Es sieht ganz so aus, als müsse ein Hund klein sein, um Witze zu mögen. Sie werden niemals einem Irischen Wolfshund begegnen, der sich als Komiker versucht.«

Ich traf Erwitt einmal bei einer Veranstaltung der Firma Leica in Deutschland und fragte ihn: »Warum so viele Hunde?«, womit ich

»Man muss in ihrer Sprache zu ihnen sprechen.« Ein New Yorker Foto von Elliott Erwitt.

eigentlich meinte: »Warum fotografieren Sie so viele Hunde und nicht mal andere Tiere, z. B. Katzen oder Kühe?« Mit einem Lächeln, das man als »rätselhaft« hätte beschreiben können, das aber eigentlich eher irritierend war, erwiderte er: »Warum so viele Menschen?«

In der Einleitung zu seinem dicken Hundebuch *DogDogs* meint der Fotograf: »Ich kenne kein anderes Tier, das uns in Sachen Herz, Gefühle und Loyalität näher steht. Manche Leute behaupten, das sei bei Elefanten der Fall, aber mir sind Elefanten einfach zu wuchtig …«* Vielleicht gibt es noch einen weiteren Grund: Der nicht-fotogene Hund wurde noch nicht geboren. Die Gesichter von Hunden altern nicht wie die der Menschen: Sie bekommen keine Falten, wirken nie

---

* Der vor allem für seine Landschaften renommierte Fotograf Robert Adams hatte eine andere Erklärung für den besonderen Reiz der Hunde: »Künstler leben von Neugierde und Begeisterung; Eigenschaften, die wir bei Hunden finden und die uns inspirieren«, schreibt er in *Why People Photograph* (1994). »Ein Fotograf, der kniend einen Hund fotografiert, hat darin so viel Freude gefunden, dass vieles möglich wird.«

übermäßig trist und erliegen auch nicht den Verlockungen der plastischen Chirurgie. Das Schlimmste, was alternden Hunden passieren kann, ist ein leichtes Ergrauen an den Wangen.

Erwitts Interesse an Hunden erwachte, als er in den 1940er-Jahren als Teenager einen Hund adoptierte, der schwer an Staupe erkrankt war. Der Hund wurde Terry genannt, und je struppiger und unansehnlicher er wurde, desto mehr »nahmen seine Intelligenz und seine Empfindsamkeit zu«. Terry lebte nicht ständig bei Erwitt, sondern führte in den Straßen von Los Angeles ein würdiges und weitgehend unabhängiges Leben. Er begleitete den Postboten auf seinen Runden, jagte hin und wieder einem Fahrrad hinterher und besuchte gelegentlich die mehrere Meilen entfernt im östlichen Teil Hollywoods lebende Mutter des Fotografen.

Später nahm Erwitt einen weiteren Hund bei sich auf, den Cairn Terrier Sammy. Sammy war ein Arbeitshund, denn er arbeitete für Elliott Erwitt. Zwar nicht den ganzen Tag über, wie es bei Wegmans Weimaranern der Fall gewesen sein muss, denen der Fotograf wohl mindestens die Hälfte seines Einkommens verdankte. Sammy dagegen kooperierte nur bei einem einzigen Projekt – das allerdings sehr ambitioniert war. Erwitts Plan war, Sammy die berühmtesten Bauwerke der Welt anpinkeln zu lassen, vom Arc de Triomphe über die Pyramiden von Gizeh und das Lenin-Mausoleum auf dem Roten Platz von Moskau bis hin zur Verbotenen Stadt in Peking. Das Projekt lief trotz noch nicht endgültig geklärter Finanzierung bereits, als Sammy starb.

Dank des technologischen Fortschritts können wir alle heute Wegmans und Erwitts sein, auch wenn sie uns auf dem Gebiet der künstlerischen Komposition haushoch überlegen bleiben. Smartphone und Cloud übernehmen jedoch nicht unsere ethische Verantwortung. Die täglichen Millionen von Likes geben uns vor, wie ein Hund aussehen sollte, und bewirken, dass uns ein ganz normaler Dorfhund unattraktiv vorkommt. Ein durchschnittlicher Labrador oder Staffie oder Mischling müsste schon geschickt verkleidet werden, um beim Betrachten für Endorphinausschüttungen zu sorgen. Aber vielleicht ist das Besondere an all diesen Bildern ihre Unmittelbarkeit und Verfügbarkeit. Außerdem nutzen hier Menschen Hunde, um ihre eigene digitale oder reale Attraktivität und Beliebtheit zu steigern. Wie so vieles andere in den Sozialen Netzwerken bewirken diese Bilder weder, dass wir uns nach ihrer Betrachtung wohler fühlen, noch, dass unser Glaube an eine bessere Zukunft für unseren Planeten gestärkt wird.

Die Hundeverhaltensforscherin Alexandra Horowitz nimmt zu diesen Fragen kompetent Stellung. Vor allem befürchtet sie, dass genau das verloren geht, was Hunde zu Hunden macht, und dass man sie nur noch an menschlichen Maßstäben misst. »Die Allgegenwart meines Lieblingswesens senkt meine Stimmung, anstatt sie zu heben«, schreibt sie 2018 in der *New York Times*. »Weil Hunde an sich bei mir das Gegenteil von Verdrießlichkeit bewirken, begann ich mich zu fragen, woran das wohl liegt. Warum ertrage ich den Anblick auch nur eines einzigen ›witzigen Hundefotos‹ nicht mehr?«

Ihre Antwort: Die Sozialen Netzwerke und die Unterhaltungsindustrie hätten aus Hunden »pelzige Emojis« gemacht, visuelle Kürzel für Emotionen und Gefühle. Dieser Akt raube dem Hund seine Würde, und »jede Darstellung reduziert dieses komplexe, beeindruckende Lebewesen auf das Produkt unserer banalsten Vorstellungen … Es entwürdigt die gesamte Spezies.«

Natürlich hat sie recht. Ob es der Spezies *schadet*, ist eine andere Frage. Bereits in viktorianischer Zeit setzten Menschen ihren Hunden zum Spaß Häubchen auf. 2015 wollte Horowitz gemeinsam mit Julie Hecht, einer Psychologin der City University of New York, herausfinden, welche Faktoren dazu führen, dass Menschen sich für einen bestimmten Hund begeistern. Einige davon sind (wie wir dank des

Labradoodles und seiner Freunde erkannt haben) modebedingt. Gibt
es aber noch andere Elemente, die zu einer neuen Theorie visueller
natürlicher Selektion führen könnten – Elemente, die Tierheim-
besucherinnen und -besucher bei ihrer Wahl beeinflussen?

124 Studierende des New Yorker Barnard College wurden gebeten,
auf einem Computermonitor 80 Fotopaare von Mischlingshunden
anzuschauen und diejenigen zu kennzeichnen, die ihnen am besten
gefielen.* Jedes Fotopaar zeigte zwei nahezu identische Bilder dessel-
ben Hundes, doch war jeweils eine physische Eigenschaft manipuliert
worden. Die Forscherinnen hatten dafür 14 physische Eigenschaften
ausgesucht, die alle mit anerkannten psychologischen Attraktivi-
tätstheorien in Zusammenhang standen. Was z. B. kann die Größe
eines Hundes bewirken oder die Größe seiner Augen? Wenn man
die als Beispiel in der Studie veröffentlichten Fotos betrachtet, fallen
die Unterschiede kaum auf. Und so wählen wir das aus, was uns
aufgrund unserer Instinkte und unserer neuronalen Programmierung
stärker anspricht.

Die veröffentlichten Ergebnisse der Studie sind faszinierend,
wenn auch vermutlich vorhersehbar. Deutlich erkennbar ist eine
klare Vorliebe für kindliche Merkmale, darunter große und weit aus-
einanderstehende Augen. Auch gefielen den Studierenden bestimmte
Eigenschaften, die Hunde menschenähnlicher aussehen lassen, wie
etwa eine farbige Iris sowie ein anscheinend lächelnder Gesichtsausdruck. Größe oder Symmetrie schienen dagegen keine Rolle
zu spielen. Die Forscherinnen hatten bewiesen, was regelmäßige
Instagram-User bereits instinktiv wussten: Je mehr ein Hund einem
Menschen ähnelt, und vor allem je stärker er an ein Menschenbaby
erinnert, desto lieber haben wir ihn. Es ist also alles eine Frage der
Niedlichkeit.

---

* Siehe Julie Hecht & Alexandra Horowitz: »Seeing Dogs: Human Preferences for
Dog Physical Attributes«, in: *Anthrozoös* 2015, 28:1, S. 153–163.

Diese Studie – und unsere Sensibilisierung für die Tricks der Sozialen Netzwerke – werfen einige interessante Fragen auf. Wenn die Entscheidung für einen bestimmten Hund in so hohem Maße von der Ästhetik beeinflusst wird, laufen wir dann nicht Gefahr zu vergessen, was den Hund überhaupt erst zu einem unentbehrlichen Gefährten des Menschen gemacht hat? Wird sein Hund-Sein durch unser Mensch-Sein ersetzt? Und wäre das so schlimm?

Andererseits gibt es nicht nur Grund zur Besorgnis. Das beste Instagram-Gegenmittel ist überraschenderweise Twitter und dort besonders der Kanal WeRateDogs (@dog_rates). Hier sind alle Hunde die Stars, und die größten unter ihnen sind (abgesehen von dem einen oder anderen Halstuch, ein paar Fliegen und Lesebrillen) meist unbekleidete normale Hunde. Das Prinzip ist einfach: Ein Foto oder Video eines Hundes wird eingereicht und normalerweise mit großem Lob angenommen. Ein Hund kann theoretisch eine Wertung von bis zu zehn Punkten erhalten, bekommt meist aber mehr: zwölf, 13 oder sogar 14. Wichtigstes Kriterium scheint zu sein, dass es sich tatsächlich um einen Hund handelt. Jede Woche kommen viele weitere Hunde dazu. In einer einzelnen Woche des Jahres 2019 wurden folgende Neuzugänge vorgestellt:

Das ist George. Er hat die Kuschelprüfung mit Bestnoten abgeschlossen, und auch für seine Ausführung von »Sitz!« erhielt er die volle Punktzahl. Tolle Leistung, George! 14/10, Gratulation!

Diese beiden heißen Charlie und Maverick. Charlie mussten aufgrund von grünem Star beide Augen entfernt werden, doch dann bekam er Maverick als Helfer zur Seite. Ein unschlagbares Duo! Beide 14/10.

Das ist Lucy. Sie hat es noch nicht aus dem Bett geschafft. Heute kommt ihr die Welt einfach zu anstrengend vor, doch sie weiß auch, wie sehr ihr Mensch sie braucht. Dafür bekommst du 13/10, Lucy!*

Ohne Fotos kommt es nicht ganz rüber, aber es hilft, an John Caius' mittlerweile 500 Jahre alte Beschreibung eines richtig guten Spaniels zu denken: »Es ist eine Art von Hund, die bei den Adeligen beliebt ist … So sehr, dass diese sie nicht nur auf ihrem Schoß einschlafen lassen, sondern sie auch mit ihren Lippen küssen und sie zu ihren hübschen Gespielen machen.«

Man müsste schon sehr hartherzig sein, wenn man widersprechen und sagen würde, dass die meisten Hunde auf diesem Twitter-Kanal keine zwölf, 13 oder sogar 14 Punkte verdienen – vor allem nicht jene, bei denen dazugeschrieben wird, dass sie Unterstützung bei der Bezahlung ihrer Tierarztrechnung benötigen. Verständnisvolle Menschen schicken ihren Besitzern Geld oder bieten anderweitig Hilfe an. Die Hunde, denen geholfen wurde, tauchen ein paar Monate später wieder bei Twitter auf und sehen dann gesünder aus. Ihre Besitzer betonen immer, dass die Fotos nicht manipuliert sind und ihre Bitte um Hilfe kein Betrugsversuch war.

WeRateDogs hat über acht Millionen Follower; vielleicht sind Sie ja einer von ihnen?† Gegründet wurde der Kanal im November 2015 von dem 18-jährigen Collegestudenten Matt Nelson. Ihm war klar, dass Hunde in den Sozialen Netzwerken *der* Hit sind, und er wollte »Hunde nutzen«, um seinen neuen Comedy-Kanal bekannter zu machen. Er hatte nicht die Absicht, sich über die Vierbeiner lustig zu

---

* George-Tweet: 7. März 2019. Charlie-und-Maverick-Tweet: 18. März 2019. Lucy-Tweet: 21. Februar 2019.

† WeRateDogs unterhält auch eine kleinere Instagram-Präsenz, die bei meinem letzten Besuch 993.000 Follower hatte.

machen. Seine Besucher waren ähnlich eingestellt und bombardierten die vorgestellten Hunde geradezu mit liebevollen Bemerkungen. Aus Gründen, die auch Matt Nelson nicht erklären kann, stiegen die Besucherzahlen rasant. Die einzige plausible Erklärung dafür ist wohl, dass Menschen Hunde lieben und dass alles, was Hunde noch liebenswerter macht, einfach erfolgreich ist. Ein Witz über einen Hund muss nicht unbedingt über einen *bestimmten* Hund sein, und ein Hundemensch kann sich gut vorstellen, dass das auf dem Foto *sein* Liebling ist. Außerdem glauben die Fans von WeRateDogs, dass die Hunde auf diesem Kanal nach dem Tod von Grumpy Cat zu den wenigen Dingen gehören, die den Sozialen Netzwerken eine Existenzberechtigung verschaffen.

Auch bei WeRateDogs stoßen wir auf den Unsinn, den Hunde-menschen ihren Hunden erzählen. Alexandra Horowitz stellte eine Liste von auf der Straße aufgeschnappten »Unterhaltungen« zwischen New Yorker Hundebesitzerinnen und -besitzern und ihren Hunden zusammen, die oft absurd anmuten. »Du bist so süß und so schlau«, sagte eine Frau zu ihrem Goldendoodle. »Und dein Geld wert! Am liebsten würde ich dich heiraten!« Eine trödelnde Hündin wurde von ihrer Besitzerin mit denselben Worten ermahnt, die man auch zu einem Kind gesagt hätte: »Zu Hause kannst du so viel sitzen bleiben, wie du willst.« Am psychologisch verworrensten (und ein klassischer Fall von dem, was Psychoanalytiker als Übertragung bezeichnen) ist der Kommentar eines Herrchens, dessen Hund auf die freundlichen Annäherungsversuche eines Artgenossen mit Rückzug reagiert: »Du machst dich lächerlich!«

Ich glaube nicht, dass das etwas Neues ist, sondern dass wir diese Art von Gespräch schon immer geführt haben, wenn auch nicht unbedingt immer mit Goldendoodles. Verändert hat sich, dass wir es heute wagen, uns mit unseren Hunden auf diese Weise und weithin hörbar in der Öffentlichkeit zu unterhalten. Die Sozialen Netzwerke

WeRateDogs™ ✓
@dog_rates

This is Bassie. She was told to blink once if she accepts her role as flower queen, ultimate goddess of yard happenings. 14/10 #SeniorPupSaturday

👤 Zilker Bark

7:52 pm · 7 Sep 2019 · Twitter for iPhone

»Das ist Bassie. Falls sie mit ihrer Wahl als Blumenkönigin einverstanden sei, sollte sie einmal blinzeln. Die ultimative Königin der Gartenevents. 14/10« WeRateDogs hat 8,7 Millionen Follower.

haben das verstärkt, was die vernetzte digitale Welt von Anfang an getan hat: uns zu zeigen, dass wir mit unserer Verrücktheit nicht alleine dastehen. Und diese neuen möglichen Freiheiten fanden dorthin zurück, wo sie ursprünglich herkamen: auf die Straße.

Es dauerte nicht lange, und Matt Nelsons originelle, liebevolle Wortspielereien – *doggos*, *boopability* und *floof* – erschienen auf den über WeRateDogs vertriebenen Tassen und T-Shirts, einem Kalender und einem Brettspiel. Bei dem Brettspiel geht es einfach darum, zu beweisen, dass der eigene Hund der beste von allen ist. Oder, wie es in dem dazugehörigen Werbetext heißt: »Nach einer anstrengenden Suche im Tierheim bringen Sie den flauschigsten, cleversten, schnellsten und kuscheligsten aller Hunde mit nach Hause – und erfahren, dass genau in Ihrer Straße eine Hundeschau stattfindet!«

Auf einer Spielkarte ist ein Hund namens Thor abgebildet, der 13 Punkte für Cleverness und erstaunliche 22 Punkte für Bravsein erhält. Man würde annehmen, dass Thor jeden anderen Hund schlagen wird, doch so simpel ist das Spiel nicht.

Ärgern Sie sich jetzt vielleicht, dass Sie nicht selbst auf so eine gewinnbringende Idee gekommen sind? Nachdem er den Twitter-Kanal knapp zwei Jahre lang nebenbei gemanagt hatte, verließ Nelson 2017 die Uni, um Hunde professionell zu bewerten. Er fand also einen Weg, mit Hunden Geld zu verdienen. Er vertreibt T-Shirts und Baseballmützen mit Aufschriften wie: »Tell Your Dog I Said Hi« (»Sag deinem Hund, dass ich ihn grüße«) und »O H˙ck« (so etwas wie »Oh M˙st«, aber irgendwie fluffiger). Das sind keine besonders tief gehenden Weisheiten, aber sie klingen liebenswert witzig, und durch den Kauf dieser Artikel wird eine virtuelle Community real. »Die Leute werden nicht so bald aufhören, Hunde zu mögen«, sagte Nelson 2018 in einem Interview der Zeitschrift *Money*, »und somit sind diese Arbeitsplätze einigermaßen sicher.« Der Hauptsitz von WeRateDogs befindet sich nach wie vor im Haus von Nelsons Eltern in der Nähe von Charleston in West Virginia. Sein Vater ist Jurist und berät in Finanzangelegenheiten.

Trotz des großen Erfolgs, oder vielleicht auch gerade deshalb, wurde WeRateDogs dafür kritisiert, dass es nicht wissenschaftlich genug sei. Manche Leute beschwerten sich, die Hunde würden viel zu hoch bewertet. Der bekannteste Gegner dieses Kanals ist ein gewisser Brant Walker (@brant), der im September 2016 mit seiner Kritik am Bewertungsverfahren viral ging.

Die Angelegenheit begann mit Brants Twitter-Post: »Euer System ist dämlich. Nennt euch doch stattdessen einfach ›CuteDogs‹ (›Niedliche Hunde‹).« Matt Nelson antwortete prompt, schrieb jedoch absichtlich den Namen des Anklägers falsch: »Warum bist du so wütend, Bront.«

Brant Walker hakte nach: »Ihr gebt jedem Hund 11er und 12er. Das macht doch keinen Sinn.« Darauf antwortete Matt Nelson mit dem Satz: »Es sind gute Hunde, Brent.«

Eine Zeit lang war »Es sind gute Hunde, Brent« einer der meist-benutzten und (fast) sinnlosen Sätze, die im Original zitiert oder verfremdet durch die Sozialen Netzwerke geistern und schließlich auf Buttons und T-Shirts landen. Wenn z. B. jemand auf Twitter gegen einen neuen Verkehrsplan der Regierung protestierte, dann twitterte bald jemand zurück: »Es sind gute Regelungen, Brent.« Die *Washington Post* ernannte »Es sind gute Hunde, Brent« zum »besten Meme 2016« und zitierte Matt Nelsons Behauptung, dass der Screenshot des originalen Twitter-Dialogs 35 Millionen Mal kopiert worden sei. Matt Nelson und Brant Walker freuten sich beide über die vielen neuen Follower. Als Walker heiratete, war die Hochzeits-torte mit Figuren von Marge und Homer Simpson dekoriert, und neben ihnen stand ihr Hund Knecht Ruprecht (im Original: Santa's Little Helper) mit einem Schild, auf dem natürlich stand: »Es sind gute Hunde, Brent!«

Matt Nelson betreibt auf Twitter einen weiteren Kanal mit dem Titel Thoughts of Dog (»Gedanken eines Hundes«, @dog_feelings). Die Tweets werden von einer Hündin geschrieben, die regelmäßig ihre Hoffnungen und Freuden teilt. Der Hund auf dem Kanalfoto sieht wie Nelsons Golden-Retriever-Hündin Zoey aus, eine ziemlich schläfrige Schönheit mit einer Rechtschreibschwäche (sie hat einen *fren* – statt *friend* – namens Sebastian). Auch mit der Interpunktion hat sie es nicht so. Hier ein Beispiel vom Mai 2019: »wir waren heute im laden. und ich fand einen stoffpinguin den ich unbedingt haben wollte. ich versuchte ihn rauszutragen. wurde aber am ausgang auf-gehalten. ich bin keine verbrecherin. Ich habe nur kein geld.« So niedlich sie auch schreibt, ein zweiter Dickens ist sie nicht. Doch zweieinhalb Millionen Follower können nicht irren, und was Zoey an schriftstellerischem Talent mangelt, macht sie durch Sensibilität wett: »der mensch kam gerade nach Hause. riecht nach einem anderen Hund. das ist kein problem. ich bin überhaupt nicht erschüttert. falls mich jemand braucht. ich bin hier drüben. wundere mich, womit ich das verdient habe.«

Tatsächlich kam es im Sommer 2018 bei WeRateDogs zu einer erfreulichen Veränderung: Brant Walkers Haushalt bekam einen Neuzugang, den eleganten Havaneser Charlie. Es erschien naheliegend, ihn von WeRateDogs bewerten zu lassen. Das Urteil lautete: »Das hier ist Charlie, der Hund von Brant. Er macht sein Nickerchen in einer Ananas und steht auf Pommes Frites. 14/10, da hast du einen guten Hund, Brent.«

Was würden Sir Edwin Landseer und Charles (M.) Schulz von so viel fluffigem Unsinn halten? Mein Hundefreundeinstinkt – jener Teil des menschlichen Herzens, der beim Anblick von so viel caniner Absurdität und Niedlichkeit unweigerlich dahinschmilzt – lässt mich zu der Vorstellung gelangen, dass sie Matt Nelson auf Twitter folgen und sich auch die Tassen und T-Shirts kaufen würden. Technologien verändern sich, Gefühle eher nicht. Denn was ist eine alberne Pose auf Instagram anderes als das Update einer erhabenen Darstellung in Öl auf Leinwand? Unsere Liebe zu Hunden und unser Bestreben, ihre innere und äußere Schönheit in Porträts zur Geltung zu bringen, bleiben eine Konstante in unserer Beziehung. Wir versenken uns in diese Bilder und können uns nur schwer eine Zeit vorstellen, in der wir nicht versucht haben, den Augenblick einzufangen, in dem sie sich genauso verhalten, wie wir es uns wünschen. Auch können wir uns kaum eine Zeit vorstellen, in der wir sie nicht bedingungslos geliebt haben.

The »Tail-Wagger« (»Der Schwanzwedler«): Eine Zeitschrift voller fröhlicher Geschichten. Drei Monate später sah alles anders aus.

12. Schwere Zeiten

Im Juni 1939 strotzte die beliebte britische Monatszeitschrift *Tail-Wagger* derart vor hundebegeistertem Optimismus, dass die Kioskbesitzer vermutlich Mühe hatten, die Hefte auf den Regalen daran zu hindern, die Kunden von selbst anzuspringen. Bereits der erste Artikel enthielt eine gute Nachricht: Anders als befürchtet würde die Hundesteuer nicht erhöht werden. Die Regierung nahm durch die Hundesteuer auch so schon mehr als eine Million Pfund ein, und nach Ansicht des einflussreichen Herausgebers der *Tail-Wagger* sollte das genügen.*

Erheiternd war der Artikel über den Irish Terrier Peter aus der Horn Lane im Londoner Stadtteil Acton. Peter trabte zielsicher durch den Berufsverkehr, überquerte belebte Kreuzungen, machte kurz

---

* Die Hundesteuer wurde 1987 in England, Wales und Schottland abgeschafft, zu diesem Zeitpunkt betrug sie 37 Cent pro Hund. Im englischsprachigen Raum gibt es sie noch in Australien, einigen US-Bundesstaaten und Nordirland, wo 12,50 Pfund pro Jahr fällig werden. Sie war 1871 als Maßnahme gegen Streuner und Tollwut eingeführt und 1906 reformiert worden. Zur Zeit ihrer Abschaffung zahlte nur etwa die Hälfte aller Hundesteuer. Die Hundesteuer als Form der Registrierung ist inzwischen durch die allgemeine Microchip-Pflicht ersetzt worden.

Pause und holte am Bahnhofskiosk für sein Herrchen F. A. Gibbon
die neueste Ausgabe der Abendzeitung *Evening News* ab. Früher holte
er auch die Mittagsausgabe der *Evening News*, mit den Rennergeb-
nissen, »doch neuerdings wird diese mit dem Auto geliefert, weil
das schneller geht«. Weitere Artikel berichteten über Fortschritte in
der Ausbildung von Blindenhunden und die jährliche Verteilung der
Tail-Wagger-Stipendien (die Nachricht, das Casebrook Stipendium
in Höhe von 12 Pfund und 12 Schillingen sei dieses Jahr an einen
A. R. Casebrook ergangen, schien keine Irritationen auszulösen).
Im Anzeigenteil fand sich die Behauptung der Firma Cooper Dog
Remedies, dass Hunde ohne ihr Produkt »den Kampf gegen Flöhe
nicht gewinnen können«, und die der Firma Ambrol Milk Food, dass
sich ihre Hundemilch perfekt für »Welpen, gebärende Hündinnen,
kranke Hunde und schlechte Futterverwerter« und überhaupt auch
für alle anderen Hunde eigne. Auf jeder Seite sah man glückliche
Hunde: Die Zukunft konnte nicht verheißungsvoller scheinen. Aber
beachten Sie bitte das Erscheinungsdatum.

Die bevorstehenden Jahre sollten für die Hunde ebenso trauma-
tisch werden wie für die Menschen. Genau genommen erwartete
die Hunde bereits in den folgenden *Wochen* eine Katastrophe von
beispiellosem Ausmaß.

In den ersten vier Kriegstagen wurden in London Schätzungen
zufolge 400.000 Haushunde und Hauskatzen von ihren Besitzern
freiwillig getötet – ein wahrer »Holocaust der Haustiere«, wie es der
Historiker Angus Calder formulierte (er beschreibt auch, wie sich
getötete Haustiere »in Haufen« vor den Tierarztpraxen auftürmten).

Ein Holocaust der Haustiere? Vierhunderttausend? Wie kann
das sein? Und wie kann es sein, dass diesem entsetzlichen Bruch
in der Beziehung zwischen den Menschen und ihren vierbeinigen
Gefährten in der heutigen kollektiven Erinnerung so wenig Platz
eingeräumt wird? Vielleicht liefert das eigene Entsetzen über diese

hohe Zahl bereits die Antwort: Jeder Gedanke an das Massaker ist einfach unerträglich.

Die Zahl entsprach ungefähr einem Viertel der in der Londoner Metropolregion bei Kriegsbeginn lebenden Katzen und Hunde und wurde von der Royal Society for the Prevention of Cruelty to Animals (Königliche Gesellschaft zur Verhütung von Grausamkeiten an Tieren, RSPCA) und dem offiziellen Kriegsbericht des Veterinärkorps der Royal Army bestätigt. Sir Robert Gower, Präsident der RSPCA, zufolge könnte die tatsächliche Zahl sogar bei 750.000 gelegen haben und damit fast doppelt so hoch gewesen sein wie offiziell angegeben. Diese Zahlen sind umso erstaunlicher, weil für sie kaum Belege existieren. Ein Beispiel des Kunstkritikers Brian Sewell kann allerdings zeigen, wie sehr das Töten von Haustieren zur Routine werden kann. »Robert erschoss ihn und ließ den Kadaver am Strand liegen, wo ihn die Flut später mitnehmen würde«, schrieb Sewell in *Outsider*, dem ersten Band seiner Memoiren.

Robert war sein Stiefvater, der Strand der von Whitstable in Kent, und der Hund war Prince, sein Labrador. »Auf der Rückbank zwischen den Koffern eingezwängt sah ich, wie Prince Richtung Meer geführt wurde und hörte den Schuss. Ich weinte nicht; heute würde ich es tun …« Ein weiteres Beispiel findet sich als Memento im *Tail-Wagger*: »Frohe Erinnerungen an Iola … sanfte treue Freundin, eingeschläfert am 4. September 1939, um sie vor Leiden im Krieg zu bewahren. Ein kurzes, aber glückliches Leben – 2 Jahre, 12 Wochen. Vergib uns, kleine Freundin, du warst zu ängstlich, um weggegeben zu werden. Au Revoir. Entsetzlich vermisst von allen, die in der Ives Road 6 in Birkenhead wohnen.« Ja, auch das waren wir: die weichherzigen, hundeliebenden Briten, die liebevoll ihre vierbeinigen Freunde töteten.

Was führte zu diesem Unglück? Anscheinend war zumindest eine Ursache des Massakers offiziell abgesegnet worden. Kurz vor

Kriegsbeginn hatte die für den Luftschutz zuständige Abteilung des Innenministeriums eine Broschüre mit Vorsichtsmaßnahmen für Haustierbesitzer herausgegeben und empfohlen, die Tiere aufs Land zu bringen. Allen, die das nicht bewerkstelligen konnten und mit einer Einberufung oder Evakuierung zu rechnen hatten, riet die Broschüre: »Falls Sie die Tiere nicht bei Nachbarn in Pflege geben können, ist es am humansten, sie töten zu lassen.« Dieselbe Broschüre enthielt auch eine ganzseitige Anzeige der Firma Accles and Shelvoke Ltd. aus Birmingham, die ihren Bolzenschussapparat Cash Captive Bolt Pistol anbot. Unter einem Foto des Geräts stand schlicht: »Das schnellste, effizienteste und zuverlässigste Mittel, um jegliches Tier zu töten, auch Pferde, Katzen und Hunde aller Größen.«

Hunde durften nicht in öffentliche Luftschutzbunker mitgenommen werden. Mindestens ein geschäftstüchtiges Unternehmen bot in Hundezeitschriften gasdichte Zwinger an. Tierwohlorganisationen bauten ihre eigenen Luftschutzräume, darunter den von der National Canine Defence League finanzierten in Kensington Gardens. Es war eine Zeit, in der es ebenso viele Hilfsorganisationen für Hunde zu geben schien wie Hunderassen. Bevor die Kombination aus Anfragen, Verzweiflung und internen Querelen über die beste Vorgehensweise eine effektive Arbeit in der Krise nahezu unmöglich machten, versuchten all diese Organisation, so viele Hunde wie möglich zu retten. Sogar während die RSPCA jeden Tag Hunderte von Tieren töten ließ, versuchte sie immer noch, einen Aufschub zu erreichen: »Dieses Land hat das Stadium, in dem die völlige Vernichtung aller Haustiere zur Notwendigkeit wird, noch nicht erreicht«, protestierte sie in einer Broschüre mit dem Titel *Fütterung von Hunden und Katzen in Kriegszeiten.*

Doch das schien nichts zu nutzen. Firmen wie Harrison, Barber & Co., ihres Zeichens »Schlachter und Fettverwerter«, boten dem Innenministerium bereits ihre aus der Tierkörperverwertung gewonnenen Produkte an, darunter Felle, Seife, Fette, Leim und Dünger. Selbst die Hilfsorganisationen für Hunde verbreiteten erschütternde Informationen darüber, wie effizient sie Tiere liquidierten. Es war eine Massentötung in industriellem Maßstab, die vorsätzlich, aber auch nicht vollkommen gefühllos durchgeführt wurde. Das Tierheim Battersea Dogs Home setzte »Electrothanater« ein und tötete damit 100 Hunde pro Stunde. Von der Canine Defence League geführte Kliniken beförderten mittels Stromschlägen, Chloroform oder Säureinjektionen 50 Hunde pro Stunde ins Jenseits. Die schönen Märchen aus den Prospekten über die ländlichen nordwestlichen Londoner Vorstädte der 1930er-Jahre, auf denen zuversichtliche Familien mit ihren flauschigen weißen Terriern auf grünem Rasen zu sehen waren, hatten sich in urbane Albträume verwandelt.

Teils war diese Masseneuthanasie instinktiv bedingt. Die Erinnerung an den letzten Krieg, in dem ausgemergelte Hunde durch die Straßen streiften, ließ eine human durchgeführte Tötung als kleineres Übel erscheinen. Die Oxforder Historikerin Hilda Kean schreibt, dass die Massentötung auch die veränderte Rolle der Haustiere widerspiegelte: Zwar wurden Hunde damals im Allgemeinen weniger verwöhnt als heute, doch galten sie auch als weniger »nützlich« denn zuvor. In dem Maße, in dem ihre Bedeutung als Wächter und Jagdhelfer abnahm, wurden sie zum Luxusgut und deshalb entbehrlich.

Das Gleiche galt für die Katze und ihre Rolle in der Schädlingsbekämpfung. Die Lebensmittelvorräte wurden weniger, und Haustierbesitzer sahen sich einer neuen Verantwortung gegenüber: Hunde trugen zu wenig zum gemeinsamen Wohlergehen bei. Die RSPCA tat ihr Bestes, um Hundebesitzerinnen und -besitzern ihre Schuldgefühle auszureden: »Kartoffeln sind reichlich vorhanden, und wenn Sie im Garten ein paar mehr davon setzen, brauchen Sie kein schlechtes Gewissen haben, dass Sie Platz für den Anbau des Futters für Ihre Tiere nutzen.«

Doch die Panik hielt an. In Kriegszeiten standen Hunde in der Nahrungskette ziemlich weit unten. Der positive Einfluss von Hunden auf das psychische Wohlbefinden ihrer Menschen wurde im September 1939 leider nicht besonders hoch bewertet und auch ihre Bedeutung für die Stärkung der Moral der Nation gering geschätzt. Für die Haustiere war es kein Sitzkrieg – für sie verlief er von Anfang an blutig, selbst in den Dörfern.

Bei diesem Massaker gab es keine Helden, weder zwei- noch vierbeinige, und es gibt auch keine Statuen, die sie ehren. Doch es ist geschehen. Wir opferten unsere Hunde in der Hoffnung, dadurch uns selbst zu retten. Es war die umfassendste Maßnahme organisierter Grausamkeit gegenüber Hunden seit Menschengedenken. Heute, so glaube ich, würde auch nur die Andeutung des Vorschlags, angesichts einer nationalen Krise Haustiere zu töten, eine Revolution auslösen.[*]

Doch selbst in finstersten Zeiten bleiben Hunde immer Hunde. Sie erhielten sich die arttypische Frechheit und fanden eigene Wege, um die Moral zu stärken. Mit anderen Worten: Die Geschichte vom »Hitler-Hund« ist wahr. Jackie war ein Dalmatinermischling, und auf dem einzigen Foto, das von ihm existiert, sitzt er auf einem sonnigen Balkon und trägt eine Sonnenbrille. Er war ein Hund mit einem Geheimnis, das erst 70 Jahre nach Entstehung dieser Aufnahme gelüftet werden konnte.

---

[*] Natürlich gab es dennoch Helden: Etliche Hunde wurden vom Militär als Spürhunde, beim Transport oder einfach als Kameraden eingesetzt. Durch die Massenevakuierung von Dünkirchen im Mai und Juni 1940 stieg die Zahl der auf britischem Boden lebenden Hunde wieder: Französische Hunde wurden als Flüchtlinge anerkannt, und eine beträchtliche Anzahl von ihnen schaffte es, schwimmend den Ärmelkanal zu überqueren. Allerdings führten die meisten von ihnen nur französische Kommandos aus. Einige französische Hunde kamen auf Quarantänestationen, andere wurden erschossen, um eine mögliche Ausbreitung der Tollwut zu verhindern.

Der deutsche Historiker Klaus Hillenbrand entdeckte den Hitler-Hund 2010. Ein Tipp führte ihn zu einem Mikrofilm des deutschen Außenministeriums, der eine bizarre Geschichte erzählte. »Es gibt sehr wenig, worüber man lachen kann, weil ihre Taten so monströs waren«, schreibt Hillenbrand über die Nationalsozialisten. »Doch es gab zwei oder drei Dutzend Leute, die über die Hundeaffäre diskutierten, anstatt die Invasion der Sowjetunion vorzubereiten. Sie waren verrückt« (siehe dazu Wikipedia »Jackie [Hund]«).

Die Affäre begann im Januar 1941, als Willy Erkelenz, deutscher Vizekonsul in Finnland, davon hörte, dass ein Hund in Helsinki die Pfote zum Hitlergruß erhob, wann immer man »Hitler« zu ihm sagte. Zu dieser Zeit waren die Beziehungen zwischen Deutschland und Finnland friedlich, und Jackies Gruß wäre ein amüsanter Partytrick geblieben – hätte das Dritte Reich die kleine Hundenummer nicht als schwere Beleidigung aufgefasst.* Tatsächlich wurde umgehend eine umfangreiche Untersuchung angeordnet.

Besitzer des Hundes war der finnische Pharmagroßhändler Tor Borg. Er wurde in die deutsche Botschaft einbestellt und sagte dort aus, dass nur seine Frau den Hund Hitler nannte und dass der Hund bald nach Hitlers Machtergreifung 1933 damit aufgehört habe, die Pfote auf diese spezielle Weise zu heben.

Doch die Deutschen glaubten Borg nicht, hatten allerdings auch nach drei Monaten noch immer niemanden gefunden, der gewillt war, gegen ihn auszusagen. Immer wieder wurde angedroht, die Versorgung von Borgs Firma mit Medikamenten zu blockieren,

---

* Humor war keine Stärke der Nazis. Es ist nicht bekannt, ob Hitler von Jackies Kunststück wusste. Hitler hatte selbst mehrere Hunde. Seine Schäferhündin Blondi missbrauchte er als Versuchstier für die Zyanidkapseln, mit denen er anschließend in seinem Bunker Selbstmord beging. Blondis Welpen wurden dann von Hitlers Freunden erschossen, ebenso wie Eva Brauns beide Hunde und die Hunde anderer enger Mitarbeiter. Die Tötung von Hunden, die davor als geliebte Haustiere in die Propaganda mit einbezogen worden waren, wurde zur letzten feigen Tat.

doch wurde letztlich nichts gegen ihn unternommen.* Tor Borg starb
1959, und wir wissen nicht, was aus Jackie wurde. Niemand dachte
daran, ihm ein Bronzedenkmal zu widmen (natürlich hätte man sich
fragen müssen, ob der Bronzehund die Vorderpfote hochstrecken
soll oder nicht). Auch bleibt unbekannt, ob es sich bei Jackie um
eine Hündin oder einen Rüden handelte. Klaus Hillenbrand zufolge
können wir aus dieser Anekdote mindestens eine wichtige Lehre
ziehen: »Die Hundeaffäre zeigt uns, dass die Nationalsozialisten nicht
nur Kriminelle und Massenmörder waren, sondern dazu auch noch
unglaublich dämlich.«

Wer für letztere Behauptung weitere Beweise braucht, kann sich
mit Margarethe Schmidt befassen, der damaligen Direktorin der
Tiersprechschule Asra. In der von den Nationalsozialisten gegrün-
deten Schule sollten Hunde sprechen lernen. Und offenbar sprachen
sie tatsächlich. Wenn einer dieser Hunde gefragt wurde: »Wer ist
Adolf Hitler?«, antwortete er wie aus der Pistole geschossen: »Mein
Führer!!« 1943 schrieb ein Prof. Max Müller, ein Unterstützer dieser
Schule, einen wissenschaftlichen Artikel über die Möglichkeit, die
Hunde im Krieg einzusetzen – und zwar nicht als Kampfhunde,
sondern in leitenden, intellektuell anspruchsvollen Positionen.

Ich verdanke diese Informationen Dr. Jan Bondeson vom Medizi-
nischen Institut der Cardiff University. Bondeson schreibt auch, dass

---

* Die Drohungen wurden vermutlich von Borgs wichtigstem Lieferanten ausgespro-
chen, der IG Farben. Der deutsche Chemieriese, der auch die KZs mit dem Giftgas
Zyklon B versorgte, wollte den guten Kunden jedoch nicht verlieren. Jackie war nicht
der einzige Hund, der den Hitlergruß beherrschte. Im April 2016 postete der Schotte
Mark Meechan auf YouTube ein Video, in dem der Mops seiner Freundin auf Mee-
chans Zuruf »Sieg heil!« hin eine Pfote hebt. Daraufhin fragt Meechan den Mops,
ob »die Juden vergast« werden sollen, und wieder hebt dieser die Pfote. Trotz der
Geschmacklosigkeit dieses Clips wurde Meechan von mehreren bekannten Comedians mit dem Argument der Redefreiheit unterstützt, doch die zuständigen Behörden
verurteilten Meechan zu einer Geldstrafe in Höhe von 800 Pfund. Meechan startete
daraufhin einen Spendenaufruf und trat in die rechtspopulistische Partei UKIP ein.
Das Verfahren läuft noch.

Geheimnisumwitterter Mix: Jackie und Tor Borg genießen die Sonne.

der »ominöse« Prof. Müller einige andere bemerkenswerte deutsche Hunde beobachtete, darunter einen dicken Dackel namens Kurwenal, der »das Alphabet bellen« konnte. Der in den 1930er-Jahren in Weimar aktive Kurwenal wurde so berühmt, dass er einen eigenen Biografen bekam; einen Mann, der ausgerechnet Otto Wulf hieß. Im Grunde war es so, dass der Dackel einfach nur die ganze Zeit über bellte, und mit ihm zusammenzuleben muss so furchtbar gewesen sein, dass seine Besitzerin beschloss, ihn gewinnbringend einzusetzen: Mathilde Freiin von Freytag-Loringhoven brachte ihm bei, für »A« einmal zu bellen, für »B« zweimal und so weiter. Kurwenal äußerte keine Meinung zu Hitler, zog Goethe Schiller vor und war imstande, einen Monolog aus Hamlet als solchen wiederzuerkennen. Als er einmal einen Teddybären geschenkt bekam und gefragt wurde, ob er gefallen würde, antwortete er (mittels Hunderten von Bellern): »Nein, er sieht schrecklich aus.«

An dieser Stelle sollten wir auch Kurwenals berühmten Vorgängers gedenken: Rolf. Rolf war ein Airedale Terrier, der um den Ersten Weltkrieg herum lebte und kommunizierte, indem er mit der Pfote auf die auf ein Brett aufgemalten Buchstaben zeigte. Er war nicht nur ein militaristischer Patriot (er hatte den Wunsch ausgedrückt, ins Heer einzutreten, um gegen die Franzosen zu kämpfen), sondern galt auch als Intellektueller. Bondeson schreibt außerdem, dass Rolf ein eifriger Briefschreiber war, der »sich erfolgreich in Mathematik, Ethik, Religion und Philosophie versuchte«. Ich denke, der Schlüsselbegriff hier ist »versuchte«.

Die symbolische Macht der Hunde tritt selten derart deutlich hervor wie in Zeiten nationaler Verletzlichkeit. Hitler zeigte sich in der Öffentlichkeit in Gesellschaft eines reinrassigen Deutschen Schäferhunds. Als er einsah, dass er mit seinen katastrophalen Zielen scheiterte, musste auch sein Hund sterben. Churchill wurde oft zusammen mit einer Englischen Bulldogge porträtiert, der eine so massig wie die andere. Auf manchen Bildern trägt die Bulldogge eine Weste in den britischen Farben. Auf anderen ist Churchills Kopf einem Bulldoggenkörper aufgepfropft, oder ein Zigarren kauender Bulldoggenkopf sitzt auf Churchills Körper. Während des Zweiten Weltkriegs besaß Churchill in Wirklichkeit einen Hund, der wesentlich weniger eindrucksvoll war als eine Bulldogge: einen kleinen braunen Pudel namens Rufus, der es jedoch nie auf patriotische Poster schaffte.

Der an der Bringham Young University in Utah lehrende Wissenschaftler Aaron Herald Skabelund ist der Ansicht, dass man die Geschichte der sozialen und militärischen Entwicklung eines Landes

in den letzten beiden Jahrhunderten nur unter Berücksichtigung
der Rolle schreiben kann, die Hunde in der jeweiligen Gesellschaft
spielten und spielen. »Imperialismus formte die Welt der Hundezucht
und der Hundehaltung, wie wir sie heute kennen.« Er zitiert auch
die faszinierende »Dog Map of the World« (»Hundekarte der Welt«),
die 1933 in den *Illustrated London News* abgedruckt worden war. Von
den damals 70 vom englischen Kennel Club und dem American
Kennel Club anerkannten Rassen stammten 38 von den Britischen
Inseln. Nur drei kamen aus den USA und etwa ein Dutzend aus
Deutschland, Frankreich und den Niederlanden. Der Akita hatte
Japan damals noch nicht verlassen, in Mexiko ist nur der Chihuahua
eingezeichnet und in Australien der Dingo. Die imperialistische Hundewelt des 19. Jahrhunderts war in erster Linie europäisch, und in
den frühesten Hundeschauen wurden alle Hunde, deren Rasse nicht
britischen Ursprungs war, der Kategorie »Ausländisch« zugeordnet.

Politisch motivierte Gewalt gegen Hunde war in Kriegszeiten
keine Seltenheit. So lebten etwa Dackel während des Ersten Weltkriegs in England gefährlich. In seinen Memoiren *Eine Art Leben*
beschreibt Graham Greene, dass er eines Tages mitten im Krieg
miterlebte, wie »ein Dackel in der Highstreet« von Berkhamsted
in Hertfordshire gesteinigt wurde. Ähnliche Schicksale ereilten
Hunde in den Straßen von Manhattan und Chicago, nachdem die
Amerikaner 1917 in den Krieg eingetreten waren. Man kann sich
leicht vorstellen, welches Ausmaß von Brutalität die Welt erschütterte,
wenn wehrlose, unschuldige Tiere auf diese Weise gequält und getötet
wurden. Auch Karikaturen griffen das Thema auf; eine zeigt einen
Dackel, der von den anderen Hunden gemieden und schließlich von
einer Bulldogge getötet wird.

Die Propaganda gegen deutsche Hunderassen hatte durch-
schlagenden Erfolg: Waren 1913 in Großbritannien noch 217 Dackel
gemeldet, gab es 1919 dort keinen einzigen mehr. In den USA über-

lebten nur zwölf amtlich registrierte Dackel den Ersten Weltkrieg, und ihre Besitzer starteten die Initiative, sie von *German sausage dog* (»deutscher Wursthund«) in *liberty dogs* (»Freiheitshunde«) umzubenennen.

Die Historikerin Hilda Kean schildert, wie die britische Presse gleich nach der offiziellen Kriegserklärung 1939 die Schicksale zweier Hunde verglich, um die Unterschiede zwischen britischem und deutschem Verhalten deutlich zu machen. Sir Nevile Henderson, britischer Botschafter in Deutschland, hatte bei seiner Rückkehr nach London seine geliebte Alpenländische Dachsbracke Hippy dabei. Hippy hatte etwas längere Beine als ein Dachshund – wie der Dackel ebenfalls genannt wird –, einen kräftigeren Körper und mehr Ähnlichkeit mit einem Bluthund als mit einem Dachshund, doch das hielt die britische Presse nicht davon ab, ihn als Dachshund zu bezeichnen. Allerdings wurde dieser vermeintliche Dachshund nicht beschimpft, sondern verehrt.

Sir Neviles Liebe zu Hippy galt als herausragendes Beispiel dafür, wie achtsam wir Briten selbst in diesen schweren Zeiten unsere Haustiere behandelten, selbst dann noch, wenn diese Tiere deutscher oder, wie in Hippys Fall, österreichischer Herkunft waren (natürlich war dies angesichts der oben beschriebenen Massentötungen eine Lüge). Wie sich später herausstellte, war Hippys weiteres Schicksal alles andere als erfreulich: Sofort nach der Landung verschwand er in einer Quarantänestation, und als er sechs Monate später zu seinem Herrchen zurückdurfte, war er stark geschwächt.[*]

---

[*] Der arme alte Hippy starb wenig später. Britische Diplomaten gelten zwar als besonders kalte Fische, doch wenn ihr Haustier stirbt, bricht es auch ihnen das Herz – genau wie uns. »Neun Jahre lang war er Teil meines Lebens, sogar ein sehr wichtiger Teil. Niemand wird jemals seinen Platz einnehmen können, und ich kann mir kaum ein Leben im Jenseits vorstellen, wenn nicht Hippy dort auf mich wartet, um es mit mir zu teilen«, schreibt Henderson in seinem wunderbar rührseligen Nachruf *Hippy: The Story of a Dog*.

Ein direkter Vergleich ergab sich mit einem Chow-Chow namens Bärchen. Bärchen hatte das Pech, dem deutschen Botschafter in London zu gehören, Joachim von Ribbentrop. Von Ribbentrop wurde 1938 abberufen und zum Außenminister ernannt. Als die übrige Belegschaft der deutschen Botschaft in London bei Kriegsbeginn ausgeflogen wurde, ließ man Bärchen zurück. »Das ist genau das, wogegen Großbritannien kämpft: Der Nationalsozialismus wird von Brutalität beherrscht und hat keinen Sinn für Gerechtigkeit oder Menschlichkeit, nicht einmal Haustieren gegenüber«, verkündete der *Daily Mirror* ironisch. Viele seiner entsetzten Leser boten daraufhin an, den zurückgelassenen Chow-Chow zu adoptieren, und so fand Bärchen schließlich ein freundliches neues Zuhause und hatte ein wesentlich angenehmeres Leben als Hippy.

Wir dürfen diese Zeit niemals vergessen. Die Tatsache, dass Hunde heute so gut versorgt und geschützt werden, ist ein Beweis unserer Freiheit und damit von unschätzbarem Wert.

So, Schluss mit der Predigt, denn wir wollen Hunde hier ja nicht betrauern, sondern feiern. Wie gedenkt man eines Hundes? Mit welchen Worten lässt sich ausdrücken, was ein Hund für uns bedeutet?

Und hier endet die Lebensreise: der viktorianische Hundefriedhof im Hyde Park.

13. Geliebt und unvergessen

Am nördlichen Rand des Hyde Park, dort, wo der Hauptweg des Parks in die Bayswater Road mündet, befindet sich ein Torwächterhaus mit einem sehr ungewöhnlichen Garten. In ihm befinden sich an die 300 Grabsteine, alle ungefähr so groß wie die Speisekarte eines altmodischen italienischen Restaurants.

Sie erinnern an Turk, an die kleine Nora, an den geliebten Sammie, an die liebe kleine Minnie und die süße kleine Leo. »Dem lieben kleinen Josie«, steht auf einem eingraviert, »in liebevollem Andenken an seine Treue, bis wir uns wiedersehen.«

Drei Meter weiter ein Stein mit der Inschrift: »In liebender Erinnerung an Chum, meinen treuen und liebevollen Pudel«, und auf dem nächsten steht: »Mein liebster Bob, 5 Jahre lang der liebende und geliebte Gefährte von Mr. F. M. Dican.«

Die Viktorianer verstanden sich gut auf die Trauer und ihre Inszenierung, doch viele Inschriften sind verwittert und kaum noch lesbar. Manches ist gerade noch zu erkennen:

Scamp, überfahren, 29. September 1894

Hier ruht Tip, 8. Sept. 1888

In liebevoller Erinnerung an Chin Chin, ein perfekter Hund.

In Erinnerung an meinen geliebten kleinen Hund Pickles, gestorben am 31. Januar 1914, 12 Jahre lang mein treuer kleiner Freund und Begleiter.

Wir bestatten Hunde auf menschliche Art und Weise, weil es die einzige ist, die wir kennen. Im Tod werden Hund und Besitzer eins.

Leider kann man diese wunderbare Ecke des Hyde Park nicht einfach so besuchen. Um hineinzukommen, muss man entweder mit dem Torwächter befreundet sein oder an einer privaten Führung teilnehmen, die von den Royal Parks für Gruppen von zwölf Personen angeboten wird. Bei Letzterer stellt die Besichtigung des Hundefriedhofs den Abschluss einer längeren Wanderung dar, die bei dem Kriegerdenkmal für Tiere in der Park Lane beginnt (ein Tribut an all die Tiere, von Tauben bis hin zu Elefanten, die in sämtlichen Kriegen Großbritannien unterstützten, vom Krimkrieg bis zum Irakkrieg) und auf der auch der Galgenplatz Tyburn und die fantastischen Londoner Platanen besichtigt werden. Tourführer Jonathan liest bei allen Stationen von laminierten Karten vor und baut mithilfe von Richard, einem weiteren Fremdenführer der Londoner Parks, ordentlich Spannung auf, bis endlich der Hundefriedhof erreicht ist und sein Tor mit einem großen, alten Schlüssel aufgeschlossen wird.

Die Atmosphäre hinter dem Tor ist melancholisch. Der Friedhof ist etwa so groß wie ein Tennisplatz und mit Grabsteinen übersät. Seine Geschichte beginnt, als die zutiefst trauernde Besitzerin eines Maltesers namens Cherry einem Bekannten von ihrem Verlust erzählte. Zufällig war dieser Mr. Winbridge der Torwächter und Bewohner der Victoria Lodge am Rand des Parks. Er bot an, den Hund in seinem Garten zu beerdigen, und bald stand dort der erste Stein: »Armer Cherry. Gestorben am 28. April 1881.« Die Sache sprach sich herum. Bald hatte Cherry einen Nachbarn, den ganz in der Nähe von einer Kutsche überfahrenen Yorkshire Terrier Prince. Die Besitzer von Tar, Tubby und Jack the Dandy ließen ihre toten Lieblinge ebenfalls hier bestatten, die Herrchen und Frauchen von Jocker, Boss und Curly taten es ihnen nach. Ein paar verstorbene Katzen kamen hinzu. Mr. Winbridge verdiente gut daran, denn er verlangte 5 Pfund pro Tier, eine kleine Gedenkveranstaltung inklusive. Auch dem lokalen Steinmetz muss es in dieser Zeit ziemlich gut gegangen sein.

Alle Hunde, die hier ruhen, waren brave Hunde. Hier gibt es keine vierbeinigen Halunken, Selbstmörder, Beißer. Und keine armen Hunde, denn die Grabsteine wurden von trauernden Tierfreunden aus den feinsten Kreisen in Auftrag gegeben. Die Hunde, die hier zwischen den Blumen ruhen und vergehen, waren nicht unbedingt die, die am meisten geliebt wurden, sondern die, an die am nachhaltigsten erinnert wird. Die Grabsteine sind so groß wie bei Kindergräbern.

Es gibt tatsächlich auch Geschichten über Hundeselbstmorde im viktorianischen Zeitalter: über Hunde, die keinen Sinn in einem Leben ohne ihren Menschen sahen. Da war z. B. Bruce aus Upnor in Kent. Bruce war vermutlich eine Terrier-Labrador-Kreuzung, weiß mit braunem Kopf und unglücklich, weil er ohne einen für ihn erkennbaren Grund von seiner Menschenfamilie weggerissen worden war. Also beschloss er, zu ihr zurückzukehren. Als er sie endlich gefunden hatte, wurde er weggejagt. Verzweifelt trottete er zu einem See und ertränkte sich. Der Psychiater Henry Maudsley, Gründer des Maudsley Hospital, berichtete 1879 in der Zeitschrift *Mind*, er habe von einem ihm unbekannten Mann einen Brief erhalten, in dem es um Bruce ging. Es könne sein, argumentierte der Briefschreiber, dass sich der Hund gar nicht selbst ertränken, sondern nach einer überstandenen Krankheit nur innerlich und äußerlich hätte reinigen wollen. Seiner Ansicht nach sei Bruce nicht an Lebensüberdruss, sondern an Erschöpfung gestorben.

Dann ist da noch die Geschichte von einem anderen Hund in Seelenqualen, der einem Geistlichen gehörte. Henry Calderwood schreibt in seinem Buch *The Relations of Mind and Brain* (1897), dass dieser Hund, wann immer seine fromme Menschenfamilie in der Kirche war, Hennen totbiss und dann verbuddelte. Es dauerte eine Weile, bis man ihn als den Hühnermörder entlarvt hatte. Der Geistliche nahm den Hund daraufhin mit in seine Bibliothek, verhörte und bestrafte ihn. Der geständige und gezüchtigte Hund verließ die Bibliothek mit tief gesenktem Kopf und wurde am nächsten Morgen tot aufgefunden. Man nahm an, dass er an gebrochenem Herzen gestorben sei. (In der Analyse dieses Falls heißt es: »Ein sündhafter Hund kann bei seiner Entlarvung tatsächlich Scham und Reue empfinden ... und sich mit sorgenvoller Miene von seinem Herrn entfernen«, doch sei es durchaus möglich, dass in diesem Fall auch ein Tropfen Arsen mit ins Spiel gekommen sei.) Armer ungenannter Pastorenhund!

Bei meinem Spaziergang zwischen den Grabsteinen musste ich an die Zeilen aus der Feder von John Hobhouse denken, die das Grab von Lord Byrons Hund Boatswain zierten, der im Alter von fünf Jahren an Tollwut gestorben war:

An dieser Stelle
ruhen die Gebeine von einem
der Schönheit ohne Eitelkeit besaß,
Kraft ohne Anmaßung,
Mut ohne Grausamkeit
und sämtliche Tugenden des Menschen ohne dessen Laster.

Der geliebte, treue Hund als Symbol der Unschuld in einer korrupten Welt.

Viele der in die Grabsteine gravierten Namen wie Monty, Carlo oder Jack sind auch heute noch beliebt. Andere wie Fido, Ruff oder Rex gelten als verstaubt und werden nur noch im ironischen Sinne gebraucht. Dann wieder gibt es Namen, die man heute kaum noch hört, wie der des treuen alten Turk. Ein Hund hieß Scum (»Abschaum«). Es gibt hier auch einen Fritz, und neben ihm liegt sein Sohn Balu, mysteriöserweise »von einem grausamen Schweizer vergiftet«. Bei Ausbruch des Ersten Weltkriegs war dieser Garten voller kleiner Gräber, doch auch später wurden noch ein paar Tiere hineingeschmuggelt oder aufgrund einer Anweisung von hoher Stelle offiziell hier beigesetzt; das jüngste Grab gehört dem Regimentmaskottchen Prince, das 1967 im Alter von elf Jahren starb. Wie erinnern die Hinterbliebenen an Prince? »Er erwartete so wenig und gab so viel«,[*] steht auf seinem Grabstein.

Die Geister von Haustieren bevölkern auch Friedhöfe in anderen Teilen der Welt. Auf dem Pariser Hundefriedhof Cimetière des Chiens liegen über 40.000 Hunde begraben, darunter auch ein früher Vertreter (es gab mehrere) des Filmhundes Rin Tin Tin. Im Aspen Hill Memorial Park in Maryland findet man den Grabstein eines Hundes namens Major mit der herrlichen Inschrift: »Als Hund geboren, als Gentleman gestorben.« Aspen Hill ist die letzte Ruhestätte von über 50.000 Haustieren. Unter ihnen finden sich etliche

---

* Auf frühen Aufnahmen sind Gräber zu sehen, nach denen man heute vergeblich sucht. Auch waren die Gräber damals wesentlich größer als heute. Es gibt Grund zur Annahme, dass auf diesem Grundstück mehr als 300 Bestattungen stattfanden und dass einige tote Hunde mitsamt ihrer Grabsteine auf den Hundefriedhof von Molesworth nahe Huntingdon überführt worden sind. Der Friedhof am Hyde Park war sicherlich nicht der erste Hundefriedhof in England. Die Herzogin von York ließ um 1800 auf ihrem Anwesen Oatlands House in Surrey über 60 Hunde beerdigen (heute ist das Landhaus ein großes Hotel, doch die kleinen Grabsteine wurden nicht entfernt), und Königin Victoria hatte ihren eigenen kleineren Hundefriedhof in Windsor.

Theater- und Filmstars und auch einige Hunde, die Edgar J. Hoover gehörten. Ursprünglich in den 1920er-Jahren als Zwinger und Zuchtstätte gegründet, ruhen hier nun Tausende Hunde und Katzen wie auch etliche Ziegen, Schildkröten, Frösche und Hamster. Aspen Hill ist der der zweitgrößte Tierfriedhof der USA nach dem Hartsdale Canine Cemetery in Westchester County, New York. In dem 1896 gegründeten Tierfriedhof von Hartsdale befinden sich die Gräber der Hunde von Berühmtheiten wie Diana Ross und Mariah Carey. Wer das nötige Kleingeld hat, kann auch heute noch seinen Hund hier bestatten lassen. In Hartsdale steht auch der Grabstein eines Collies mit der Inschrift:

UNSER SIDNEY
GESTORBEN AM 4. SEPT. 1902
IM ALTER VON 16 JAHREN
ALS HUND GEBOREN
WIE EIN GENTLEMAN GELEBT
UND GELIEBT GESTORBEN.

2013 fiel dem Ethnologen Stanley Brandes auf, dass die in den letzten zwei bis drei Jahrzehnten auf Hartsdale bestatteten Hunde zunehmend Menschennamen tragen. In seinem Artikel »Dear Rin Tin Tin: An Analysis of William Safire's Dog-Naming Survey of 1985« stellte er fest, dass die Mehrheit der dort ruhenden Hunde früher Namen hatten wie Laddie, Rex, Rags, Boogles, Tricie, Snap, Jaba und ähnliche, die sich deutlich von Namen für Menschen unterscheiden. Selbst noch in den 1980er-Jahren herrschten Champ, Happy und Spaghetti vor – Namen, die Eltern niemals einem Kind gegeben hätten. 2013 aber war bereits eine radikale Veränderung festzustellen. »Mittlerweile trifft man sehr häufig auf Gräber, in denen Hunde liegen, die Ronnie, Rebecca, Jasper, Marcello, Oliver, Fred und Timothy heißen.«

Der Grabstein eines Haustiers ist für uns, seine Hinterbliebenen, wichtig und kann auch Fremde rühren. Andere trauernde Besitzer ziehen einen weniger auffälligen Tribut vor oder auch etwas, was sie nicht so stark an die eigene Sterblichkeit erinnert. »Ein Teil des Schmerzes, den der Weggang dieser stillen Freunde in uns auslöst, ist darauf zurückzuführen, dass sie so viele Jahre unseres Lebens mit sich nehmen«, schrieb John Galsworthy. Mit seinem verstorbenen Hund verband er nur angenehme Erinnerungen. »Über seinem Grab steht kein Stein. Sein Leben ist in unsere Herzen eingraviert.«

Wie kann ein Hund sonst noch unsterblich gemacht werden? In Büchern, Gemälden und Comics, wie wir gesehen haben. Und durch Denkmäler – kalte, unbewegliche Statuen, die mit dem Alter umso geheimnisvoller werden.

Um zu begreifen, was auf diesem Gebiet alles erreicht werden kann, besuchen wir in Tokio zwei Skulpturen, die im Abstand von 70 Jahren entstanden sind. Beide stellen denselben Hund dar und erzählen dieselbe Geschichte. Vielleicht kennen Sie sie bereits, denn sie ist schon sehr oft erzählt worden. Sie zeigt, wie viel ein Hund leisten kann und wie wenig ein Mensch.

Sie beginnt im Jahr 1923 mit der Geburt eines cremefarbenen Hundes namens Hachi. Hachi war ein reinrassiger Akita, dessen Besitzer in der Präfektur Akita auf Honshū lebte. Als Hachi zwei Monate alt war, hörte dieser Besitzer von einem Professor an der Kaiserlichen Universität in Tokio namens Hidesaburō Ueno, der sich über freundliche Gesellschaft freuen würde, die ihn nach der Arbeit zu Hause erwartete. In Akita gab es schon viele Akitas, und so fuhr Hachi einen ganzen Tag lang mit dem Zug in sein neues Zuhause. Der Professor und er wurden beste Freunde.

Prof. Ueno lehrte Agrartechnik und fuhr jeden Tag mit dem Zug vom Tokioter Stadtteil Shibuya aus zur Arbeit. Hachi begleitete ihn

morgens zum Bahnhof und holte ihn dort abends wieder ab. Doch
nur zwei Jahre nach dem Beginn ihrer Freundschaft traf die beiden
ein furchtbarer Schicksalsschlag: Im Mai 1925 starb der Professor
während der Arbeit an einem Schlaganfall, doch niemand erklärte
das Hachi, der an jenem Tag bis zum Einbruch der Dunkelheit am
Bahnhof wartete. Jeden Abend kehrte er dorthin zurück. Anfangs
lebte er von Abfällen und milden Gaben von Passanten und fragte
sich wohl, warum sein Herrchen ihn vergessen hatte. Der Sage
zufolge – denn natürlich rankte sich bald eine Sage um ihn – hielt
Hachi seinem verschwundenen Herrn viele Jahre lang die Treue:
»Vielleicht kommt er heute…«, muss er wohl gedacht haben.

Doch nach einigen Monaten wurde er manchen Anwohnern und
Bahnangestellten lästig, und sie versuchten, den Hund zu vertreiben.
Am Bahnhof war immer viel los, und Hachi war im Weg. *Begriff er
denn nicht, dass sein Herrchen tot war?* Es soll Menschen gegeben
haben, die den armen Hund schlugen. Andere versorgten ihn weiterhin mit Futter, konnten sein gebrochenes Herz aber nicht heilen.

Prof. Ueno hatte eine Lebensgefährtin gehabt, Yaeko Sakano, doch
ihre Familie hatte die Beziehung missbilligt und Sakano keine Lust,
Hachi aufzunehmen. Schließlich erbarmte sich Kikuzaburo Kobay-
ashi, der frühere Gärtner des Professors, und nahm den Hund zu
sich. Die neue Beziehung tat beiden Beteiligten gut, wirkliche Liebe
aber wurde nicht daraus. Glücklicherweise wohnte der Gärtner so
nahe beim Bahnhof von Shibuya, dass Hachi dort weiterhin allabend-
lich hinpilgern konnte. Nachdem Hachi sieben Jahre lang vergeblich
gewartet hatte, wurde 1932 der Reporter einer japanischen Zeitung auf
ihn aufmerksam. Radiosender und weitere Zeitungen übernahmen
die Geschichte von dem Hund mit dem gebrochenen Herzen, und
wochenlang wurde Hachi zum Gesprächsthema. Plötzlich war er kein
lästiger Bahnhofshund mehr, sondern ein konsequent optimistisches
Tier. Wenn doch alle so zuversichtlich sein könnten wie er! Hachi

wurde zu einem Symbol für Unschuld und Loyalität und wichtig für
ein Land, das nach dem Ersten Weltkrieg Probleme mit seiner Identi-
tät hatte. An Hachis Namen wurde das Suffix -kō angehängt, das für
»niedlich« und »liebenswert« steht.

Tatsächlich sah Hachikō nicht gerade niedlich aus. Fotos zeigen
einen stämmigen, selbstbewussten Hund, der wirkte, als wisse er,
was er wolle. Bewunderer aus allen Teilen Japans schickten ihm jetzt
Care-Pakete (meist mit Fleisch), sodass er nicht nur zum berühmtesten Hund der Welt wurde, sondern auch zum fettesten zu werden
drohte. Am Bahnhof traf so viel Futter ein, dass im Umkreis von fünf
Meilen kein Streuner mehr hungern musste.

Wie soll man eines solchen Hundes gedenken? So wie eines Menschen: indem man an einem öffentlichen Ort ein Denkmal aufstellt.
1934 wurde am Nordwesteingang des Bahnhofs von Shibuya eine
Statue aufgestellt, und Hachikō wohnte der Enthüllungszeremonie
sogar bei. Die von Teru Ando geschaffene Bronzefigur wirkt auf
ihrem Sockel so stämmig und unbeweglich, als könne sie bis in alle
Ewigkeit dort sitzen, auch wenn Züge schon lange Geschichte sind.

1935 starb Hachikō im Alter von elf Jahren an Krebs. Bei der
Obduktion fand man in seinem Magen vier dünne kurze Metall-
stangen, wie man sie für Fleischspießchen benutzt.

Hunderttausende Menschen gehen täglich an seiner Bronzestatue
vorbei und berühren die Pfoten in der Hoffnung, dass Hachis Seele
dadurch in ihrer eigenen weiterleben kann. Allerdings streicheln
sie nicht den originalen Bronzehund, sondern eine 14 Jahre später
von Andos Sohn Takeshi angefertigte Kopie, denn der erste Bronze-
Hachikō war im Zweiten Weltkrieg eingeschmolzen worden.

Kein anderer Hund der Welt hatte mehr Einfluss auf eine nationale Kultur. Hachikō wurde ausgestopft und steht noch heute in einer
Vitrine des National Museum of Nature and Science in Tokio, in
dem man auch Beispiele für die frühe japanische Autoproduktion

und einen Prototyp des Sony Walkmans bewundern kann. In Japan taucht Hachikō auf Briefmarken und in Schulaufführungen auf. 1994 wurde eine restaurierte Aufnahme seines Gebells am Nationalfeiertag im Radio ausgestrahlt, und das Land soll während der Sendung zum Stillstand gekommen sein.

Die Geschichte wurde mehrmals verfilmt; die bekannteste Version ist wohl der Kinofilm *Hachiko – eine wunderbare Freundschaft* von 2009 mit Richard Gere in der Rolle des Professors Parker Wilson. Das weist schon darauf hin, dass die Verfilmung der Vorlage nicht so treu folgt wie der legendäre Hund seinem Herrchen: Die Handlung wurde in die USA verlegt. Regisseur ist der Schwede Lasse Hallstrom, dem wir auch andere erfolgreiche Filme verdanken, in denen Hunde eine wichtige Rolle spielen: *Mein Leben als Hund* (1985) und *Bailey – Ein Freund fürs Leben* (2017).*

Es gibt auch noch weitere bekannte Bronzestatuen dieses Hundes. Die fröhlichste ist Tsutomo Uedas Doppelstatue, die den Professor und einen sehr begeisterten Hachikō darstellt und auf dem Hongo-Campus der Kaiserlichen Universität steht. Sie wurde am 80. Todes-

---

* Leider musste Hachikō im Laufe der Jahre auch andere, wesentlich weniger edle Zwecke erfüllen. Wie bei allen Hunden, die über ihren Tod hinaus berühmt sind, machte man ihn zu einem Symbol – für den Ehrgeiz und die Tapferkeit seines Landes. Er selbst und die Rasse Akita generell wurden zum imperialistischen Wahrzeichen einer stolzen, militärisch geprägten Zukunft. Es ist für uns schwer vorstellbar, dass japanische Soldaten sich diesen friedlich wirkenden Hund zum Vorbild auserkoren. Die taubblinde Schriftstellerin Helen Keller bekam bei ihrem Japanbesuch 1937 einen Akita geschenkt, der als erster Vertreter dieser Hunderasse US-amerikanischen Boden betrat. Als er Keller übergeben wurde, hatte er bereits einen Namen: Kamikaze-Go.
Hachikō veränderte auch die Welt sämtlicher japanischer Hunderassen. Im 19. Jahrhundert durften nur Angehörige des Königshauses oder hoch privilegierte Familien Hunde halten. Sie alle hielten ausländische Rassen für höherwertiger als die einheimischen. Hunde japanischer Rassen wurden verachtet oder sogar getötet. Hachikōs Geschichte erhob den Akita in den Rang eines nationalen Schatzes und bewirkte, dass die Rasse auch heute noch die in Japan beliebteste ist (gefolgt von Shiba Inu, Shikoku, Kai Ken und dem Japan-Spitz).

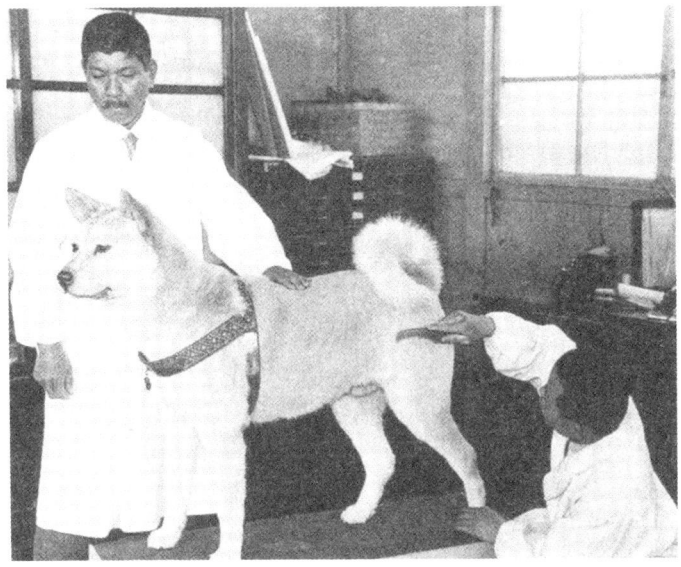

Nationale Obsession und Nationalheld zugleich: Hachikō wird 1935 ausgestopft.

tag des Hundes enthüllt und wirkt relativ idealisiert – aber ist es nicht die Aufgabe öffentlich ausgestellter Kunstwerke, die Stimmung der Öffentlichkeit zu heben? Jedenfalls erinnert sie alle, die an ihr vorbeigehen, an die zu Herzen gehende Geschichte, die auch heute noch nichts von ihrem Zauber eingebüßt hat.

Überhaupt erzählen wir gern Geschichten von treuen Hunden. Die von Fido in Italien kennen Sie bereits. Auch die Fallschirm springende Smoky bekam ein Bronzedenkmal. Es steht in Cleveland, Ohio, und zeigt die Hündin in einem GI-Helm sitzend. Die Inschrift lautet: »Smoky: Yorkie Doodle Dandy«. Im New Yorker Central Park steht die Statue für Balto, den Siberian Husky, der 1925 als Schlittenhund dafür sorgte, dass Diphtherie-Impfserum rechtzeitig nach Nome in Alaska gelangte. Dann wäre da noch Jirō, der zottige schwarze Sachalin Husky, der in den 1950er-Jahren ein Jahr lang in der Antarktis-Forschungsstation Shōwa überlebte, nachdem ihn die Expedition dort zurückgelassen hatte.

Last not least: In Edinburgh steht das Denkmal für Greyfriars Bobby, einen Skye Terrier, der um die Mitte des 19. Jahrhunderts 14 Jahre lang das Grab seines Herrchens bewachte. Allerdings fragten sich Experten, ob es sich möglicherweise um mehrere Bobbys gehandelt haben könnte und um mehrere Herrchen und ob vielleicht auch Souvenirhändler und andere Unternehmen der Tourismusbranche ihre Hand im Spiel hatten.*

Aber verdient nicht jeder Hund ein eigenes Denkmal? Oder wäre vielleicht ein gemeinsames Monument für sie alle angemessener?

Möglicherweise gibt es das bereits, nämlich vor dem Johnson County Courthouse in Warrensburg, Missouri. Dort steht ein Denkmal für einen Foxhound namens Old Drum und erinnert an eine Rede, die der Anwalt George Graham Vest 1869 zu seiner Verteidigung hielt. Der Nachbar von Old Drums Besitzer hatte den Hund erschossen, weil er auf seinem Grundstück gewildert hatte, und zudem auch noch den Besitzer verklagt. Rechtsanwalt Vest ignorierte die kleinlichen Argumente des Klägers und pries stattdessen den Vierbeiner. Ein Auszug aus dieser Rede wird auf dem Denkmal zitiert:

Meine Herren Geschworenen, der beste Freund, den ein Mann in dieser Welt hat, kann sich gegen ihn wenden und

---

* Die Geschichte des Terriers wurde zuerst 1865 im *Ayrshire Express* abgedruckt, doch die Zeitung gab zu, dass sie bereits sechs Jahre alt sei. Der Text war gewollt würdevoll gehalten und mit zahllosen Adjektiven gespickt: »Unter einem waagerecht liegenden Grabstein des Friedhofs Old Greyfriar wurde ein Terrier gefunden … Das arme Tier hatte offensichtlich schon mehrere Tage dort verbracht und weigerte sich vehement, obgleich von Hunger und Durst geschwächt, aus seinem Versteck geholt zu werden.« Nur ab und zu ließ sich Bob, wie der Hund ursprünglich genannt wurde, vom Friedhof weglocken. »Während der Schlechtwetterperiode im vorletzten Jahr«, berichtete der *Ayrshire Express*, »konnte Sergeant Scott von den Royal Engineers, einer von Bobs engsten Freunden, ihn dazu bringen, ein paar Nächte bei ihm zu Hause zu verbringen.« Zwar kehrte der Hund danach schnell zu seinem Grabstein zurück, doch hatte er sich die Abendessenszeit im Haus des Sergeants gut gemerkt und erschien dazu immer pünktlich.

Unsterbliche Legende: Greyfriars Bobby aus Edinburgh, von William Brodie verewigt.

zu seinem Feind werden. Der Sohn oder die Tochter, die er liebevoll aufzog, können sich als undankbar erweisen. Menschen, die uns am nächsten stehen und am liebsten sind, denen wir unseren Namen und unsere Geschicke anvertrauen, können sich dieses Vertrauens als unwürdig zeigen ... Jene, die vor uns auf die Knie fallen und uns ehrerbietig behandeln, solange wir erfolgreich sind, können die ersten Steine werfen, wenn Pech und Misserfolge über uns kommen. Der einzige vollkommen selbstlose Freund, den ein Mann in dieser eigennützigen Welt besitzt, der eine, der ihn niemals im Stich lässt und der sich niemals als undankbar oder treulos entpuppen wird, ist sein Hund.

Diese Rede stimmte die Jury um. Der Besitzer von Old Drum erhielt die höchstmögliche Entschädigungssumme von 150 Dollar, doch

natürlich konnte ihm das Geld nicht seinen Hund ersetzen.* Die
vor dem Justizgebäude aufgestellte Statue war mit Spenden aus 40
US-Bundesstaaten und sechs Ländern in Übersee finanziert worden.
Vielleicht stimmt nicht wortwörtlich alles, was der Anwalt gesagt hat,
denn wie der Schriftsteller und Bildhauer Stephen Huneck einmal
richtig bemerkte, kann man einem Hund zwar das eigene Leben
anvertrauen, aber nicht das eigene Mittagessen. Dennoch bietet die
Statue einen beruhigenden Anblick, steht sie doch für einen Sieg der
Gerechtigkeit und für einen Triumph des Hundes. Für mich selbst
hat sie auch folgende Bedeutung: Unsere Beziehung zum Hund ist
eines der schönsten Dinge, die wir jemals geschaffen haben, und wir
sollten jeden Tag stolz auf diese Leistung sein, die auf gegenseitigem
Vertrauen und unveränderlicher Treue beruht.

Mit jedem Kauf eines Hundes ist eine Tragödie programmiert,
denn wir wissen von Anfang an, dass wir das geliebte Tier eines Tages
betrauern werden. Einst bot nur die Dichtkunst Trost. So lässt z. B.
Thomas Hardy seinen verstorbenen Hund fragen:

Suchst du manchmal nach mir,
wenn die Stunde des Spaziergangs schlägt,
auf jenem Wiesenweg,
der auf den Hügel hinaufführt?

(Aus: »Dead ›Wessex‹ the Dog to the Household«)

Wordsworth erinnert sich an seine vergossenen Tränen, als er seinen
Hund Little Music unter einer Eiche begrub, aber auch an das Gefühl
der Dankbarkeit für die Erlösung:

---

* Vest wurde später US-Senator. Seine Rede machte den klugen Spruch, der Hund
sei der beste Freund des Menschen, erst richtig beliebt – ein Konzept, das Voltaire in
seinem *Dictionnaire Philosophique* (1764) fest verankert hatte.

Denn du hast gelebt, solange alles, was du liebtest,
der Last der Jahre widerstand;
hohes Alter hat dich aufgezehrt
und nur noch schwaches Glühen zurückgelassen.

(Aus: »Tribut«, 1805)

Der britische Schriftsteller und Pfarrer Sydney Smith (1771–1845)
gedachte eines verstorbenen vierbeinigen Freundes in Knittelversen:

Hier liegt der arme Nick, der stets nur gut,
der höflich und treu, von sanftem Mut;
ein Wohnzimmerbewohner, unbestechlich,
ein Vorbild für alle, immer vortrefflich.

(Aus: »Here lies Poor Nick«, undatiert)

Die persönlichsten Verse können gleichzeitig auch die universell
gültigsten sein:

Die Läufer liegen unberührt, die Vorhänge sind nicht zerrissen,
ich habe heute noch keinen einzigen Schuh vermisst,
und im Haus ist es so schrecklich still, dass ich mir wünschte,
vier Füße den Flut entlangtapsen zu hören.

Die weiche feuchte Schnauze, die sich in meine Hand schiebt,
die Pfote, die mich berührt, um einen Wunsch anzuzeigen,
die bittenden lebhaften Augen, das klagende Bellen –
wie sehr würde ich mich jetzt über diese Störungen freuen!

(Aus: »To a Dog«, Autor unbekannt)

Heute führen uns neue Wege zum Trost: Wir teilen unsere Trauer online mit anderen. Eine schöne Erinnerung an einen Hund kann auch anderen helfen, die einen ähnlichen Verlust erlitten haben, oder sie auf solch ein trauriges Ereignis vorbereiten. Auf der Website dog quotations.com findet man zahlreiche Mementos, und es überraschte mich, wie leicht mir die Tränen kamen, als ich von Hunden las, die ich nie gekannt hatte. Aber schließlich betrauern wir zusammen mit unseren Hunden auch die eigene Sterblichkeit.

Unser wunderschönes Mädchen Maggie
von Roger und Debb

Wir vermissen dich von ganzem Herzen.

Dein Schnarchen und Wimmern im Traum. Das leichte Zucken deines gekrümmten Ohrs und die Art, wie deine Lefze an dem einen Zahn hängen blieb. Das Klackern deiner Krallen auf dem Holzboden. Deine Küsse, die etwas ganz Besonderes waren, obwohl sie so furchtbar stanken.

Du warst für uns etwas Besonderes, Kostbares. Du warst unser Liebling, es schmerzt uns, dass du nicht zu Hause und bei uns bist. Aber eines Tages werden wir wieder bei dir sein.

Du hattest es nicht verdient, Schmerzen ertragen zu müssen, und deshalb mussten wir dich gehen lassen. Wir haben dich beide gehalten, bis du friedlich eingeschlafen bist. Wir haben mit dir zusammen 13 herrliche Jahre erlebt und möchten keinen einzigen Augenblick davon missen.

Wir hoffen inständig, dass du wusstest, wie sehr wir dich geliebt haben, und dass du diese Liebe gespürt hast.

Es wird NIEMALS einen Hund geben, der so ist wie du, Maggs, und ich hoffe, dir hat dein Leben bei uns gefallen.

Ruhe in Frieden, unser Mädchen

Mir fehlen die Worte
von Neil

Okie, du warst ein toller Hund! Stets loyal und voller Liebe zu
deiner Familie. Fremde hast du nicht an dich herangelassen,
aber das ist okay. Wir haben dich mit all deinen Macken
geliebt.

Ich empfinde immer noch so starken Schmerz wegen
unseres Verlusts ... Ich weiß, dass wir 13 fantastische Jahre
zusammen hatten, aber ich fand, dass hätte noch nicht das
Ende sein dürfen. Es bricht mir immer noch das Herz.

Ich wünschte mir so sehr, du hättest dich von den Mädchen
verabschieden können. Es tat mir furchtbar leid, dass sie so
weit weg waren, als du aus unserer Mitte gerissen wurdest!

Ich vermisse dich so sehr. Im Haus ist es ohne dich so still!
Ich habe so oft geweint, immer wenn ich versucht habe, das
alles zu verarbeiten, aber ich bin trotzdem froh, dass du keine
Schmerzen mehr hast. #foreverinmyheart

Mein Jeep
von Jeeps Mami (Indiana)

Als ich hörte, dass du ein Zuhause brauchst, dachte ich: »Ich
habe immer so viel zu tun. Ich kann gerade keinen Hund
brauchen.«

Dann ging ich eines Tages, um dich kennenzulernen (weil
mir irgendetwas keine Ruhe ließ und ich immer denken
musste, ich sollte dich wenigstens anschauen), und du kamst
auf mich zugerannt, mit dem riesigen Ball im Maul ...

An dem ersten Tag, an dem ich dich alleine zu Hause lassen
musste, dachte ich: »Er ist so groß, wahrscheinlich frisst er in

der Zeit, in der ich weg bin, das ganze Haus auf. Was tue ich bloß? Ich kann gerade wirklich keinen Hund brauchen.«

Du hast nicht das ganze Haus gefressen, weder an diesem Tag noch an dem danach. Du hast dich niemals schlecht benommen, wirklich nie. Es war beinahe so, als hättest du gedacht: »Sie glaubt nicht, dass sie einen Hund braucht.«

Immer wenn es mir guttat zu lachen, hast du dich für mich zum Clown gemacht. Wenn ich mich mal ausweinen musste, wurdest du zu meinem pelzigen Taschentuch. Du warst mein Begleiter auf Spaziergängen, mein Beifahrer und manchmal der einzige Grund, warum ich nicht aufgab.

Für mich warst du nie ein Hund. Wann immer ich in deine Augen schaute, sah ich dort eine sehr alte Seele, die geschickt worden war, um mir den richtigen Weg aufzuzeigen. Du hast deine Sache gut gemacht.

Es gibt keine Worte, mit denen ich ausdrücken könnte, wie dankbar ich dir dafür bin, dass ich dein Mensch sein durfte. Ich hoffe, du fandest, dass ich meine Sache auch gut gemacht habe. Elf Jahre lang warst du mein bester Freund.

In den letzten vier Tagen konnte ich nicht aufhören zu weinen. Ich weiß gar nicht mehr, wie mein Leben war, bevor du zu mir kamst, aber ich fürchte, ich muss in dieses Leben ohne dich zurückkehren.

Bis wir uns wiedersehen. Ich vermisse dich mehr, als ich es mit Worten ausdrücken könnte.

Was würden die Hunde sagen, wenn sie etwas dazu sagen könnten? Im Dezember 1940, gegen Ende seines Lebens, schrieb der Dalmatiner Silverdene Emblem O'Neill genannt Blemie mit Unterstützung des Dramatikers Eugene O'Neill sein Testament, das O'Neills Frau Carlotta nach seinem Ableben trösten sollte.

»Ich hinterlasse nur wenige materielle Güter. Hunde sind weiser als Menschen, sie messen den Dingen nicht allzu großen Wert bei. Sie verschwenden ihre Zeit nicht damit, Eigentümer zu horten. Sie liegen nachts nicht wach, um darüber zu grübeln, wie sie die Dinge behalten können, die sie besitzen, und an Dinge kommen, die sie noch nicht besitzen. Ich habe keine Wertgegenstände zu vererben, nur meine Liebe und meine Treue.« So lauten die ersten Zeilen von Blemies Letztem Willen.

Die Vorstellung, dass sein Tod Herrchen und Frauchen traurig machen würde, tat dem Dalmatiner weh. Doch er hatte Krebs, litt Schmerzen und wurde von Tag zu Tag schwächer. »Selbst mein Geruchssinn lässt mich im Stich. Mittlerweile könnte ein Kaninchen vor meiner Nase vorbeilaufen, und ich würde es nicht einmal merken.« Hunde fürchteten den Tod nicht so sehr, wie es Menschen tun, schreibt er weiter, sondern sähen der Zukunft eher optimistisch entgegen. Er stelle sich das Paradies als einen Ort vor, »an dem zu jeder beglückenden Stunde Essenszeit ist; an dem an langen Abenden in Millionen von offenen Kaminen die Flammen ewig lodern und man sich davor zusammenrollen, ins Feuer blinzeln, dösen und träumen kann, von den guten alten Tagen und der Liebe von Herrchen und Frauchen.«

Blemie hatte noch eine letzte Bitte. »Ich habe mein Frauchen sagen hören: ›Wenn Blemie stirbt, dürfen wir nie wieder einen anderen Hund haben. Ich liebe ihn so sehr, dass ich nach ihm nie wieder einen Hund lieben könnte.‹ Ich aber bitte sie, sich mir zuliebe einen neuen Hund zuzulegen. Ich sähe es nicht als Ehrung meines Andenkens an, wenn sie auf einen weiteren Hund verzichten würde, ganz im Gegenteil.« Vielleicht war es naheliegend, dass Blemie empfahl, wieder einen Dalmatiner in die Familie aufzunehmen, dem er sein Halsband, seine Leine, seinen Winter- und seinen Regenmantel hinterließ.

Es folgen Worte des Abschieds. »Wenn ihr mein Grab besucht und mit Schmerz, aber auch mit Heiterkeit im Herzen an mein langes, glückliches Leben mit euch zurückdenkt, solltet ihr euch sagen: ›Hier ruht jemand, der uns liebte und den wir liebten.‹ Gleichgültig, wie tief mein Schlaf ist: Ich werde euch immer hören, und nicht einmal der Tod besitzt die Macht, meinen Geist an einem dankbaren Schwanzwedeln zu hindern.«

Diese Worte regten meinen Labrador Ludo zu einem eigenen Kommentar an. Ludo ist inzwischen ein älterer Herr geworden. Er beendet bald sein 13. Lebensjahr, und obwohl er sich bester Gesundheit erfreut, weiß ich, dass seine Kräfte bald nachlassen könnten. Ich weiß von einem Labrador Retriever, der 17 Jahre alt wurde, doch bei dieser Rasse kann man im Allgemeinen eher ein Alter von zwölf bis 13 Jahren erwarten; Ludos Vorgänger Chewy starb mit zehn Jahren an Krebs. Wenn Ludo stirbt, werden wir ihn furchtbar vermissen: das leise Tapsen seiner Pfoten im Haus, die Kraft spendenden täglichen Spaziergänge, das vertraute Schnarchen in der Nacht. Wie würde er seinen Letzten Willen formulieren? Ich bin mir sicher, er würde optimistisch klingen und sich ähnlich wie Blemie wünschen, dass wir es mit unserer Trauer nicht übertreiben. Er würde uns Ratschläge für den Umgang mit unseren zukünftigen Hunden hinterlassen. Vielleicht würden einige davon an Autoaufkleber erinnern, doch das liegt wohl daran, dass Autoaufkleber meist in einer Höhe angebracht sind, in der Hunde sie gut lesen können.

1. Die besten Dinge im Leben sind keine Dinge.
2. Hast du einen Ball, dann wirf ihn.
3. Wenn ihr abends ins Kino geht, dann gehen wir auf euer Sofa.
4. Eine Hundehaftpflichtversicherung macht sich langfristig immer bezahlt.

5. Tretet folgenden Organisationen bei:
   i) einem Tierschutzverein
   ii) dem Bürgerwissenschaftsprojekt Darwin's Ark
   iii) der AG für die Einführung niedrigerer Küchen-
   arbeitsflächen
6. Verhaltet euch intelligent. Tretet für Gerechtigkeit ein. Verachtet niemanden, egal ob Hund oder Mensch, Rassehund
   oder Mischling. Behandelt uns als gleichgestellte Wesen,
   dann werden wir auch nicht auf euch herabsehen.
7. Wenn ihr allein seid und euch einsam fühlt, macht es wie
   Petula Clark in ihrem Song »Downtown« – und geht einfach in die Stadt.

Aber was, wenn man den Abschied von seinem Hund nicht erträgt?

In diesem Fall könnte man auf das Klonen zurückgreifen, das ultimative Symbol der Herrschaft des Menschen über den Hund – und, wie ich finde, ein trauriger Sieg: eine Bruchstelle in unserer Beziehung, eine Korrumpierung menschlichen Anstands.

Die Viktorianer glaubten, ein rein gezüchteter Pointer oder Setter stelle den Gipfel caniner Qualitäten dar, nicht viel später gab der Labradoodle den Ton an. Doch mittlerweile sind wir in der Zukunft angekommen, und was sich einst wie eine Dystopie anhörte, ist zu einem Routineverfahren geworden.

Dr. Hwang Woo-suk von der südkoreanischen Sooam Biotech Research Foundation am Stadtrand von Seoul kann uns für die Summe von 75.000 Pfund einen neuen Hund machen. Wie das genau geht, wird auf der Website von Sooam Biotech anschaulich erklärt (und hier zusammengefasst):

1. Den gesamten Körper des Tiers unmittelbar nach dem Tod
   in nasse Badetücher wickeln.

2. Im Kühlschrank (nicht im Gefrierschrank) lagern. Ab dem Todeszeitpunkt des Tieres hat man fünf Tage Zeit, Zellen erfolgreich zu entnehmen.

3. Die Genproben sollten von einem Tierarzt entnommen und gelagert und als Handgepäck nach Seoul geflogen werden, wo Dr. Hwang (der seine Stelle an der Seoul Nation University aufgrund von Tricksereien in der Stammzellenforschung verlor) eine 40-prozentige Erfolgsquote verspricht.

Wahre Hundefreunde – mit Ausnahme einiger Fanatiker – missbilligen dieses Verfahren und seine Ergebnisse. Zu den Ausnahmen zählt Barbra Streisand, die im März 2018 in der *New York Times* schrieb, dass sie auf die Liebe zu ihren Hunden stolz sein. »Es fiel mir leichter, Sammie gehen zu lassen, da ich wusste, dass ich etwas von ihr am Leben erhalten konnte, etwas, was aus ihren Genen stammt«, erklärte sie. Tatsächlich lebt Sammie, ein glatthaariger Coton de Tuléar, in gewisser Weise in drei Hunden weiter (ein vierter starb kurz nach der Geburt), die in einem Labor der Firma ViaGen Pets in Cedar Park, Texas, geklont worden waren. ViaGen Pets beschreibt sich selbst als »Amerikas Experte im Haustierklonen« und stellte 2016 ihren ersten erfolgreich geklonten Hund vor, einen Jack Russel Terrier. Danach liefen die Geschäfte eher mäßig, bis Barbra Streisand ihr Loblied auf die Firma sang und daraufhin ein Boom einsetzte. 2019 zitierte die Zeitschrift *Bark* den Geschäftsführer Blake Russell: »Wir produzieren jede Woche eine sehr erfreuliche Anzahl geklonter Welpen.«

In der Anfahrtsskizze, die auf der Website von ViaGen Pets verlinkt ist, sieht man, dass sich das Firmengelände direkt neben der Großhandelskette Costco Wholesale befindet. Wer sich vorstellen kann, seinen noch lebenden Liebling klonen zu lassen, kann eine »genetische Konservierung« buchen und für 1600 Dollar Genmaterial einfrieren lassen, das dann bei Bedarf zur Verfügung steht. Das eröffnet natürlich die Möglichkeit, gar nicht darauf zu warten, bis der eigene Hund stirbt, sondern diesen noch zu Lebzeiten in den Genuss eines kleinen Freundes und Doppelgängers kommen zu lassen. In der FAQ-Rubrik findet sich auch die beunruhigende Frage: »Wie kann ich sicher sein, dass mein durch Klonen erzeugtes Haustier auch wirklich echt ist?«

Allerdings führt das Klonen mitnichten dazu, dass man »seinen Hund zurückbekommt«, wie Streisand und viele andere hoffen, sondern man erhält einen Hund, der aus den Zellen des anderen entstand. Dank der Forschungen des Broad Institute und anderer Einrichtungen wissen wir, dass die genetische Struktur eines Hundes unglaublich komplex ist, sodass es passieren kann, dass der neue Hund einen ganz anderen Charakter hat als der alte und für vollkommen andere Krankheiten anfällig ist. Außerdem können sein Aussehen und seine Gesundheit auch von der Gesundheit und den Hormonen nicht nur des geklonten Tieres, sondern auch von denen seiner Leihmutter beeinflusst sein.*

Das Klonen stellt in unserer jahrtausendealten Beziehung zum Hund eine gewaltige Umwälzung dar und wirft Unmengen ethischer Fragen auf. Zwei der drängendsten sind: Wie kann der Gesetzgeber den technologischen und wissenschaftlichen Fortschritt für eine Spezies regeln, die nicht in der Lage ist, für sich selbst einzutreten? Und tragen wir nach all dieser Zeit nicht eine größere Verantwortung, müssen wir unseren Hunden gegenüber nicht loyaler sein? Welche positiven Neuerungen ergeben sich in unserer Beziehung? Welche gemeinsame Zukunft ist die beste?

---

* Das Verfahren ist für die als Leihmütter eingesetzten Hündinnen extrem grausam, die im Verlauf drei operative Eingriffe über sich ergehen lassen müssen. Als der Journalist Richard Lloyd Parry 2018 im Auftrag der *Times* Dr. Hwangs Labor besichtigte, war er bei der Geburt von Welpe Nr. 1192 zugegen, einer geklonten Englischen Bulldogge. Der kleine Hund würde gemeinsam mit ungefähr 150 weiteren Klonen mehrere Monate in den Zwingern des Labors verbringen und viele Entwicklungstests durchlaufen müssen, bevor die Quarantänebedingungen erfüllt waren und sein Besitzer ihn mit nach Hause nehmen konnte (siehe *The Times Magazine*, 20. Oktober 2018).

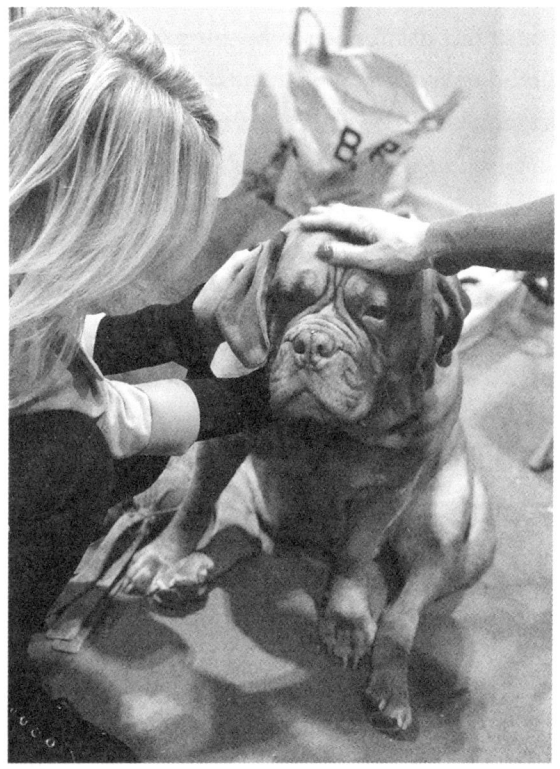

Hinreißend zu sein ist manchmal fast alles: Streicheleinheiten von allen Seiten bei Discover Dogs.

Entdeckt Hunde!

In gewisser Weise liegt die beste Zukunft für unsere Hunde im Internet, denn hier finden wir all die Informationen, zu denen die Generationen vor uns keinen Zugang hatten. Über das Internet können wir uns mit den Züchtern der unterschiedlichsten Rassen unterhalten, uns von Zuchtverbänden beraten lassen, allgemeinen oder rassespezifischen Foren beitreten und unsere Fragen von Fachleuten beantworten lassen. Wir können alles über die Gesundheitsprobleme unseres Hundes nachlesen und erfahren, wie wir am besten mit ihnen umgehen. Und wir können am größten Bürgerwissenschaftsprojekt aller Zeiten teilnehmen, der Genstudie von Darwin's Ark (darwinsark.org).

Nachdem ich mich auf der Website angemeldet hatte, erhielt ich die folgende begeisterte Antwort:

Willkommen! Danke, dass Sie Darwin's Ark beitreten. Wir freuen uns, gemeinsam mit Ihnen auf diese Forschungsreise zu gehen.

Im Kern erforscht Darwin's Ark, wie die Genetik die
Gesundheit und das Verhalten von Tieren und Menschen
beeinflusst. Zusätzlich zu Umfragen sequenzieren wir Tau-
sende von DNA-Proben von Hunden zur Verbesserung der
Gesundheit. Die Informationen über Ihren Hund werden in
diese gewaltige Datenbibliothek eingehen ...
Wir sind stolz darauf, dass bei uns nach heutigem Stand
22.230 Hunde eingetragen sind. Gemeinsam können wir
Informationen sammeln, die sowohl uns als auch unseren
Tieren eine bessere Zukunft ermöglichen.

Darwin's Ark ist weder eine Parodie noch Teil eines futuristischen
Films oder Romans, sondern echt und wertvoll. Man kann jeden
Hund eintragen lassen, ob brav oder weniger brav, reinrassig oder
wilder Mix. Die Grundidee ist: je mehr Hunde, desto besser. Untersucht werden viele verschiedene Aspekte des Verhaltens und der
allgemeinen Lebenseinstellung eines Hundes. Die Palette der Themen
reicht von »Spiel«, »Kommunikation« und »Sozialverhalten gegenüber
Menschen« bis zu »Umgang mit Unbekanntem«, »canine Exzentrik«
und »Sozialverhalten gegenüber Menschen II«. Die Website personali-
siert ihre Fragen automatisch. Falls Sie einen Hund anmelden, der z. B.
Ronald heißt, erhalten Sie Fragen wie: »Wie viel Zeit verbringt Ronald
an einem normalen Tag mit ›falschem Scharren‹ auf dem Fußboden/
Teppich usw.?« Und: »Wie viel Zeit verbringt Ronald in der Regel am
Tag damit, tranceartiges Verhalten zu zeigen?«
Über Darwin's Ark kann man auch die DNA des eigenen
Hundes in einem der fortschrittlichsten Forschungslabore der Welt
sequenzieren lassen. Inzwischen ist dies zu einem Routineverfahren
geworden, das beim Hund ähnlich präzise Ergebnisse liefert wie beim
Menschen. Bei diesem Test können Sie, je nach Ausmaß Ihrer Geduld
und Neugier, zwischen verschiedenen Varianten wählen. Option

Nr. 1 ist das Basispaket »Free Kit Level«. Nach mindestens zehn kurzen Befragungen erhalten Sie gratis ein Wattestäbchen, mit dem Sie bei Ihrem Hund einen Abstrich vornehmen können. Eine Weile nachdem Sie es eingeschickt haben (diese »Weile« kann allerdings mehrere Monate oder sogar Jahre dauern), erhalten Sie Ergebnisse über die Rasse und die Abstammung Ihres Hundes.

Der »Explorer Level« kostet 149 Dollar und hat den Vorteil, dass Sie das Testergebnis 90 bis 120 Tage nach Einsendung der Probe erhalten.

Wem auch das noch zu lange dauert, kann für 2199 Dollar (bzw. nach zehn Befragungen für 1999 Dollar) auf dem »Trailblazer Level« einsteigen, das noch schneller, gründlicher und informativer ist. »Seien Sie das Fundament, auf dem Wissen aufbaut«, wirbt Darwin's Ark. »Durch Ihre Spende wird Ihr Hund Mitglied einer Elite von knapp 1000 Hunden aus aller Welt mit komplett analysierter DNA-Sequenz, die Forschern wertvolles Wissen über die Gesundheit von Hunden und Menschen liefert.« Proben des Trailblazer Levels werden sofort und jeweils 30 Mal sequenziert – alle 2,4 Milliarden Basenpaare (A, C, G, T) –, um eine außergewöhnlich hohe Datengenauigkeit zu gewährleisten. Kommerzielle DNA-Tests bieten zwischen 1800 und 200.000 genetische Marker an, Darwin's Ark dagegen über vier Millionen, sodass ein wesentlich tieferer Einblick in die Abstammung eines Hundes ermöglicht wird. Außerdem erhält man eine von echten Forschern unterzeichnete »personalisierte Bescheinigung über den Beitrag zur Wissenschaft«.

Als Beispiel möchte ich von Gunther CentralPerk erzählen. Gunther ist ein Mischling, geboren im Februar 2018. Wer ihm begegnet, sagt, dass er mit seinen großen Stehohren wie ein Fuchs aussieht oder wegen seiner langen Beine wie ein Reh. Sein Besitzer beschreibt ihn in einer ganz eigenen Sprache, die vielleicht nur Hundemenschen zu schätzen wissen: »Der Kleine ist ein Oberschmuser!« Was macht ihn so besonders? Zum einen ist er raffiniert. »Wenn er ein Spielzeug haben will, das seine Schwester Remi gerade hat, dann tut er so, als wolle er raus, und wartet, bis ich aufgestanden bin und Remi mir folgt. Dann flitzt er los und schnappt sich das Spielzeug, das Remi liegen gelassen hat.«

Bemerkenswert an Gunther ist aber auch seine Abstammung. Bevor sein Herrchen sich bei Darwin's Ark registrierte, hatte er eine DNA-Probe seines Hundes bei einem weniger präzise arbeitenden Labor eingeschickt. Diesen Ergebnissen zufolge war Gunther zu 25 Prozent Zwergpinscher, zu 12,5 Prozent Chihuahua, zu 12,5 Prozent Yorkshire Terrier und zu 12,5 Prozent Boxer. Die übrigen 37,5 Prozent wurden als »unbekannt« eingestuft.

Die wesentlich genauere Analyse bei Darwin's Ark erbrachte, dass in Gunther 30,3 Prozent Zwergpinscher, 6,4 Prozent Chihuahua, 4,7 Prozent Zwergspitz, 3,1 Prozent Zwergpudel, 3 Prozent Amerikanischer Cocker Spaniel, 2,7 Prozent Mops und 49,8 Prozent »unbekannt« steckten. Wenn wir jemals daran gezweifelt haben, dass Hunde kompliziert sein können, dann ist das der Beweis in Form einer genetischen Kodierung. Wo kommt diese Prise Mops her? Und wohin sind die Achtel Boxer und Yorkshire verschwunden? Trotz des unaufhaltsamen Fortschritts in den Forschungsmethoden gibt es immer noch unglaublich viel, was wir über Hunde nicht wissen, z. B. wann sie sich genetisch von den Wölfen abspalteten.

Welche Talente Gunther sonst auch noch haben mag (etwa die Fähigkeit, 1,8 Meter hohe Freudensprünge zu machen): Er kann sie nicht weitergeben, da er kastriert worden ist. Doch hat er über dem DNA-Test seinen bescheidenen Beitrag zur Erforschung der immer wieder verblüffenden Welt der Hunde geleistet.

Am passendsten könnte man ihn wohl mit dem Begriff »Dorfhund« beschreiben. Wenn man davon ausgeht, dass ungefähr 80 Prozent aller Hunde auf der Welt Dorfhunde sind, kann man mit Recht sagen, dass Gunther dem umfassendsten und komplexesten

Zuchtprogramm der Welt angehört. Die Tatsache, dass Gunther nach Auskunft seines Herrchens auch ein »geborener Stehpaddler« ist, hilft uns bei unserer Suche nach den Ursprüngen der Hunde nicht unbedingt weiter – zeigt aber, wie erfolgreich wir Hunde dazu bringen, sich so zu benehmen wie wir.

Darwin's Ark ist ein Experiment mit einem monumentalen Ziel. Es ist ein Projekt der *citizen science*, d. h. ein groß angelegtes, bürgerwissenschaftliches Projekt, das unter massiver Mithilfe von Laien durchgeführt wird – nur, dass die Laien in diesem Fall Hunde sind. Die kluge Ausgangshypothese ist die Verknüpfung von DNA-Analyse und dem Verhalten des Hundes: Die Verhaltensbeobachtungen liefern einen Satz zugegebenermaßen subjektiver Antworten, die DNA-Analysen einen weiteren Satz genauer, objektiver Antworten. Eines Tages wird es vielleicht möglich sein, aufzuzeigen, wie Veränderungen in der DNA zu Verhaltensveränderungen führen.

Doch bis dahin ist es noch ein weiter Weg. Selbst mit mehr als vier Millionen genetischen Markern kann uns das Trailblazer Level nicht das liefern, worauf es den meisten Menschen ankommt: eine zuverlässige Gesundheitsprognose. Es kann Gunthers Herrchen nicht verraten, ob sein Liebling an einem rassespezifischen Leiden erkranken wird, etwa an einem, das häufig Zwergpinscher oder Zwergspitze befällt. »Wir achten sehr darauf, dass unsere Berichte an die Besitzer nur wissenschaftlich gesicherte Ergebnisse enthalten«, erklären die Forscher von Darwin's Ark. »Auch streben wir an, dass die für Hunde angebotenen Gesundheitstests den in der Humanmedizin geforderten Qualitätsstandards genügen. Leider tun sie das bis heute nicht.« Darwin's Ark arbeitet daran, diesen Mangel zu beheben.

Die Leiterin von Darwin's Ark (beziehungsweise von deren erstem und bisher einzigem Zweig, Darwin's Dogs) ist Dr. Elinor Karlsson, Direktorin des zum MIT und zur Harvard University gehörenden

Vertebrate Genomics Group des Broad Institute in Cambridge, Massachusetts. Auf ihrem Twitter-Kanal beschreibt sie sich selbst als »Immigrantin, Wissenschaftlerin und Künstlerin«, mir gegenüber bezeichnete sie sich als »echten Katzenmenschen« (ihre Katzen heißen Darwin und Lacey; Lacey ist nach der Mathematikerin und Computerpionierin Ada Lovelace benannt). In ihrer Arbeit aber geht es nur um Hunde.

»Hunde sind ein fantastisches genetisches Modell«, erklärte sie mir bei unserem Gespräch im Dezember 2018. »Und in der Wissenschaft entwickelt sich alles so schnell. Inzwischen sehen wir alles, was wir schon lange zu kennen glaubten, mit anderen Augen. Heute machen wir alles anders als noch vor zwei Jahren.« Sie interessiert sich für die genetischen Veränderungen, die die Wandlung vom Wolf zum Hund ermöglichten, und hier insbesondere für jene, die eine für beide Seiten vorteilhafte Interaktion mit dem Menschen ermöglichen.

»Als Beispiel verwende ich das Apportieren eines Balls«, sagt Karlsson. »Apportieren stellt eine Abwandlung der wölfischen Jagdsequenz dar. Das Reißen großer Tiere durch Wölfe lässt sich in mehrere Schritte zerlegen: Die Wölfe sehen die Beute; sie senken den Kopf und pirschen sich an sie heran; sie jagen die Beute; sie packen sie mit den Zähnen an den hinteren Fesselgelenken, um sie zum Stürzen zu bringen; schließlich beißen sie ihr die Kehle durch, damit sie ausblutet und stirbt.« Bei der Domestikation wurde der Kehlbiss relativ früh herausgezüchtet. »Es ist nicht so, als wäre er nicht mehr da, doch fällt es den Hunden sehr schwer, zu ihm zurückzufinden. Sie jagen und versuchen, die Beute zu packen, beißen aber nicht fester zu. Es ist immer noch ein komplexes Verhalten. Es gibt Unmengen reinrassiger Apportierhunde, die nicht apportieren. Man kann nicht einfach nur ein Gen umdrehen oder verändern.«

Mittlerweile hat Darwin's Dogs genetische Referenzpunkte für mehr als 100 Rassen zusammengestellt, darunter auch seltenere wie den Norwegischen Elchhund und den belgischen Tervueren. Mischlinge lieben sie aber auch, erzählt mir Karlsson, als wir nach ihrem Feierabend gemeinsam zur Boston South Station fahren.

»Derzeit untersuchen wir, in welchem Umfang Mischlingshunde, die überwiegend von einer bestimmten Rasse mit einem besonderen Verhaltensmerkmal abstammen, tatsächlich auch dieses besondere Verhalten zeigen. Beim Apportieren funktioniert das wunderbar, sodass wir feststellen können, wie viel Labrador in einem Mischling steckt.« Jetzt hofft sie, diese Methode auf komplexere Persönlichkeitsmerkmale übertragen zu können. »Dabei dürfen wir nicht vergessen, dass 80 Prozent aller Hunde der Welt Dorfhunde sind. ›Domestikation‹ bedeutet nicht, dass auf dem Sofa ein niedlicher reinrassiger Welpe sitzt.«

Auf Darwin's Dogs entfällt nur ein Teil von Elinor Karlssons Arbeitszeit. Gleichzeitig arbeitet sie auch an anderen Projekten, die mit einer früheren Arbeit zusammenhängen, die sie 2003 als Nachwuchswissenschaftlerin begonnen und zwei Jahre später abgeschlossen hatte: die erste vollständige Sequenzierung der DNA eines Hundes. In der ersten Dezemberwoche 2005, als auf dem Cover der Zeitschrift *Nature* sieben Hunde abgebildet waren, ging diese Neuigkeit als Schlagzeile um die Welt.

Warum sieben Hunde? Sechs (unter ihnen ein Collie, ein Dalmatiner, ein Labrador und ein Spaniel) sah man von hinten, sie betrachteten das gerahmte Schwarz-Weiß-Foto einer Doppelhelixstruktur, das James Watson und Francis Crick 1953 aufgenommen hatten. Der siebte Hund, ein Boxer namens Tasha, war mit Photoshop in das Foto eingebaut worden. Sie war der eigentliche Star: die Hündin, der für die Sequenzierung Blut entnommen worden war.[*]

---

[*] Tasha war bei der Blutentnahme sechs Jahre alt. Ihr Mensch gehörte dem Forschungsnetzwerk an und erteilte gern die Genehmigung. Doch nachdem das Projekt bekannt geworden war, war es ihm ein Anliegen, sein Privatleben und das seines Hundes zu schützen.

»Da waren all diese Kameras und Reporter, und dann brachten sie
einen Hund herein«, erinnert sich Dr. Karlsson an die Pressekonferenz. »Sobald ein Hund im Raum ist, achtet niemand mehr wirklich
auf die Menschen.« Die Projektleiter Kerstin Lindblad-Toh, Elaine
Ostrander und Eric Lander erklärten die angewandten Methoden
und die Bedeutung der Ergebnisse. Sie hatten Tashas Genom als eine
Art Kompass eingesetzt und mit den Genomen von zehn weiteren
Hunderassen und einem Wolf verglichen. Dabei fanden sie 2,5 Millionen individuelle genetische Unterschiede zwischen Hunderassen
(Einzelnukleotid-Polymorphismen genannt), die bei der Suche nach
genetischen Beiträgen zu körperlichen und Verhaltensmerkmalen
als Marker genutzt werden und helfen können, die große Zahl von
Krankheiten besser zu verstehen, an denen reinrassige Hunde leiden.

Ihre Arbeit hatte aber auch noch ein anderes Ziel. »Es gibt viele
Krankheiten, an denen sowohl Hunde als auch Menschen leiden,
darunter Krebs, Epilepsie und Diabetes«, erklärte Dr. Karlsson
damals. »Vergleicht man die bei Hunden gefundenen Krankheitsgene
mit menschlichen Genen, können die bei Hunden gemachten Entdeckungen der Humanmedizin zugutekommen.« In ihrer späteren
Forschung konzentrierte sie sich darauf, jenen sehr kleinen Teil des
Genoms zu lokalisieren, der einen Einfluss auf das Verhalten und
die Krankheiten eines Hundes hat (denn der Großteil des Genoms
hat damit nichts zu tun).

Als die vollständige Hundesequenzierung bekannt gegeben wurde,
waren auf den Chromosomen bereits mehrere Orte für bestimmte
Krankheiten lokalisiert worden, darunter die vor allem beim Dobermann auftretende Narkolepsie sowie viele weitere verbreitete Krankheiten wie Hüftdysplasie, Taubheit, amyotrophe Lateralsklerose,
grauer Star und Zwangsstörungen (Obsessive-Compulsive Disorder,
OCD). Eine Zwangsstörung äußert sich beim Hund darin, dass er
sich übermäßig leckt oder auffällig oft seine Rute jagt.

Auf diese Erläuterungen folgten bei der Pressekonferenz Fragen und Antworten. Die Untersuchung hatte knapp drei Jahre gedauert und viele Millionen Dollar gekostet. Man war bei ihr gründlicher vorgegangen als bei Craig Venters Versuch, eine DNA-Sequenz aus dem Blut seines Pudels Shadow zu extrahieren, zwei Jahre zuvor. Hierbei waren nur 80 Prozent des Hundegenoms kartiert worden und viele Fragen offen geblieben. Eine Weile hatte man darüber diskutiert, ob nach dem Genom einer Maus (abgeschlossen 2002) und dem eines Menschen (abgeschlossen 2003) als nächstes Säugetier ein Schimpanse an die Reihe kommen sollte. Schließlich aber entschied man sich für einen Hund, und zwar nicht nur, weil Hunde mit Menschen viele Krankheiten gemeinsam haben (denn das wäre bei Schimpansen ebenso der Fall gewesen), sondern weil man durch die Untersuchung der vielen existierenden Rassen die Wissenspalette beträchtlich erweitern könnte. Die Boxerdame Tasha wurde aus zwei Gründen ausgewählt: Aufgrund von Tests bestand die Annahme, dass bei der Rasse Boxer mehr Inzucht stattgefunden hatte als bei den anderen untersuchten Rassen (wodurch Tasha möglicherweise stärker zu bestimmten Krankheiten und leichter identifizierbaren anderen Merkmalen neigte). Außerdem deuteten ihr weißer Brustfleck und der einfarbig braune Rücken darauf hin, dass sie heterozygot war, also über zwei verschiedene Genpaare für die Fellfarbe auf einem bestimmten Chromosom verfügte, sodass die Forscher versuchen, diese Mutation zu isolieren.[*]

---

[*] Heterozygot unterscheidet sich von homozygot (reinerbig), wo die Paare (Allele) auf jedem Gen identisch sind. Die Genomunterschiede zwischen Hunden sind mit denen zwischen Menschen vergleichbar. Sie stimmen jeweils zu 99,9 Prozent überein, mit ungefähr einem Unterschied pro 1000 Basenpaaren. Doch obwohl sich Mensch und Hund in ihrer Biologie ähneln, hat die bei Hunden stattgefundene Inzucht zur Folge, dass man für Experimente wesentlich weniger Hunde braucht, als man Menschen bräuchte. Während man für eine signifikante Aussage über Brustkrebs ungefähr 20.000 Menschen benötigen würde, genügt es, etwa 100 English Springer Spaniel mit Brustkrebs mit 100 Kontrollhunden zu vergleichen.

Doch das war der eher einfache Teil. »Ich befürchtete, dass die Leute zu hohe Erwartungen hatten«, vertraute Dr. Karlsson mir an. »Manche glaubten, dass sich Krebs bei Hunden so wie die Fellfarbe verhalten würde und dass wir Krebs bei Hunden bald heilen könnten.«* Es gilt als sehr unwahrscheinlich, dass ein einzelnes Gen Knochenkrebs hervorrufen kann; eine Krankheit, für die z. B. Windhunde besonders anfällig sind. Und selbst wenn man ein bestimmtes Gen ausfindig gemacht hat, das mit einer Krankheit korreliert, hat man noch lange nicht herausgefunden, wie es funktioniert oder man der Krankheit entgegenwirken kann: Es genügt nicht zu verstehen, wie ein Gen allein reagiert – man muss auch wissen, wie Gene interagieren.

Dennoch gingen aus der Arbeit mit Tasha (die im Alter von zwölf Jahren an einem Lymphom starb) und den zehn Vergleichsrassen mehrere wichtige wissenschaftliche Arbeiten hervor. Die mittlerweile verfügbare Menge an genetischen Informationen und der Umstand, dass Forschungsprojekte heute immer schneller und kostengünstiger durchgeführt werden können, führten dazu, dass wir inzwischen sehr viel mehr über die frühe Domestikation des Hundes wissen. Nicht zuletzt ein Projekt weist darauf hin, dass Hunde auf dem amerikanischen Kontinent zweimal domestiziert wurden: das erste Mal vor Tausenden von Jahren von arktischen Hunden, die aus Asien einwandernde Menschen begleiteten, und das zweite Mal vor etwas über 500 Jahren nach dem ersten Kontakt mit den Europäern. Was die Erforschung von Erbkrankheiten betrifft, so sind auf dem Gebiet der onkologischen und Autoimmun-Mutationen beim Dobermann, Shar Pei, Deutschen Schäferhund und Sibirischen Husky bedeutende Fortschritte erzielt worden.

---

* Die Fellfarbe eines Hundes wird durch eine Kombination von acht spezifischen Genen bestimmt, die für die Variationen von zwei Grundpigmenten verantwortlich sind. Das eine dieser Pigmente, Eumelanin, ist schwarz und kann zu Grau oder Braun aufgehellt werden. Das andere Pigment, Phäomelanin, ist Rot und aufhellbar zu Creme, Gelb oder Goldfarben.

Das ist eine aufregende neue Welt für die Menschen und ihre Hunde, die hier gemeinsame Möglichkeiten haben, wie sie zu Beginn unserer Beziehung zu Hunden noch unvorstellbar waren.

Ebenso unvorstellbar zu unseren gemeinsamen Anfangszeiten wäre Discover Dogs gewesen, die größte in London stattfindende Hundeveranstaltung, die ich im Oktober 2019 in den Docklands besuchte. Hier treffen sich 35.000 Menschen und 200 Hunderassen zu einem Speed-Dating. Vertreter dieser Rassen haben zusammen mit ihren Herrchen oder Frauchen jeweils einen eigenen kleinen Stand, an dem beide den Besuchern bereitwillig für Fragen zur Verfügung stehen und gern auch Telefonnummern austauschen.

Die Stände sind in alphabetischer Reihenfolge der Rassenbezeichnungen angeordnet. Ich freute mich sehr darüber, einem leibhaftigen Kanaan-Hund zu begegnen, den ich zuvor nur von Ritzzeichnungen in den saudi-arabischen Regionen Shuwaymis und Jubbah aus der Zeit um 500 v. Chr. gekannt hatte. Ich war entzückt, dass der riesige ungarische Kuvasz und der kleinere ungarische Pumi aus der Exotenecke geholt worden waren und sich zunehmender Beliebtheit erfreuten und dass der Entlebucher Sennenhund, der Bayerische Sennenhund und der Pyrenäenberghund nicht nur von ihren Almen herabgestiegen waren und die Londoner Stadtluft gut zu vertragen schienen, sondern auch miteinander gut auskamen.

In der großen Halle herrschte eine angenehme Stimmung. Eigentlich war es eine regelrechte kollektive Begeisterung, die sich hier und da in emotionalen Seufzern entlud. Früher oder später zog es sämtliche Erwachsene und Kinder in die pastellfarbene Kuschelecke »Cuddle Corner«, in der sich die hingerissenen Besucher auf Sitzsäcken von aufgedrehten Welpen beschnuppern und ablecken ließen.

Ein paar Tage vor meinem Besuch von Discover Dogs hatte ich mich mit Caz Brixton unterhalten, einer erfolgreichen Züchterin der derzeit in Großbritannien beliebtesten Rasse: der Französischen Bulldogge. Sie gab mir eine Warnung mit nach Hause, die ich auch schon von anderen Züchtern erhalten hatte: Ich solle beim Kauf eines Hundes sehr vorsichtig sein, denn »das da draußen ist ein Minenfeld«.

Brixton lebt zusammen mit ihrem Lebensgefährten und fünf Französischen Bulldoggen (oder »Frenchies«, wie die Hundenarren sie gern nennen) in einem Dorf in der Nähe von Penzance in Cornwall. »Beau ist die links, die mit der grauen Schnauze«, erklärte sie mir, als ich die auf dem Läufer in ihrem Arbeitszimmer vor sich hin hechelnde Hundegruppe betrachtete. »Sie ist die Mutter von Jasmine – das ist die mit der heraushängenden Zunge, ein Welpe aus Beaus zweitem Wurf –, und dahinter sitzt Diesel, der Vater ihrer Welpen, den ich gern weiterhin einsetzen will.« Außerdem waren da noch Bella und Hugo, der Hund, mit dem fünf Jahre zuvor alles angefangen hatte.

»Nach dem Tod meines Vaters ging es mir nicht besonders gut«, erzählte Caz Brixton. »Mein Lebensgefährte ist Personal Trainer, und einer seiner Klienten hatte eine Französische Bulldogge. Eines Samstagmorgens bin ich diesem Hund begegnet und hab gespürt, dass er eine tröstliche Wirkung auf mich hat.« Brixton war damals Ende 40 und hatte seit ihrer Kindheit keinen Hund mehr gehabt, doch sie beschloss, bei lokalen Züchtern nach einer Französischen Bulldogge zu suchen. Im Internet informierte sie sich gründlich über die spezifischen Gesundheitsprobleme dieser Rasse.

Es dauerte fast ein Jahr, bis sie einen Hund fand, der ihr zusagte, allerdings nicht in ihrer Nähe, sondern in Canterbury: Hugo. Doch Hugo begann schnell, einsam zu wirken, und sich an Brixton zu klammern. Also machte sie sich auf die Suche nach einer Gefährtin für ihn. Als sie endlich eine Hündin entdeckt hatte, deren Fotos ihr gefielen, brach Brixton zu einer zehnstündigen Autofahrt in die

Midlands auf. Doch was sie an der angegebenen Adresse vorfand, schockierte sie.

»Als ich dort angekommen bin, habe ich gleich gemerkt, dass in diesem Haushalt normalerweise keine Hunde leben und dass die Elterntiere, anders als vom Züchter versprochen, nicht da sind. Ich habe auch gesehen, dass die Ohren der Welpen geklebt waren, damit sie stehen. Der Kauf wurde zu einer Rettungsaktion. Weil ich es nicht fertiggebracht habe, sie dort zurückzulassen, habe ich gezahlt und bin nach Hause gefahren.« Beau kostete sie 4000 Pfund.

Die Urahnen der Französischen Bulldoggen lebten bei den Phöniziern, doch die heutige, im 19. Jahrhundert beliebt gewordene Rasse ist eine Kreuzung aus der englischen Toy-Bulldogge und einem französischen Straßenhund mit einem Talent für die Rattenjagd. Eine Zeit lang wurden sie zur Bärenhetze eingesetzt, doch bald schon als eigenwillige Schoßhunde beliebt – eine Aufgabe, die sie auch heute noch erfüllen. Weil diese Rasse derzeit sehr gefragt ist, können Welpen 2000 Pfund und mehr kosten.[*]

Brixton beschreibt sie als »eigenwillig, ein bisschen wie kleine Kinder, und man bekommt so viel zurück«. Die Rassebeschreibung des Kennel Club spricht von einem muskulösen, gedrungenen Körperbau, kurzem Fell und überdimensionalen Fledermausohren. Oft sehen sie aus, als würden sie gerade Signale aus einem anderen Universum empfangen.

---

[*] Als ich neulich in New York war, kam ich im West Village an einer Zoohandlung vorbei, in deren Fenster ein Schild mit der Ankündigung klebte: »Wir haben Frenchies!« – so als ginge es um die neuesten Prada-Taschen. 2018 waren Französische Bulldoggen die in New York am häufigsten gemeldeten Hunde und die viertbeliebteste Rasse der USA. Den Unterlagen des britischen Kennel Club zufolge wurden im ersten Quartal 2018 8403 Französische Bulldoggen angemeldet und nur 7409 Labradore, die damit erstmals seit 28 Jahren nicht die Hitliste anführten. Die Französischen Bulldoggen der oben genannten Zoohandlung hatten die Fellfarbe »red fawn merle«, also rotbraun/schwarz gesprenkelt. Sie waren von 4295 auf 2995 Dollar heruntergesetzt. »30 Prozent Rabatt« stand auf dem Schild, und »Nimm mich mit nach Hause! Weihnachts-Sonderangebot«.

Caz Brixton führt ihre eigene Consultingfirma und berät Schulen und andere Institutionen in Kinderschutzbelangen. Als Selbstständige kann sie sich ihre Zeit einteilen und bei Bedarf für die Welpen da sein, auch um sie auf ihre spätere Aufgabe vorzubereiten. Die potenziellen neuen Besitzer werden von ihr auf Herz und Nieren geprüft. Sie erhalten einen Brief, in dem Brixton ausführlich schildert, was Hund und Mensch voneinander erwarten sollten. »Die Welpen sind an Hundeboxen gewöhnt (für den Fall, dass die neuen Besitzer sie einsetzen möchten). Sie kennen und reagieren auf Schlüsselwörter, sie kennen ihren Namen und kommen, wenn man sie ruft, sie sind sozialisiert und dazu erzogen, aus einem eigenen Napf zu fressen. Ich bin stolz auf das umfangreiche Starterpaket, das ich ihnen mitgebe.«

Zu dieser Erstausstattung gehören u. a. eine ausführliche Informationsschrift über die Rasse, die Mikrochip-Bescheinigung, ein Impfpass mit der eingetragenen Grundimmunisierung, die Unterlagen der Registrierung beim Kennel Club, ein Quietschtier, antiseptische Ohrenputztücher und eine antiseptische Handseife für den Besitzer, Kotbeutel und Behälter sowie ein Schmusetuch aus der Wurfkiste, das nach der Welpenmutter riecht und dem kleinen Hund die Umgewöhnung erleichtern soll.

Als ich sie besuchte, bereitete sich Brixton gerade auf den dritten Wurf ihrer Zucht vor. Auf ihrer Warteliste standen bereits neun Welpeninteressenten. Allerdings sind nicht alle Französischen Bulldoggen gleich, und nicht alle begeistern die Interessierten gleichermaßen. »Die Leute mögen blaue Welpen am liebsten«, erklärte Brixton, gestromte oder falbfarbene seien weniger gefragt. Für sie stellt das ein Problem dar, weil ihr Zuchtrüde Diesel kein Träger des blauen Gens ist und sie für Jasmine die Dienste eines anderen Zuchtrüden in Anspruch nehmen musste, in der Hoffnung, dadurch »blaue, blaufalbe, blue and tan oder blaubeige Welpen mit falbfarbenen Abzeichen« zu erhalten. In ihrem Brief an

Nicht einfach nur ein Lammeintopf: Lammeintopf mit Rotkohl, Pastinaken und Apfel.

die zukünftigen Besitzer versichert sie: »Jasmine bringt fantastische genetische Anlagen mit … Sie wurde auch gesundheitlich untersucht und atmet hervorragend!!«

Der Grundstock für vieles, was das zukünftige Leben eines Hundes beeinflusst – seine Gesundheit, seine Verträglichkeit mit anderen Hunden, sein Erfolg als Haustier einer Familie –, wird in den ersten zehn Lebenswochen gelegt, und der finanzielle Aufwand für einen guten Start ins Leben ist beträchtlich. Daraus erklären sich Preise von 2200 bis 2600 Pfund pro Welpe.

Brixton sagte, sie würde einen Hund auch etwas günstiger abgeben, wenn sie das Gefühl hätte, dass er perfekt zu der Familie passt und seine neuen Menschen nicht vorhaben, mit ihm ins Zuchtgeschäft einzusteigen. Leider erlebe sie nur allzu oft, dass ein Hund als Gebrauchsgegenstand angesehen wird. »Was den Umgang von Menschen mit Französischen Bulldoggen betrifft, so lerne ich immer noch dazu. Inzwischen bin ich so weit, dass ich niemandem mehr traue«, sagte sie mir. »Neulich habe ich einen Welpen an eine Person verkauft, die mir vorgeschwärmt hatte, er sei die Liebe ihres Lebens. Dann habe ich erfahren, dass er nach Amerika weiterverkauft worden ist.«

Bei Discover Dogs kann man keine Hunde kaufen, aber so gut wie alles andere. Im kommerziellen Bereich der Ausstellung gibt es zahlreiche Produkte für Menschen, z. B. Jacken und Kopfbedeckungen für die Gassirunden und einen riesigen Süßigkeitenstand, aber auch zahlreiche Produkte für Hunde: Spielzeug, Futter in allen Variationen und schnell trocknende, flauschige Mäntel. Außerdem finden sich hier ebenso wie bei der Crufts Stände, bei denen es sich nicht sofort erschließt, ob die angebotenen Produkte für Menschen oder für Hunde gedacht sind.

Hinterher, zu Hause, grübelte ich wieder über den Sinn und Zweck des Hundes nach. Bei Discover Dogs hatte ich Bordeauxdoggen gesehen, kanadische Eskimo Dogs und Norwegische Elchhunde. Es erschien mir nicht länger erforderlich, zu entscheiden, ob die Menschen für die Hunde da waren oder die Hunde für die Menschen. Wir leben einfach zusammen und kommen gut miteinander aus, ohne dass uns (jedenfalls bis jetzt) das Klonen und unangemessene Zuchtpraktiken, Hundeaccessoires und Gourmet-Hundefutter allzu viel ausmachen. Denn im Grunde ist alles da, was Hunde brauchen: viele Menschen, die ihnen viel Liebe schenken.

Allerdings regte sich in mir nach dem Besuch der Ausstellung das Bedürfnis, an einen Ort zurückzukehren, an dem Hunde frei sind, nur selten Chiasamen begegnen und an dem alles, was sie am Leib tragen, das eigene Fell ist. Schon immer mochte ich diese viel zitierte Bemerkung von Milan Kundera: »An einem herrlichen Nachmittag mit einem Hund an einem Hang zu sitzen ist wie eine Rückkehr ins Paradies, wo Nichtstun nicht gleichbedeutend mit Langeweile, sondern mit Frieden war.« Also ging ich mit Ludo im Park von Hampstead Heath spazieren und genoss es, ihm beim Erschnüffeln all der von anderen Hunden zurückgelassenen Geruchsspuren zuzuschauen. Ich grüßte andere Hundemenschen, und wir unterhielten uns über Hunderassen, Allergien und das Wetter.

Mit einem Hund spazieren zu gehen ist, wie mit einem dicken Buch voller Geschichten herumzulaufen. Selbst Leute, die normalerweise nur selten grüßen, tauten mir gegenüber auf: Die Gegenwart meines Hundes machte mich in ihren Augen zu einem vertrauenerweckenderen Menschen. Wieder wurde mir bewusst, dass uns das Halten eines Hundes nicht nur mit einem anderen Lebewesen verbindet, sondern mit einer größeren Welt voller Verantwortung und Kontakte und uns zu Mitgliedern einer sinnerfüllten Gemeinschaft macht.

Ein Stück weiter auf unserem Weg kamen wir an der Stelle vorbei, an der wir uns 13 Jahre zuvor tränenreich von unserem vorherigen Familienlabrador verabschiedet hatten: Wir hatten Chewys Asche über einer Pfütze verstreut. Er hatte schlammige Pfützen so sehr geliebt, dass er es in Kauf nahm, hinterher mit dem Gartenschlauch abgespritzt zu werden – was er hasste. Aber er hatte eben für den Augenblick gelebt und für die Freude daran. Und jetzt hatte Ludo eine herrliche Zeit, schnupperte an jedem Baum und hob an den meisten sein Bein.

Ein Hund lässt die Zeit langsamer vergehen. Ich musste an ein Gedicht denken, das Siegfried Sassoon im Krieg geschrieben hatte: kein Kriegsgedicht, sondern ein paar Verse, die 1941 in *Country Life* veröffentlicht worden waren und in denen er von einem Spaziergang mit seinem Dandie Dinmont Terrier Sheltie erzählte, den er von seiner Freundin Rosamond Lehman geschenkt bekommen hatte.

Wer ist das, allein mit Stein und Himmel?
Das sind nur mein alter Hund und ich –
nur er; und nur ich;
Allein mit Steinen und Gras und einem Baum.

Was teilen wir, wir beide allein?
Gerüche, und das Spüren des Wetters.
Was macht, dass wir mehr sind als Staub?
Mein Vertrauen in ihn; sein Vertrauen in mich.

Dies ist etwas Wichtiges,
was das Leben einem Menschen und einem Hund schenken
kann;
etwas Richtiges, das es immer wieder geben wird,
bis der letzte Hund und der letzte Mensch der Welt tot sind.

Was 1941 wahr und stimmig war, stimmt auch noch in unseren turbulenten Zeiten: Die Beziehung zwischen uns und unseren Hunden ist vielleicht eines der wichtigen und richtigen Dinge auf der Welt. Unsere Beziehung beruht auf Vertrauen, und unsere Liebe ist ohne Falschheit. Wir sind einfach für sie da und sie für uns.

Im Weitergehen wurde mir klar, dass sich Ludo für die Rekonstruktion seiner Ursprünge oder die Analyse seiner DNA nicht sonderlich interessiert. Er ist immer noch gut darin, das Lebewesen zu sein, dass er schon vor 10.000 Jahren war – trotz all dem, was seiner Spezies in der Zwischenzeit zugestoßen ist, und trotz all unseren Versuchen, ihn uns ähnlicher zu machen. Er ist sehr gut darin, ein Hund zu sein. Er wird sehr aufgeregt, sobald es ums Mittagessen geht oder überhaupt um Essbares. Meist kommt er angelaufen, wenn ich ihn rufe. Und wir sind immer wahnsinnig glücklich, wenn wir zusammen sind.

Dank

Zu den erfreulichsten Erlebnissen, die ich während der Arbeit an diesem Buch hatte, zählen die zahlreichen begeisterten Zuschriften von Hundemenschen, die ihre Geschichten mit mir teilen wollten. Ich danke ihnen allen, doch einige von ihnen verdienen es, besonders erwähnt zu werden.

Die Idee für dieses Buch entsprang einer E-Mail-Korrespondenz mit meiner Lektorin Jenny Lord, die von meiner lebenslangen Begeisterung für Hunde wusste und fand, dass es für mich allmählich Zeit wurde, etwas über Hunde zu schreiben. Ihre Ratschläge und ihr Urteilsvermögen waren für dieses Projekt unendlich wertvoll. Vor allem aber sorgte sie dafür, dass mir die Arbeit an diesem Buch Spaß machte. Auch die Zusammenarbeit mit ihren Kollegen bei Weidenfeld war ein Vergnügen, und ich danke an dieser Stelle all jenen, die ihren Beitrag zu diesem Buch leisteten, ganz besonders Ellie Freedman, Sarah Fortune, Cathy Dunn, Steve Marking, Hannah Cox, Susan Howe und Paul Stark.

Seán Costello redigierte das Manuskript mit der für ihn typischen Genauigkeit und auch mit viel Feingefühl. Es ist kein Zufall, dass ich meine Manuskripte immer wieder zu ihm bringe.

Meine Agentin Rosemary Scoular von United Agents und ihre Assistentin Natalia Lucas waren so hilfsbereit und einfallsreich wie immer.

Die Angestellten der London Library sind die reinsten literarischen Trüffelsucher.

Ich fand es sehr angenehm, mit meinem neuen amerikanischen Lektor Nick Amphlett und dem ganzen Team bei William Morrow zusammenzuarbeiten und auch mit meinen alten italienischen Freunden von Ponte delle Grazie.

Mit dem für ihn typischen Eifer durchforstete Andrew Bud das Manuskript nach Grammatikfehlern und missratenen Sätzen.

Daunt Books und vor allem deren Niederlassung in South End Green, gemanagt von Mary und ihrem Team, waren mir ein steter Quell des Trostes. Wenn ich irgendwo anders als an meinem Schreibtisch arbeiten müsste, dann dort, bei ihnen.

Ich danke Ben und Jake Garfield, Charlie und Jack Drew, Inês Afonso, Izzy O'Bryen, Bobbye Fermie und Morgan Smith dafür, dass sie mich mit Unmengen an Hundegeschichten und albernen Haustierwitzen versorgten. Bitte mehr davon!

Lisa, Steve, Louis und Noah Gershon haben mich stets nach Kräften unterstützt und Ludo das beste Zweit-Zuhause geboten, das man sich vorstellen kann.

Ferner danke ich allen, die ihre Gedanken zu diesem Buch im Besonderen und über Hunde im Allgemeinen mit mir teilten: Daniel Pick, Mark Ellingham, Don Guttenplan, Ralph und Patricia Kanter, Diane Samuels, Tessa Shaw und Ink@84, Stephen Grosz, Plum Fraiser, Georgie Ferraro, Suzanne Hodgart, Dominik Vogel, Caroline Gotsche, Stephen Panke, Ceridwen Roberts, Catherine Kanter, Hal und Georgia Kanter Condou, Abby Hollick, Dan, Oscar, Lenny und Joseph Benoliel.

Und schließlich danke ich meiner Frau Justine Kanter, die Hunde und Liebe wirklich zu schätzen weiß.

Weiterführende Literatur

Wir lieben Hunde. Deshalb schreiben wir über sie. Wir wissen es zu schätzen, dass sie so eine große Rolle in unserem Leben spielen und in der Geschichte der Menschheit gespielt haben. Deshalb schreiben wir über sie. Und wir sind ihnen sehr dankbar dafür, dass sie nicht annähernd so oft über uns schreiben.

Im Folgenden finden Sie eine Liste der für meine Arbeit an diesem Buch wichtigsten Sekundärliteratur; außerdem sind es Bücher und Artikel, deren Lektüre sich für interessierte Hundefreunde als lohnend erweisen könnte. Sie finden darin so ziemlich alles über Hunde, das sich zu wissen lohnt. Man kann seine Zeit auch sinnloser vergeuden, als mit diesem ausführlichen Spaziergang durch die Welt der Hunde und Hunderassen. Damit dennoch ausreichend Zeit für Spaziergänge mit dem Hund bleibt, habe ich all die von mir zu Rate gezogenen wissenschaftlichen Artikel hier nicht mitberücksichtigt. Die meisten von ihnen sind über jstor.org zugänglich: Wer dort das Stichwort »dogs« eingibt, wird mit einer Liste von 247.817 Artikeln und Buchexzerpten belohnt (Stand: Anfang April 2020).s

Ackerley, J. R., *My Dog Tulip* (London: Secker & Warburg, 1956)

Arce, José, *Liebe deinen Hund* (München, Gräfe und Unzer, 2019)

Ash, Edward C., *Dogs: Their History and Development* (London: E. Benn, 1927)

Bailey, Paul, *A Dog's Life* (London: Hamish Hamilton, 2003)

Baker, Steve, *Picturing the Beast: Animals, Identity and Representation* (Manchester: Manchester University Press, 1993)

Bendel, Jochen, *Das Wunder der Bindung* (München, Gräfe und Unzer, 2019)

Berns, Gregory, *How Dogs Love Us* (Boston & New York: Houghton Mifflin Harcourt, 2013)

Bicknell, Ethel E., Hg., *Praise of the Dog: An Anthology* (London: Grant Richards, 1902)

Big New Yorker Book of Dogs (New York: Cornerstone, 2012)

Bloch, Günther, *Mein Hundewissen* (München, Gräfe und Unzer, 2019)

Böhm-Reithmeier, Inga, und Von der Leyen, Katharina, *Leinen los!* (München, Gräfe und Unzer, 2015)

Bondeson, Jan, *Amazing Dogs: A Cabinet of Canine Curiosities* (Gloucestershire: Amberley, 2011)

Borjesson, Gary, *Willing Dogs & Reluctant Masters* (Philadelphia: Paul Dry Books, 2012)

Bradford, Arthur, *Dogwalker* (New York: Knopf, 2001)

Bradshaw, John, *In Defence of Dogs* (London: Penguin, 2012)

Budiansky, Stephen, *The Truth About Dogs* (London: Weidenfeld and Nicolson, 2001)

Caius, John, *Of Englishe Dogges, the Diversities, the Names, the Natures, and the Properties: a Short Treatise Written in Latine* (London: A. Bradley, 1880)

Campbell, Clare, *Bonzo's War* (London: Constable & Robinson, 2014)

Caras, Roger, *A Celebration of Dogs* (New York: Time Books, 1992)

Carr, Neil, *Domestic Animals and Leisure* (Houndmills, Hampshire: Palgrave Macmillan, 2015)

Chance, Michael, *Our Princesses and Their Dogs* (London: John Murray, 1936)

Coppinger, Raymond, und Feinstein, Mark, *How Dogs Work* (Chicago: The University of Chicago Press, 2015)

Coren, Stanley, *How to Speak Dog: Mastering the Art of Dog-Human Communication* (New York: Simon & Schuster, 2001)

Coren, Stanley, *The Pawprints of History: Dogs and the Course of Human Events* (New York: Free Press, 2002)

Dalziel, Hugh, *British Dogs* (London: Gill, 1888)

Dean, Emily, *Everybody Died, So I Got a Dog* (London: Hodder & Stoughton, 2019)

Derr, Mark, *Dog's Best Friend: Annals of the Dog-Human Relationship* (New York: Henry Holt, 1997)

Dodd, Lynley, *Hairy Maclary from Donaldson's Dairy* (London: Puffin, 2002)

Don, Monty, *Nigel: My Family and Other Dogs* (London: Two Roads, 2016)

Dubbs, Chris, *Space Dogs: Pioneers of Space Travel* (New York: Writer's Showcase, 2003)

Eastman, P. D., *Go, Dog. Go!* (London: Random House, 1961)

Fogle, Ben, *Labrador: The Story of the World's Favourite Dog* (London: William Collins, 2015)

Fogle, Bruce, *The Dog's Mind* (London: Pelham Books, 1990)

Garber, Marjorie, *Dog Love* (London: Hamish Hamilton, 1997)

Grandin, Temple, und Johnson, Catherine, *Animals Make Us Human* (Boston und New York: Houghton Mifflin Harcourt, 2009)

Grandin, Temple, und Johnson, Catherine, *Animals in Translation* (London: Bloomsbury, 2005)

Gray, Beryl, *The Dog in the Dickensian Imagination* (Farnham: Ashgate, 2014)

Green, Susie, *Dogs in Art* (London: Reaktion Books, 2019)

Grenier, Roger, *The Difficulty of Being a Dog* (Chicago: University of Chicago Press, 2000)

Grossman, Lloyd, *The Dog's Tale: A History of Man's Best Friend* (London: BBC Books, 1993)

Haddon, Celia, *Faithful to the End* (New York: St Martin's Press, 1991)

Hall, Bernard J., und Foss, V., *Treasures of the Kennel Club* (London: Kennel Club, 2000)

Hausman, Gerald, und Loretta, *The Mythology of Dogs* (New York: St Martin's Press, 1997)

Hawtree, Christopher, *The Literary Companion to Dogs* (London: Sinclair-Stevenson, 1993)

Homans, John, *What's a Dog For?* (London: Penguin, 2012)

Horowitz, Alexandra, *Inside of a Dog: What Dogs See, Smell and Know* (New York: Scribner, 2012)

Horowitz, Alexandra, *Our Dogs, Ourselves* (London: Simon & Schuster UK, 2019)

Hughes, Jimmy Quentin, *Who Cares Who Wins* (Liverpool: Charico Press, 1998)

Jackson, Frank, *Faithful Friends: Dogs in Life and Literature* (London: Robinson, 1997)

Jenkins, Garry, *A Home of their Own: the Heartwarming 150-year History of Battersea Dogs & Cats Home* (London: Bantam Press, 2010)

Jesse, Edward, *Anecdotes of Dogs* (London: R. Bentley, 1846)

Junor, Penny, *All The Queen's Corgis* (London: Hodder & Stoughton, 2018)

Kean, Hilda, *The Great Cat and Dog Massacre* (Chicago: University of Chicago Press, 2018)

Kennel Club's Illustrated Breed Standards, 4. Aufl. (London: Ebury Press, 2011)

Kotrschal, Kurt, *Hund & Mensch* (Wien, Brandstätter, 2016)

Lane, Charles Henry, *All About Dogs: A Book for Doggy People* (London und New York: J. Lane, 1900)

Laybourn, Keith, *Going to the Dogs: A History of Greyhound Racing in Britain, 1926–2017* (Manchester: Manchester University Press, 2019)

Lemish, Michael G., *War Dogs: Canines in Combat* (Washington D.C.: Brassey's, 1996)

Leuze, Julie, und Henkelmann, André, *Die Kunst, einen Welpen zu bändigen* (München, Gräfe und Unzer, 2020)

London, Jack, *The Call of the Wild* (New York: Bantam, 1963)

Lorenz, Konrad, *Man Meets Dog* (London: Methuen, 1954)

Lucas, E. V., *If Dogs Could Write* (London: Methuen, 1929)

Masson, Jeffrey M., *Dogs Never Lie About Love* (London: Cape, 1997)

McConnell, Patricia, B., *For the Love of a Dog* (New York: Ballantine, 2005)

Menzies, Lucy, *The First Friend: an Anthology of the Friendship of Man and Dog Compiled from the Literature of All Ages 1400 B.C.–1921 A.D.* (London: Allen & Unwin, 1922)

Merwin, Henry Childs, *Dogs and Men* (Boston und New York: Houghton Mifflin, 1910)

Miklósi, Ádám, *The Dog: A Natural History* (Brighton: Ivy Press, 2018)

Morey, Darcy, *Dogs: Domestication and Development of a Social Bond* (Cambridge: Cambridge University Press, 2010)

Pemberton, Neil, und Worboys, Michael, *Mad Dogs and Englishmen: Rabies in Britain, 1830–2000* (Houndmills, Hampshire: Palgrave Macmillan, 2007)

Pierce, Jessica, *The Last Walk: Reflections on Our Pets at the End of Their Lives* (Chicago: University of Chicago Press, 2012)

Radinger, Elli H., *Die Weisheit alter Hunde* (München, Ludwig, 2018)

Ritvo, Harriet, *The Animal Estate: The English and Other Creatures in the Victorian Age* (Cambridge: Harvard University Press, 1987)

Rogers, Katharine M., *First Friend: A History of Dogs and Humans* (New York: St Martin's Press, 2005)

Rosenblum, Robert, *The Dog in Art from Rococo to Post-modernism* (New York: Abrams, 1988)

Sackville-West, Vita, *Faces: Profiles of Dogs* (London: Daunt Books, 2019)

Samin, Masih, *Sei höflich zu deinem Hund* (München, Gräfe und Unzer, 2018)

Samin, Masih, *Stadt-Wölfe* (München, Gräfe und Unzer, 2021)

Schaffer, Michael, *One Nation Under Dog* (New York: Henry Holt, 2009)

Sheldrake, Rupert, *Dogs That Know When Their Owners Are Coming Home* (London: Hutchinson, 1999)

Simon, Joan, *William Wegman: Funney-Strange* (New Haven: Yale University Press, 2006)

Skabelund, Aaron Herald, *Empire of Dogs: Canines, Japan, and the Making of the Modern Imperial World* (Ithaca, New York; London: Cornell University Press, 2011)

Smith, Arthur Croxton, *Dogs since 1900* (London: A. Dakers, 1950)

Sorenson, John, und Matsuoka, Atsuko, Hg., *Dog's Best Friend? Rethinking Canid-Human Relations* (Montreal & Kingston: McGill-Queen's University Press, 2019)

Spicer, Kate, *Lost Dog* (London: Ebury Press, 2019)

Thomas, Elizabeth Marshall, *The Hidden Life of Dogs* (Boston: Houghton Mifflin, 1993)

Thompson, Laura, *The Dogs: A Personal History of Greyhound Racing* (London: High Stakes, 2003)

Thurston, Mary Elizabeth, *The Lost History of the Canine Race: Our 15,000 year Love-Affair with Dogs* (Kansas City: Andrews and McMeel, 1996)

Townshend, Emma, *Darwin's Dogs* (London: Frances Lincoln, 2009)

Trew, Cecil G., *The Story of the Dog and his Uses to Mankind* (London: Methuen & Co. 1940)

Turkina, Olesya, *Soviet Space Dogs* (London: Murray and Sorrell Fuel, 2014)

Wang, Xiaoming , und Tedford, Richard H., *Dogs: Their Fossil Relatives and Evolutionary History* (New York: Columbia University Press, 2008)

Watson, James, *The Dog Book* (London: W. Heinemann, 1906).

Wischall-Wagner, Alexandra, *Entspannter Mensch – entspannter Hund…* (München, Gräfe und Unzer, 2019)

Woolf, Virginia, *Flush: A Biography* (London: Hogarth Press, 1933)

Worboys, Michael, Strange, Julie-Marie , und Pemberton, Neil, *The Invention of the Modern Dog: Breed and Blood in Victorian Britain* (Baltimore: Johns Hopkins University Press, 2018)

Youatt, William, *The Dog* (London: Charles Knight and Co. 1845)

Ziemer-Falke, Kristina, und Ziemer, Jörg, *Life-Dog-Balance* (München, Gräfe und Unzer, 2020)

Bild- und Textquellen

Register

Die Hundenamen sind entweder durch den Familiennamen ihrer Menschen ergänzt, z. B. Shag (Woolf), oder durch Hinweise auf ihre Besonderheiten oder Leistungen, z. B. Jack (dreibeiniger Eisenbahnhund).

Die Seitenangaben der Abbildungen sind *kursiv*.

Die Originalausgabe erschien 2020 unter dem Titel »Dog's Best Friend: A Brief History of an Unbreakable Bond« bei Weidenfeld & Nicolson, ein Imprint der Orion Publishing Group, London, England.

First published by Weidenfeld & Nicolson, an imprint of the Orion Publishing Group, London.

© 2021 GRÄFE UND UNZER VERLAG GmbH, München

Gräfe und Unzer ist eine eingetragene Marke der GRÄFE UND UNZER VERLAG GmbH, www.gu.de

ISBN 978-3-8338-8169-5

1. Auflage 2021

Projektleitung: Fabian Barthel
Übersetzung: Dr. Cornelia Panzacchi
Lektorat: Antje Becker für bookwise medienproduktion GmbH, München
Satz: Ewald Tange für bookwise medienproduktion GmbH, München
Herstellung: Markus Plötz
Umschlaggestaltung: Bettina Stickel, ki 36 Sabine Krohberger
Editorial Design, München
Reproduktion: Ludwig Media, Zell am See
Druck und Bindung: Livonia, Riga